Les Ennemis de
nos jardins
par

Laforest

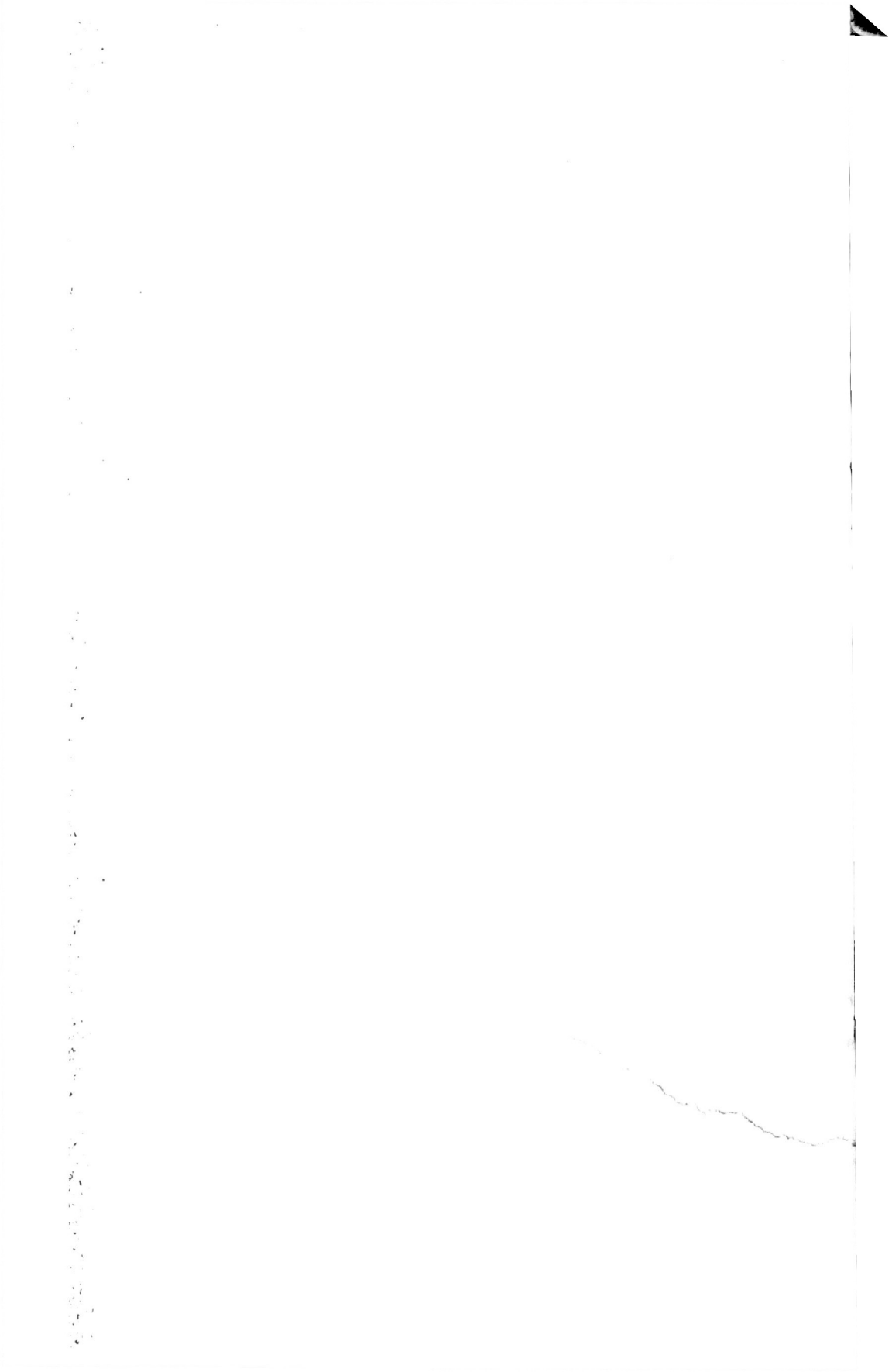

LES

ENNEMIS DE NOS JARDINS

LA SCIENCE PITTORESQUE

OUVRAGES DE LA MÊME SÉRIE

In-8° de 320 pages.

Les Métamorphoses d'un Chiffon, par Paul BORY.

Le Sang de l'Industrie, par Paul BORY.

Les Ennemis de nos Jardins, par L. LAFOREST.

Histoire d'un Brin de Fil, par Henri D'ANCY.

LA SCIENCE PITTORESQUE

~~~~~~~~~~~~~~

LES

ENNEMIS

DE NOS JARDINS

PAR

L. LAFOREST

ABBEVILLE

C. PAILLART, IMPRIMEUR-ÉDITEUR

—

1897

INTRODUCTION

« Tout vit de proie. La nature va se dévorant elle-
même. » En écrivant ces mots, Michelet avait surtout les
animaux en vue. Combien cette parole est plus vraie
encore quand il s'agit des végétaux.

L'animal parvient souvent à échapper à ses ennemis,
soit par la ruse, soit par la rapidité de sa course. La
plante, fixée au sol, ne sait ni fuir, ni résister. Et ce ne
sont pas seulement des animaux de tous ordres qui
s'acharnent sur elle : rongeurs, limaces, chenilles, pucerons, il faut que le règne végétal lui-même, avec ses nombreuses espèces de champignons parasites, conspire sa
ruine.

Tous ces ennemis se donnent rendez-vous dans nos'
jardins. Là, en effet, tout les attire : des légumes variés et
succulents, des fruits savoureux, des fleurs aux suaves.
parfums, des ombrages touffus qui les protègent contre
les ardeurs brûlantes de l'été, des espaces ensoleillés et
abrités contre la bise où ils passeront en toute sécurité
la triste saison.

Dans une page devenue classique, Bernardin de Saint-
Pierre nous a décrit la foule des insectes qui vint visiter
un pied de fraisier qu'il avait sous les yeux. On pourra
juger par là à quel chiffre prodigieux doit s'élever le
nombre des petits êtres qui peuplent tout un jardin.

« Un jour d'été, pendant que je travaillais à mettre en ordre quelques observations sur les harmonies de ce globe, j'aperçus sur un fraisier qui était venu par hasard sur ma fenêtre, de petites mouches si jolies que l'envie me prit de les décrire. Le lendemain, j'y en vis d'une autre sorte, que je décrivis encore. J'en observai, pendant trois semaines, trente-sept espèces toutes différentes; mais il y en vint à la fin en si grand nombre, et d'une si grande variété, que je laissai là cette étude, quoique très amusante, parce que je manquais de loisir, et, pour dire la vérité, d'expressions.

« Les mouches que j'avais observées étaient toutes distinguées les unes des autres par leurs couleurs, leurs formes et leurs allures. Il y en avait de dorées, d'argentées, de bronzées, de tigrées, de rayées, de bleues, de vertes, de rembrunies, de chatoyantes. Les unes avaient la tête arrondie comme un turban; d'autres, allongée en pointe de clou. A quelques-unes, elle paraissait obscure comme un point de velours noir; elle étincelait à d'autres comme un rubis. Il n'y avait pas moins de variété dans leurs ailes. Quelques-unes en avaient de longues et de brillantes comme des lames de nacre; d'autres, de courtes et de larges qui ressemblaient à des réseaux de la plus fine gaze. Chacune avait sa manière de les porter et de s'en servir. Les unes les portaient perpendiculairement, les autres horizontalement, et semblaient prendre plaisir à les étendre. Celles-ci volaient en tourbillonnant, à la manière des papillons; celles-là s'élevaient en l'air, en se dirigeant contre le vent, par un mécanisme à peu près semblable à celui des cerfs-volants de papier. Les unes abordaient sur cette plante pour y déposer leurs œufs; d'autres, simplement pour s'y mettre à l'abri du soleil. Il y en avait beaucoup d'immobiles, et qui étaient peut-être occupées, comme moi, à observer.

« Je dédaignai, comme suffisamment connues, toutes les tribus des autres insectes qui étaient attirés sur mon fraisier, telles que les limaçons qui se nichaient sous ses

feuilles, les papillons qui voltigeaient autour, les scarabées qui en labouraient les racines, les petits vers qui
trouvaient le moyen de vivre dans le parenchyme, c'est-à-
dire dans la seule épaisseur d'une feuille, les guêpes et les
mouches à miel qui bourdonnaient autour de ses fleurs, les
pucerons qui en suçaient. les tiges, les fourmis qui
léchaient les pucerons, enfin les araignées, qui, pour
attraper ces différentes proies, tendaient leurs filets dans
le voisinage. »

Dans tout ce petit monde, il faut bien le reconnaître,
nous comptons des ennemis en si grand nombre et si peu
d'amis, que laboureurs et jardiniers ne se doutent même
pas qu'il existe dans la nature des espèces animales destinées à nous venir en aide dans la lutte que nous avons à
soutenir contre tous ces êtres malfaisants dont nous
sommes entourés. Et quels ennemis ? Les uns nous
échappent par leur couleur qui les confond avec la plante
dont ils se nourrissent ; d'autres se dérobent par une
tactique savante qui consiste à se laisser tomber sur le
sol dès l'approche de la main qui va les saisir ; ceux-ci
n'apparaissent qu'à la nuit, profitant de notre sommeil
pour exercer leurs ravages ; ceux-là, enfin, continuent
sous terre, jour et nuit, lenr œuvre de destruction.

Les plus terribles, ce sont encore les plus petits, soit
parce que leur extrême petitesse leur permet de se sous-
traire à tous les regards, soit parce qu'ils ont cette force
brutale, qu'on appelle le nombre, contre laquelle ne peut
rien l'intelligence humaine.

Sans doute, l'homme parvient, en maintes circonstances, à remporter la victoire, grâce à l'ingéniosité de
son esprit et aux ressources que lui prodigue la science
moderne ; mais il devrait compter davantage sur les alliés
naturels que le Créateur a répandus autour de lui et qui,
dans le grand combat pour la vie qu'ils engagent du matin
au soir et du soir au matin, font meilleure besogne que
l'homme lui-même, sous les pieds duquel ils périssent trop

souvent, écrasés inconsciemment par celui qui devrait les protéger et favoriser leur multiplication.

Le jardinier qui peine tout le jour pour labourer, ensemencer, repiquer ses plantes, les arroser, arracher les mauvaises herbes ; le petit rentier qui occupe une partie de ses loisirs à cultiver un coin de terre, sont seuls capables de dire toutes les pertes qu'ils subissent par le fait des animaux nuisibles, ou par les maladies qui frappent leurs arbres fruitiers.

Le citadin qui se promène dans un jardin bien tenu, se figure que tout y pousse à souhait, et que les graines, confiées à la terre, n'ont eu qu'à germer et grandir. Ce n'est qu'en se livrant soi-même à la culture ; en mettant, comme on dit vulgairement, la main à la pâte, qu'on verra combien de déceptions l'on peut éprouver, et que l'on apprendra à connaître les ennemis qui, de toutes parts, compromettent la levée des graines, empêchent le développement des jeunes plants, et parfois dévorent toute une récolte,

Le mot d'ordre en jardinage devrait être : « Cherchez la petite bête. » Mais, pour la chercher, la deviner, pour ainsi dire, il faut un peu connaître ses mœurs et la nature des dégâts qu'elle commet. C'est pour faciliter cette recherche que ce petit ouvrage a été écrit.

Les animaux nous occuperont d'abord, en suivant l'ordre indiqué par la classification naturelle des êtres : mammifères, oiseaux, reptiles, mollusques, insectes, etc. Nous terminerons par l'étude de quelques cryptogames qui causent les maladies les plus communes de nos arbres fruitiers ou d'ornement.

LES

ENNEMIS DE NOS JARDINS

PREMIÈRE PARTIE

—

MAMMIFÈRES

RONGEURS

Loir. — Lérot. — Muscardin. — Mulot. — Campagnol. — Rat. — Souris. — Musaraigne. — Lièvre et Lapin. — Taupe. — Hérisson. — Chauve-souris.

Les mammifères que nous comptons parmi nos ennemis appartiennent tous à l'ordre des rongeurs.

Ce nom français est la traduction du latin *rodentes* (de *rodere*, ronger), nom qui leur a été donné par Vicq-d'Azir.

Ces animaux sont très répandus et distribués dans toutes les parties du globe. Les uns font de grands ravages dans nos jardins (loirs, lérots), dans nos champs (campagnols), dans nos maisons (rats, souris). A tous ces petits rongeurs, chacun fait, en toute saison, une guerre sans merci.

Il en est d'autres qui, de par la loi même, peuvent vivre et se reproduire en paix pendant une partie de l'année, continuant à ravager nos récoltes sous l'œil vigilant d'un garde chargé de leur fournir aide et protection.

D'où vient cette différence dans notre manière d'agir à leur égard ?

C'est que les premiers ne nous apportent aucun dédommagement aux méfaits qu'ils commettent, tandis que les seconds nous procurent les plaisirs de la chasse et font toujours bonne figure sur nos tables.

Au point de vue spécial où nous nous plaçons et quelles que soient d'ailleurs nos sympaties personnelles à l'égard de ceux-ci, nous devons prononcer contre eux la même condamnation.

Le Loir.

Les loirs sont de petits rongeurs gracieux, agiles et élégamment ornés, qui passent leur vie sur les arbres et les arbustes, dans les bois, les jardins, les vergers.

Ils ont des dents molaires au nombre de seize, séparées des incisives par un espace vide. « Ces incisives, dit Cuvier, au nombre de deux à chaque mâchoire, ne peuvent guère saisir une proie vivante, ni déchirer de la chair ; elles ne peuvent pas même couper les aliments, mais elles servent à les limer, à les réduire par un travail continu, en molécules déliées, en un mot, à les ronger. » Ces deux incisives sont taillées en biseau pour mieux remplir cet objet ; elles se distinguent par leur force, leur forme arquée et la manière profonde dont elles sont enfoncées dans l'alvéole. Les molaires des loirs ne sont traversées que de simples lignes, signe distinctif des rongeurs essentiellement frugivores (par opposition aux rongeurs omnivores dont les molaires ont des éminences). Leurs oreilles ont la conque entière. Leur queue est longue, ornée de poils en pinceau.

Les loirs vivent à peu près exclusivement de fruits et de quelques autres parties substantielles des végétaux sur lesquels ils habitent ; ils ne mangent de la chair que par exception.

L'hiver, lorsque la température descend au-dessous de

5 à 6°, ils demeurent plongés dans le sommeil léthargique
de l'hibernation, et si le froid sévit avec moins d'intensité, ils se réveillent pour manger. C'est au printemps,
alors que les longs mois d'hiver ont fait disparaître de la
surface du sol toute trace de substance végétale propre à
les sustenter, qu'on a pu voir des loirs, pressés par la
faim, piller des nids et manger les œufs et même les petits
oiseaux qui s'y trouvent; mais ce n'est pas là leur nourriture habituelle et plusieurs naturalistes, séduits par la
grâce et la gentillesse de ces animaux, se refusent à
admettre le fait.

Les loirs élisent généralement domicile dans les trous
des murs, des rochers ou des arbres. Leur fécondité est
très grande, ainsi qu'on l'observe chez beaucoup de petits
rongeurs, et, à cause de cela, ils deviennent, pour les
jardins fruitiers, un fléau redouté.

Trois espèces vivent en France et se retrouvent dans la
plupart des pays de l'Europe, excepté au nord.

La plus commune est le lérot, long de 15 centimètres
du bout du museau à l'origine de la queue qui mesure
elle-même 12 centimètres.

On ne peut rien voir de plus charmant que ce petit
animal avec sa jolie fourrure fauve brunâtre en dessus,
blanc en dessous ; la queue est d'un brun fauve, noire en
dessus vers le bout et bordée de blanc à l'extrémité formant un joli panache. Son œil, grand et noir, au regard
profond, est entouré d'un anneau noir, qui se prolonge
autour de l'oreille jusque sur les côtés du cou; son corps
léger et agile est porté par quatre petites pattes roses ;
l'ensemble est agréable à voir et très gracieux.

Mais la beauté ne suffit pas pour nous faire aimer cette
innocente petite bête à laquelle nous faisons un crime de
préférer, à de mauvaises herbes, par exemple, les meilleurs fruits de nos espaliers! Il est comme beaucoup
d'entre nous, enfants ou hommes, il trouve un parfum
délicat à la pêche et à l'abricot; les poires sont aussi
caressées par lui, et, dans notre égoïsme, nous ne lui

pardonnons point ces préférences qui diminuent notre part. Il n'a pourtant pas d'instincts carnassiers et ne répand pas le sang. Le régime végétarien que beaucoup d'hommes sérieux préconisent lui suffit.

Justement, à cause de cela, nous lui déclarons la guerre : nous profitons de son sommeil d'hiver, même dans la journée, car alors il dort si profondément qu'on le croirait en léthargie; il est froid, raide, inerte. On le prend très facilement et si on le garde quelque temps dans la main, la chaleur le fait revenir à lui, et c'est par un bon coup de dents qu'il vous fait sentir la reprise de possession de lui-même. Si donc on découvre son trou on fera bien de prolonger son sommeil en le tuant. Où est donc, direz-vous, ma pitié de tout-à-l'heure? Que voulez-vous? Cette plaidoirie que je déroulais en leur faveur n'était qu'une feinte, et, aimant les fruits, je trouve juste de les défendre contre ces voleurs, si gracieux soient-ils ! Vous pourrez aussi, je n'y trouverai pas à redire, guetter les lérots le soir, à l'heure du crépuscule, pendant la saison où la maturité des fruits est proche, c'est le moment où ils se mettent à courir sur les arbres fruitiers, et vous les tirerez avec le fusil.

En France, c'est seulement dans le midi que vit la seconde espèce, le loir proprement dit, de même taille que le lérot, avec la queue un peu plus grande. Cette espèce est très répandue en Grèce, en Italie, en Espagne et même en Autriche.

Son pelage est gris brun cendré en dessus, blanchâtre en dessous, avec une tache brune autour de l'œil.

Quoique sa chair paraisse désagréable au goût, on pense que c'est bien l'animal nommé *glis* par les Romains et qu'ils élevaient et engraissaient dans des espèces de garennes pour être servi sur leurs tables.

On trouve encore en Europe le muscardin, vulgairement appelé croquenoix, petit rongeur dont le corps mesure 7 centimètres et demi, et la queue à peu près autant. Il vit

comme le loir proprement dit, dans les forêts et n'intéresse
que les jardins rapprochés des bois où on en trouve.

Les muscardins sont d'un roux cannelle en dessus, blancs
en dessous. Ils font leurs nids dans les branches basses
des arbres pour y élever leurs petits. L'hiver ils se tiennent cachés dans des trous d'arbres.

Le Mulot.

Le mulot est une espèce de rongeur du genre rat, qui
vit en général loin de l'homme dans les bois et les forêts.

Un peu plus gros que la souris (longueur 125 millimètres),
le mulot a les oreilles très grandes et noires au bout ; ses
yeux sont gros et saillants ; ses pieds blancs ; sa queue
poilue, noire dessus, mais blanche en dessous ; son pelage
est jaune fauve en dessus, blanc en dessous, rouge vif sur
les côtés, semblable à celui du surmulot, grande espèce
du même genre qui pullule dans nos maisons et dans nos
villes.

Le mulot a chaque année trois ou quatre portées de neuf
à dix petits chacune, aussi il se propage rapidement.
Il y en a en Amérique aussi bien qu'en Europe.

Quoique habitant des terriers dans les bois, les mulots
deviennent souvent un fléau pour l'agriculture. Ils se répandent dans les champs pour fourrager aux dépens des
récoltes, et coupent les tiges pour ronger quelques grains
d'un épi dont ils dispersent les autres ; ces habitudes de
gaspillage augmentent leurs dégats qui seraient bien
moindres vu la petitesse de leur taille.

A d'autres époques ils rongent les jeunes pousses des
plantes, ou le jeune plant qui vient de lever, ou l'écorce
des jeunes arbres, ou bien encore retirent les semailles du
sol pour les manger.

Ils font, au pied des arbres dans des trous creusés à
30 centimètres sous terre, des provisions considérables de
grains, de noisettes, de glands, de châtaignes. Leurs

déprédations sont telles qu'ils changent de station après
quelques années pour chercher un nouveau pays à ravager,
car ils laissent la ruine derrière eux. Véritable fléau, ils
pourraient se vanter comme Attila que l'herbe ne pousse
plus partout où ils ont passé !

Le mulot.

C'est pendant ces émigrations et immigrations qui se
font par bandes très nombreuses et sans itinéraire régulier,
que beaucoup d'entre eux pénètrent dans les jardins, s'y
installent, y vivent de fruits et de graines et trouvent
commode parfois d'élire domicile pour l'hiver dans la
partie d'un sous-sol aménagée en fruitier, y trouvant
à la fois le vivre et le couvert ; témoin ce mulot que nous

prîmes l'hiver dernier dans une souricière amorcée plusieurs fois sans succès avec du lard grillé et qui n'attira notre petit malfaiteur que lorsqu'elle fut garnie de poire fondante, après qu'on eût mis hors de ses atteintes les autres fruits.

Pour détruire les mulots, on emploie divers moyens, dont le meilleur est de creuser à la bêche, dans les lieux qu'ils fréquentent, de petits trous de 30 centimètres de profondeur, taillés à pic sur leurs bords et à moitié remplis d'eau. Les mulots se noient dans ces espèces de chausse-trapes.

Le Campagnol.

Buffon a nommé petit mulot le rat champêtre : c'est le campagnol.

Ce petit animal a trois mâchelières de chaque côté à chaque mâchoire, mais ces dents sont sans racines et formées chacune de prismes triangulaires placés alternativement sur deux lignes. Sa queue est velue, à peu près de la longueur du corps; sa tête est grosse; ses proportions, épaisses; il n'a pas de palmure aux pieds, les doigts sont armés d'ongles longs, crochus et propres à fouir, quatre devant et cinq derrière comme les rats; son pelage est long, épais et moelleux.

Le campagnol ordinaire est grand comme une souris, cendré roussâtre en dessus, blanc sale en dessous. Cet animal, trop connu par les ravages qu'il cause, se trouve dans tous les pays de l'Europe.

Il choisit pour son séjour les jardins et les champs où il peut trouver facilement des graines, et il n'entre pas dans les maisons. Ce n'est que par hasard, lorsqu'il est l'objet d'une invitation particulière d'un de ses confrères de la ville, comme dans la jolie fable de notre bon La Fontaine, qu'il se hasarde à pénétrer dans une salle de banquet. Mais ce n'est qu'en tremblant; le moindre bruit l'inquiète et il se sauve avant la fin du repas malencontreusement interrompu, en disant à son amphytrion :

> Ce n'est pas que je me pique
> De tous vos festins de roi ;
> Mais rien ne vient m'interrompre ;
> Je mange tout à loisir.
> Adieu donc. Fi du plaisir
> Que la crainte peut corrompre !

En effet, le campagnol vit sans être inquiété dans les trous qu'il se creuse dans les champs, et où il amasse du grain pour l'hiver. Sa demeure est composée de plusieurs cellules en communication entre elles, et ayant différentes issues.

Lorsque les circonstances leur sont favorables, ces animaux multiplient d'une manière effrayante, et deviennent la terreur des contrées qu'ils ont choisies pour leur établissement. Les femelles mettent bas au printemps et en automne de six à dix petits par portée. De plus, les campagnols sont d'une voracité extrême ; ils détruisent le grain que l'on vient de mettre en terre, aussi bien que celui qui vient de mûrir. A la veille de la moisson, ils coupent la tige par la racine, vident l'épi, mangent une partie du grain et emportent le reste dans leurs trous.

C'est lorsque l'été est sec qu'ils sont le plus à craindre, car ils n'ont pas d'ennemis plus redoutables que les pluies, et surtout celles d'automne, et par dessus tout encore la fonte des neiges, qui, en inondant leurs galeries, en détruisent des quantités considérables.

Heureusement qu'ils servent de pâture aux oiseaux de proie, aux renards, aux chats, aux fouines, aux putois, aux belettes, aux couleuvres qui leur font une chasse incessante.

Lorsque ces animaux envahissent une contrée, on n'a guère de moyens de s'opposer à leurs ravages, et on ne peut travailler à leur destruction qu'à l'époque des labours et des semis. On peut, dans les jardins, en faire périr quelques-uns en leur tendant des pièges, mais ce moyen est insuffisant lorsqu'ils sont en grand nombre ; dans ce cas, on fait un labour profond à l'automne, on atteint ainsi leurs retraites, et des personnes ou des chats qui suivent la charrue, les tuent à mesure qu'ils cherchent à s'échapper.

On a dit que les campagnols avaient l'habitude de se précipiter dans les trous ou dans les fosses qu'ils rencontrent devant eux ; on a profité de cet instinct pour creuser des trous parfaitement cylindriques de 50 à 55 centimètres de profondeur, dont les bords et les parois étaient parfaitement lisses ; on en a pris ainsi une grande quantité.

L'ensemencement de toute une surface du jardin avec du grain trempé dans une décoction de noix vomique, d'euphorbe, ou dans une solution d'arsenic, peut avoir des dangers en empoisonnant des oiseaux ou d'autres animaux utiles, et on ne doit l'employer qu'à la dernière extrémité.

Il y a encore le campagnol économe qui habite la Sibérie. On croit l'avoir trouvé aussi en Suisse et dans le Midi de la France, principalement, dit-on, dans les champs de pommes de terre.

Un peu plus foncé, et à queue plus courte que le campagnol ordinaire, il habite une petite chambre en forme de four, creusée sous le gazon, avec des canaux conduisant dans diverses directions, communiquant avec une seconde cavité où il amasse ses provisions.

Le rat d'eau est aussi un campagnol ; il est un peu plus grand que le rat commun, au pelage gris-brun foncé ; la queue est environ la moitié de la longueur du corps.

Les jardins qui sont situés au bord d'un cours d'eau ont beaucoup à souffrir de leurs dégâts ; ces campagnols aquatiques creusent dans les terrains humides pour chercher des racines ; et, parfois, ils entrecroisent et multiplient tellement leurs galeries souterraines que des accidents peuvent en résulter.

J'ai été témoin, dans mon enfance, d'un effondrement qui s'est produit dans un magnifique jardin paysager situé

2

au bord de la rivière. C'était aux environs de Strasbourg, dans cette belle campagne d'Alsace, hélas ! perdue.

Depuis quelque temps, le propriétaire constatait que les arbustes s'étiolaient sur une grande étendue dans la partie rapprochée de l'eau, sans qu'il puisse découvrir la cause du mal.

Un jour qu'il y avait chez lui nombreuse réunion, il proposa après le dîner de faire un tour dans son jardin ; et, arrivé auprès des bosquets dont les arbres étaient en souffrance, il y pénétra, suivi de son jeune enfant, avec quelques personnes auxquelles il voulait faire constater le dépérissement de jolis arbustes d'une espèce peu commune. Tout à coup, pendant l'examen minutieux auquel ils se livraient, le sol manqua sous leurs pas, et l'enfant qui s'était rapproché davantage du bord, ne dut la vie qu'à la présence d'esprit d'un des visiteurs qui le saisit au moment où il allait disparaître dans l'eau.

L'émotion fut grande parmi nous, comme bien l'on pense, et heureusement il y eut plus de peur que de mal.

Les jours suivants, en faisant les terrassements nécessités par cet éboulement insolite, on constata, de manière à n'en pas douter, que le terrain avait été miné par les rats d'eau, nombreux dans ces parages et échappant à tous les pièges et à tous les essais de destruction.

Les Rats.

Nous avons employé souvent le mot *rat* depuis que nous nous occupons des rongeurs ; voyons un peu les caractères des rats proprement dits, ces animaux qui vivent près de nous, à nos dépens, véritables parasites qui dévorent nos récoltes, soit sur pied, soit lorsqu'elles sont rentrées dans nos caves et dans nos greniers.

Le rat ordinaire, ou rat noir, au pelage gris noirâtre, au museau très effilé, atteint de 15 à 19 centimètres ; sa queue

est plus longue que son corps, mesurant de 20 à 21 centimètres.

Originaire de l'Asie centrale, il fut amené en Europe sur
des navires, à l'époque des Croisades, et se multiplia
rapidement.

Les rats ont des dents incisives très tranchantes et très
affilées qui leur permettent d'entamer les substances les
plus dures. Rien ne leur résiste; leur appétit vorace
s'accommode de toute nourriture, et lorsqu'ils ont tout
saccagé en un endroit, ils se frayent un passage au travers
des murailles pour chercher ailleurs leur subsistance.

Laissons de côté les dégâts commis dans les maisons,
dans les greniers, dans les basses-cours, pour ne nous
occuper que de ceux qui concernent directement nos
jardins; et il y a là encore bien des méfaits à leur actif,
que de racines, de graines rongées et de fruits dévorés!
Les plus beaux, ceux qu'on avait admirés la veille, comptant les jours nécessaires à leur complète maturité, on les
trouve attaqués, mangés en partie par ces convives non
invités, aux dents longues et coupantes comme les lames
les mieux trempées. Ah! vous vouliez que l'œuvre fût parfaite et désiriez le fruit tout à fait mûr!... eux ne se
montrent pas si exigeants et se contentent de la meilleure
moitié, dédaigneux du reste qui ne leur a coûté aucune
peine, en pillards qui ne vivent que de rapines, gâchant et
ravageant ce qu'ils ne peuvent consommer.

Nous avons eu occasion d'observer les allures d'un vieux
rat très rusé et qui savait bien, le malin, approvisionner sa
table.

La disparition journalière d'un des petits canetons élevés
par une poule sous un hangar, avait donné l'éveil sur ses
agissements, et l'on eut bientôt la certitude que c'était lui
le coupable. Un soir, on le surprit sortant du hangar, d'où
grimpant le long d'une glycine, il arrivait à un arbre en
espalier, se mettant sans façon à en attaquer les poires,
car Monsieur voulait sans doute se donner le luxe d'un
dessert après s'être régalé de chair fraîche. Le maître de

céans l'épia deux ou trois soirs de suite, le vit recommencer chaque fois le même manège, et, armé d'une carabine, ayant la patience d'attendre qu'il soit sûr de son coup, il fut assez heureux pour lui envoyer du plomb dans..... l'aile, et lui ôter ainsi pour jamais l'envie de recommencer.

Les rats surmulots sont d'importation plus récente, et ce n'est qu'au siècle dernier qu'on signala leur présence en France ; ils se répandaient alors des rives du Volga sur toute l'Europe occidentale.

Beaucoup plus grands et plus forts que les rats noirs (leur corps mesure, sans la queue, jusqu'à 27 centimètres), ils ont presque partout fait disparaître ceux-ci, car si l'on peut dire que les loups ne se mangent pas entre eux, on ne peut étendre cette affirmation aux animaux de la race qui nous occupe, et ce sont les plus voraces et les plus forts qui anéantissent les plus faibles. Partout donc où les surmulots n'ont pas trouvé de nourriture suffisante, ils ont détruit les rats noirs, ceux-ci n'ayant guère, à cause de leur volume presque égal, de retraites inaccessibles à leur ennemi ; tandis que la souris, quoique bien plus faible, a pu se retirer dans des trous trop étroits pour que le surmulot pût y pénétrer ; elle a survécu au rat noir.

Les rats, à en croire le fait suivant, n'admettent pas la plaisanterie : un étudiant en sciences naturelles de Leeds assista à un curieux spectacle. Une volaille morte gisait près d'une vieille muraille. Un rat s'avança en reconnaissance, flaira la bête sans vie avec une certaine satisfaction et s'élança soudain du côté du mur où devait être son trou. Pendant ce temps, l'étudiant cacha la charogne et se remit en observation. Le rat ne tarda pas à revenir accompagné de cinq de ses congénères, dans le but probable d'enlever le cadavre. Arrivé à l'endroit où il l'avait laissé, il poussa un cri d'étonnement en ne l'y apercevant pas. Quant aux autres rats, persuadés qu'ils avaient été victimes d'une mystification, ils se jetèrent sur le malheureux avec tant

Les rats.

de sauvagerie, qu'ils le tuèrent et l'emportèrent à la place de la proie qui leur avait été promise.

La voracité de ces rongeurs est telle que leur nombre est inférieur à celui que pourrait faire supposer leur incroyable fécondité : le père et la mère ne se gênent pas pour se régaler de leur progéniture. Mais il en reste encore trop pour notre malheur, et l'homme a toujours cherché à se débarrasser de ces hôtes incommodes.

On a préconisé divers moyens :

1° Le poison est expéditif pour arriver à ce but, mais il offre l'inconvénient d'être dangereux à manier, et les boulettes empoisonnées peuvent être absorbées par des animaux domestiques ou surtout par des enfants si l'on ne prend pas les plus grandes précautions. Ces appâts peuvent se préparer ainsi : on fait fondre dans 20 parties d'eau 1 partie de phosphore ou de strychnine, on ajoute successivement 20 parties de farine, 25 de suif ou de beurre, 10 d'huile et 15 de sucre. On étend cette pâte sur des tranches de poires ou sur un morceau de lard grillé.

2° Ce qui n'est pas dangereux, c'est de mettre à portée des rats, dans une assiette, un mélange de farine et de chaux vive en poudre ; on place, à côté, une écuelle pleine d'eau. Les rats, après avoir mangé la chaux, viennent boire pour se désaltérer, et ils meurent rapidement.

3° On peut aussi couper du liège en morceaux du volume d'une grosse noisette, que l'on fait frire dans de la graisse et que l'on place près des lieux recherchés par eux. L'odeur de la graisse les attire, et le liège, introduit dans leur estomac, se gonfle en s'imprégnant des liquides qui y sont contenus, et détermine la mort par étouffement.

Ces divers moyens, laissant les rats en liberté, leur permettent d'aller périr dans des trous d'où on ne peut les retirer et d'infecter l'habitation.

4° On peut leur tendre des pièges amorcés avec du beurre (et non de la margarine), du lard rôti, des fruits sucrés, de la graine de soleil ou des pépins de courge ; ce sont les meilleurs appâts. Croyez-vous que ce soit par sollicitude pour ces animaux, fort peu dignes d'égards, que je vous engage à éviter la margarine? Oh non ! je n'ai pas pour eux d'attentions aussi délicates, mais ce serait inutile, car la margarine ne les attire pas. Cette répugnance a même été utilisée comme moyen de reconnaître le beurre naturel de celui qu'on supposerait falsifié de cette façon : on met dans un vieux plat, dans l'endroit que les rats ou les souris fréquentent, de deux espèces de beurre, ils ne toucheront qu'à celui qui est naturel.

5° Rien ne vaut un bon chien ratier, et, pour cela, le bull-terrier et le fox-terrier doivent avoir la préférence. La reproduction très rapide des rats (les lapins sont peu prolifiques en comparaison), leur amour des voyages et du changement qui les porte à varier leurs cantonnements, rendent insuffisante la destruction par les poisons ou les pièges ; il faut, pour se préserver d'un ennemi sans cesse renouvelé, sans cesse renaissant, une guerre incessante, et elle ne peut être mieux faite que par un chien ratier, bien dressé à vivre au milieu de la volaille, mais acharné après les rats ; acharné au point de se montrer insensible aux morsures que les bandes de rats contre lesquelles il se lance avec intrépidité, ne manquent pas de lui faire, surtout aux oreilles, comme étant sa partie sensible.

Le fait suivant montre l'habileté des fox-terriers dans leurs luttes contre les rats : la noix fraîche de coco et le coprah (noix séchée), principale production de l'archipel Coco (Malaisie), situé à 16° de latitude sud de l'équateur, ont failli être complètement détruits, il y a quelques années, par des bandes de rats échappés de la cale d'un navire naufragé. Ces rongeurs s'étaient multipliés au point de ne plus pouvoir être chassés. Tous les moyens avaient été employés contre eux sans succès, lorsqu'on eut l'idée de faire venir des fox-terriers dont l'activité ne tarda pas à mettre fin à l'envahissement du fléau. Ces fox-terriers sont répartis au nombre de trois à quatre cents sur les différentes îles de l'archipel, et comme le débarquement de tout autre chien est prohibé, la race en est gardée pure.

O vous, femme sensible! dont le cœur s'est pris d'affection
pour un petit épagneul, un king's carl ou même un vulgaire
roquet; ô vous, chasseur intrépide, qui songiez à accomplir
dans ces parages de nouveaux exploits cynégétiques, suivi
de votre fidèle compagnon, gardez-vous d'aborder à l'archipel Coco!

La Souris.

La souris est le plus petit des rats de nos habitations :
son corps n'a guère que 9 centimètres de longueur,
et sa queue est presque égale à cette dimension. « Timide
par sa nature, dit Buffon, elle est familière par nécessité. »
Elle est douce, et quand on a pu calmer son premier
effarouchement, on peut facilement l'apprivoiser.

Sa couleur est d'un gris brun. Il y en a une variété
blanche que certaines personnes élèvent pour leur amuse-
ment. Des montreurs de souris et de rats blancs vont
de cour en cour, à Paris, faire admirer aux locataires qui
ont le temps de s'arrêter à la fenêtre, les exploits et exer-
cices de leurs élèves, et on entend répéter : « Montez, la
petite Célina; descendez, le petit Alguiero! » et dociles, la
jeune souris ou le petit rat exécutent ponctuellement
l'ordre donné en grimpant ou redescendant le long du
bras de leur maître.

Quoique les souris aient les mêmes habitudes de ronger
que les espèces précédentes, la petitesse de leur taille fait
qu'elles causent moins de dégâts. Les moyens de destruction sont les mêmes que pour les rats.

Une nouvelle manière de les éloigner a été employée
simultanément chez nous et à l'étranger.

Un habitant de Nuremberg, ayant remarqué qu'une
pièce où se trouvait du chlorure de chaux avait été aussitôt désertée par les rats et les souris, eut l'idée d'en faire
l'expérience dans un vaste hôtel de la ville, et le succès fut
étonnant.

La même substance était essayée par un cultivateur

d'un village aux environs de Paris : il avait observé que, dès qu'une écurie avait été badigeonnée au chlorure de chaux, après une épidémie, par exemple, les mouches disparaissaient aussitôt ; il eut l'idée de mettre cette donnée à profit contre les souris. Il fit disposer, dans une grange sous laquelle il remisait quatre chars d'avoine, plusieurs assiettes contenant du chlorure de chaux. Cette grange était située près d'un canal et envahie par les souris. Son espoir ne fut pas déçu, car, trois mois après, lorsqu'on vint faire le battage de l'avoine, il constata, non sans une certaine satisfaction, qu'il n'y avait pas trace de souris, contrairement à ce qui se passait d'habitude, et que sa provision d'avoine n'avait subi aucun déchet.

On éloignera donc les rats et les souris des endroits qu'ils se plaisent à visiter, les espaliers surtout, en disposant, de distance en distance, au pied des murailles, des récipients contenant du chlorure de chaux. On peut aussi en verser dans leurs trous.

Un procédé, qui a été mis en usage aux Etats-Unis, consiste à verser deux ou trois cuillerées (40 ou 50 centimètres cubes) de sulfure de carbone sur une poignée de chiffons, et ce tampon est introduit dans l'entrée des trous de rats ou de souris. Les vapeurs du sulfure de carbone, plus pesantes que l'air, s'écoulent au fond du réduit, et, comme elles sont toxiques et mortelles, elles ne tardent pas à en faire périr les habitants. Le sulfure de carbone étant très inflammable, l'opération devra être faite pendant le jour, afin de ne pas avoir de lumière.

Tous les animaux qui vivent dans des trous ou dans des terriers peuvent être détruits de cette manière.

La Musaraigne.

Il faut bien se garder de comprendre la musaraigne dans la haine que nous vouons aux petits rongeurs, car elle nous aide dans notre guerre contre eux.

Les différentes espèces de musaraignes sont les animaux les plus parfaits de la famille des soricidées. Leur corps est mince, couvert de poils fins, courts, doux et soyeux, sauf sur les côtés où ce poil recouvre une bande de soies raides et serrées, entre lesquelles suinte un liquide odorant, musqué ; leur cou est court ; leur museau allongé en forme de trompe, avec des narines s'ouvrant sur les côtés d'un petit mufle divisé au milieu par un profond sillon ; leurs pattes postérieures sont plus longues que les antérieures ; elles ont les doigts libres ; la queue (longue ou courte selon l'espèce) annelée, écailleuse, recouverte de poils ; les oreilles courtes, fermées par un opercule ; les yeux petits, les incisives dentelées, les molaires à plusieurs pointes.

Elles sont rapaces, courageuses, agiles, nous sont de la plus grande utilité, et réclament, sous ce rapport, notre protection toute spéciale.

La musaraigne commune, nommée aussi musette ou musaraigne des sables, n'a pas tout à fait la taille d'une souris domestique ; elle a au plus de 6 à 8 centimètres de long et 2 centimètres et demi de haut ; sa queue mesure 3 centimètres et demi ; sa couleur varie entre le brun-rouille et le noir luisant ; les flancs sont toujours plus clairs que le dos ; le ventre est blanc-grisâtre, à reflets bruns ; les lèvres sont blanches ; les moustaches longues et noires ; les pattes brunes ; la queue d'un brun foncé en dessus, d'un brun jaune en dessous.

Ces détails de description permettent de ne pas la confondre avec d'autres animaux qui s'en rapprochent par l'aspect, mais sont de mœurs bien différentes.

La musaraigne habite les pays montueux comme les pays de plaine, les champs et les jardins, le voisinage des lieux habités et même l'intérieur des villages. Elle se plaît généralement près de l'eau. En hiver, elle pénètre dans les maisons, ou au moins dans les granges et les étables. Il faut bien qu'elle suive ses ennemis, qui, ne trouvant plus rien à rapiner au dehors, rentrent avec les récoltes

dans les endroits où on les remise. Elle se loge de préférence sous terre, s'empare des taupinières abandonnées,
des trous de souris, ou se retire dans les fentes et les crevasses des rochers et des murailles. Quand le sol est
mou, elle s'y creuse un petit couloir, mais toujours très à
fleur de terre.

Comme la plupart des animaux de la même famille,
la musaraigne a des habitudes plus nocturnes que diurnes.
Durant le jour, elle ne quitte pas volontiers sa demeure
souterraine et ne sort jamais pendant les heures de grande
chaleur : on dirait que les rayons du soleil lui sont nuisibles.

Les musaraignes sont continuellement occupées à flairer
de tous côtés, cherchant leur nourriture. Elles se nourrissent de vers et d'insectes, et méritent, à cet égard, d'être
distinguées des campagnols, avec lesquels on les confond
parfois.

La petite taille de ces animaux les laisse facilement
pénétrer dans les petites cavités ou fissures, et la finesse
du bout de leur museau leur permet d'y saisir les insectes
dont ils font leur proie. Ils mangent aussi des petits rongeurs.

Ce sont les défenseurs des fruits de nos espaliers, et ils
ne touchent jamais à aucun de nos produits de récolte.
Rien n'est donc plus fâcheux que le préjugé qui les con-
damne et pousse les agriculteurs à les détruire.

Leur odeur est répugnante, et dame ! quand ils se sont
promenés sur un fruit en pleine maturité, le parfum
de celui-ci se mélange à celui de ces petits animaux et
ce n'est pas agréable. C'est tout ce qu'on peut vraisembla-
blement leur reprocher. Les chats eux-mêmes, qui les
tuent pourtant et jouent avec eux comme avec les souris,
ne les mangent jamais, ce gibier parfumé n'étant pas de
leur goût.

C'est par une erreur grossière que certaines personnes
regardent la morsure des musaraignes comme venimeuse,
et pouvant donner du mal aux pieds des chevaux.

La musaraigne naine ou de Toscane, ou musaraigne étrusque, est encore plus petite que la précédente : sa tête et son corps n'ont qu'une longueur totale de 35 millimètres et la queue 25 millimètres.

Ses mœurs sont celles de nos musettes ; on la trouve dans le midi de la France, en Italie, en Algérie, en général dans tous les pays méditerranéens, et aussi aux bords de la mer Noire.

Le carrelet est une musaraigne commune en France, et elle paraît habiter toutes les contrées de l'Europe. Sa taille, qui est celle de la musette, l'a souvent fait confondre avec celle-ci ; mais sa queue, au lieu d'être ronde, est quadrangulaire et brusquement terminée en pointe fine, conformation qui lui a valu son nom.

Sur le bord de nos petits cours d'eau, s'établit la plus grosse espèce de musaraignes de nos contrées : la musaraigne d'eau, longue de 9 à 10 centimètres, non compris la queue qui mesure 5 centimètres et demi ; elle est noirâtre en dessus, blanche en dessous. Sa queue est un peu comprimée latéralement et garnie en dessus et en dessous de poils raides ; on en retrouve de semblables aux pattes. Ils peuvent, à la volonté de l'animal, s'écarter, en formant sur les côtés de la patte comme des dents de peigne, et se rabattre ensuite les uns sur les autres, de manière à s'effacer presque complètement. En s'élargissant, ils forment une rame qui facilite la natation. Pendant la course, ils sont relevés de telle sorte qu'ils ne puissent s'user.

Comme la Providence dispose toutes choses avec sagesse ! Que de merveilles à admirer chez des êtres auxquels bien peu prêtent attention !

Les anciens connaissaient les musaraignes : les Grecs leur ont donné le nom de mygale (souris-belette) ; les Romains, celui de *mus arenaus*, d'où est venu le nom français. On a retrouvé dans les monuments égyptiens des momies de musaraignes appartenant à deux ou trois espèces.

Quelques anecdotes intéressantes nous sont rapportées par Brehm dans sa *Vie illustrée des Animaux :*

« Il y a peu d'animaux, dit-il, qui soient aussi peu sociables que les musaraignes, et qui se comportent aussi mal vis-à-vis de leurs semblables. La taupe seule pourrait leur être comparée. Les musaraignes se mangent mutuellement. On en voit souvent deux se battre avec tant d'ardeur qu'on peut les prendre à la main ; elles forment une seule masse roulante et se mordent avec autant de rage que les bouledogues. Il est bien heureux que les musaraignes n'aient pas la taille du lion, elles dépeupleraient toute la terre, et finiraient par mourir de faim.

« Il est très rare de rencontrer des bandes de musaraignes dans lesquelles la bonne harmonie règne. Cependant Cartrey entendit un jour du bruit dans les feuilles sèches et vit que ce bruit était produit par cent à cent cinquante musaraignes qui semblaient jouer entre elles, sifflant, criant, courant de côté et d'autre. Je ne connais aucune autre observation analogue.

« La femelle se bâtit un nid avec de la mousse, de l'herbe, des feuilles, des tiges ; elle le place dans le trou d'un mur ou sous des racines ; elle y pratique plusieurs ouvertures latérales, le rembourre bien mollement, et, en mai, juin ou juillet, elle y met bas de cinq à dix petits, qui viennent au monde nus, les yeux et les oreilles fermés. Au commencement, elle leur témoigne beaucoup d'attachement ; mais peu à peu sa tendresse languit, et les petits se mettent eux-mêmes en quête de nourriture. A ce moment, tout sentiment de fraternité disparaît. Pour la musaraigne vulgaire, tant soit-elle jeune, toute chair, même celle d'une de ses sœurs, est de la nourriture.

« Souvent, dit Lenz, j'ai eu des musaraignes. On n'arrive pas à les rassasier avec des mouches, des vers de terre, des vers de farine. Chaque jour, je devais leur donner une souris, une musaraigne morte ou un petit oiseau de la même taille.

« Quelque petites qu'elles soient, elles mangent chacune leur souris par jour, n'en laissant que la peau et les os. J'ai pu ainsi les engraisser, mais si on les laisse un peu souffrir de la faim, elles ne tardent pas à périr. J'ai essayé de ne leur donner que du pain, des raves, des poires, du chénevis, des graines de pavot, des carottes, etc.; elles mouraient de faim sans y toucher. Leur donnait-on de la croûte de pâté, elles y mordaient à cause de la graisse qui entrait dans sa composition. Trouvaient-elles une souris ou une autre musaraigne prises dans un piège, elles se mettaient aussitôt à les manger.

« Le poète Welcher a été témoin de la chasse qu'elles font aux petits rongeurs. Il possédait une musaraigne vivante, à la patte de laquelle il attacha un fil, et qu'il laissa entrer dans un de ces nombreux trous que l'on trouve au milieu des champs, et qui sont fréquentés par les campagnols ou les mulots. Un instant après, un campagnol en sortait, suivi de près par la musaraigne. Elle l'avait mordu au cou et lui suçait le sang ; elle le tua et le dévora. Cette férocité tourne à notre avantage : les musaraignes détruisent ainsi quantité d'animaux nuisibles. »

La musaraigne est leste et agile dans tous ses mouvements. Elle nage au besoin ; elle grimpe sur les troncs d'arbres inclinés. Sa voix consiste en une sorte de sifflement perçant, tremblotant, qu'elle pousse parfois lorsqu'elle fouille les hautes herbes, les massifs de ronces, les haies, ou lorsque deux individus se poursuivent.

De tous ses sens, l'odorat est le plus développé. Il arrive souvent que des musaraignes qui ont été prises et qu'on a relâchées, courent de nouveau dans la souricière, par cela seul qu'elle a l'odeur de la musaraigne. La vue et l'ouïe paraissent ne pas servir beaucoup aux musaraignes, l'odorat leur tient lieu de ces deux sens.

Bien peu d'animaux mangent les musaraignes. Cette aversion vient sans doute de leur odeur musquée, due à un liquide sécrété par deux glandes, situées sur les flancs, plus près des pattes de devant que de celles de derrière, et qui se communique à tous les objets qu'elles ont touchés. Pourtant quelques oiseaux de proie, les cigognes et les vipères les avalent.

Il est probable que c'est en grande partie à leur odeur qu'il faut attribuer les diverses fables qui, dans toute l'Europe, ont cours sur les musaraignes. En Angleterre, il est des cantons où l'on craint encore plus cet animal que la vipère.

Le simple contact d'une musaraigne, s'il faut en croire les esprits faibles, annonce sûrement une maladie ; quiconque, homme ou bête, a été *frappé par la musaraigne,* tombe malade, au dire de toutes les commères, à moins qu'on n'ait immédiatement recours à un remède infaillible. Ce remède, le seul capable de guérir la maladie causée par la musaraigne, est fourni par un rameau de frêne auquel on a inoculé la vertu thérapeutique de la manière que voici : une musaraigne est prise vivante ; avec des cris de joie, on l'apporte près du frêne qui doit préserver ou délivrer le genre humain des griffes de Satan, caché sous la peau du petit carnassier. On creuse un trou dans le tronc de l'arbre, on y fourre la musaraigne, et on bouche solidement le trou. Si peu que vive encore cet animal, sacrifié ainsi à la sottise humaine, cela suffit pour donner au frêne des vertus surnaturelles.

Nous croyons inutile de rapporter ici une foule d'autres croyances et superstitions ayant trait à cet animal. Et si nous avons pensé devoir nous étendre un peu longuement à son sujet, c'est afin de le faire mieux connaître, d'apprendre à le distinguer des petits animaux qui y ressemblent, car pour la plupart des gens, en effet, tous les petits animaux de forme à peu près semblable, rongeurs ou autres, sont des souris. Englobons, si nous voulons, dans une même haine, souris, mulots, campagnols, à cela il n'y a pas grand mal puisque leurs œuvres sont sœurs, mais faisons exception en faveur de la musaraigne, notre alliée contre tous ceux-là.

Le Lièvre et le Lapin.

Etudions maintenant les lièvres et les lapins, bien que leurs dégâts semblent surtout intéresser la grande culture, car beaucoup de jardins ne sont enclos que d'une haie ou pas du tout et peuvent se trouver à proximité d'un bois ou des champs.

Le lièvre commun se distingue du lapin par certains traits de sa conformation et surtout par ses mœurs.

Généralement plus grand que le lapin, il a le corps et les jambes plus longues, ses oreilles dépassent d'un dixième environ la longueur de sa tête, tandis que celles du lapin n'atteignent pas la longueur de cette partie du corps.

Cuvier résume ainsi les circonstances caractéristiques de ses mœurs : « Il vit isolé et ne se terre point, couche à plate terre, se fait chasser en arpentant la terre par de grands circuits et n'a pu encore être réduit en domesticité. »

Le lièvre court très vite, surtout en montant, parce qu'alors la brièveté relative des pattes de devant lui devient un avantage.

La femelle du lièvre peut avoir quatre à cinq portées par an et chaque fois de trois à quatre petits. Les jeunes levrauts naissent les yeux ouverts, et quittent leur mère au bout de vingt jours pour se choisir chacun un gîte peu éloigné du lieu natal et distant de quarante à cinquante mètres des autres gîtes. Le gîte du lièvre est une légère anfractuosité du sol ; l'été il est placé dans les champs et tourné vers le nord pour recevoir les vents frais ; à la chute des feuilles, le lièvre rentre au bois et s'abrite dans les buissons ; pendant les rigueurs de l'hiver, il se rapproche des fermes et des habitations isolées, cherchant quelque nourriture jusque dans les jardins.

Les lièvres vivent d'herbes, de racines, de feuilles, de fruits, de grains, et même, en hiver, de l'écorce des jeunes arbres.

J'ai vu pleurer de rage un vieux jardinier, en constatant le dépérissement de plusieurs jeunes pêchers dont les noyaux lui avaient été envoyés de loin et qu'il avait fait germer dans des caisses et soignés avec amour avant de les transplanter dans son jardin. La partie du village dans laquelle est situé ce jardin, a été appelée la Louvière : son nom indique que les bois ne sont pas loin et les anciens du pays se souviennent encore d'histoires terribles de loups qui venaient y chercher leur proie. De ce voisinage, il n'y a plus à craindre que les lièvres et les lapins, et ce sont eux qui, en rongeant l'écorce des pêchers dont il s'agit, avaient causé le chagrin du pauvre vieux.

Depuis, quand il plante des arbres, et il donne ce conseil à tous ceux qui sont dans son cas, il entoure le tronc jusqu'à une certaine hauteur, de broussailles très enchevêtrées, de façon à faire à l'écorce une muraille protectrice.

Le lapin se reproduit encore plus facilement que le lièvre : la femelle ayant sept portées par an, chacune de quatre à huit petits. On ne s'étonnera donc plus, devant des chiffres pareils, que parfois leur multiplication excessive ait alarmé les populations des villes dont ils ont pu ébranler les édifices en creusant leurs terriers et que les cultivateurs les regardent comme des ennemis redoutables.

Le lapin vit en famille dans une demeure souterraine ou terrier qu'occupent successivement les descendants après les parents.

Notre La Fontaine qui passait son temps à étudier les habitudes des animaux qu'il mettait en scène, avait remarqué cette coutume des lapins d'habiter le même terrier de père en fils ; il consigne le résultat de ses observations à ce sujet dans la jolie fable : *Le Chat, la Belette et le petit Lapin.*

La belette, en l'absence du maître du logis, s'était emparée « du palais d'un jeune lapin. »

3

Lors du retour de celui-ci, et en l'entendant lui donner l'ordre de déloger sans trompette,

> La dame au nez pointu répondit que la terre
> Etait au premier occupant.
> C'était un beau sujet de guerre
> Qu'un logis où lui-même il n'entrait qu'en rampant !
> « Et quand ce serait un royaume,
> Je voudrais bien savoir, dit-elle, quelle loi
> En a pour toujours fait l'octroi
> A Jean, fils ou neveu de Pierre ou de Guillaume,
> Plutôt qu'à Paul, plutôt qu'à moi ! »
> Jean Lapin allégua la coutume et l'usage.
> « Ce sont, dit-il, leurs lois qui m'ont de ce logis
> Rendu maître et seigneur, et qui, de père en fils,
> L'ont de Pierre à Simon, puis à moi Jean transmis.

Voilà des titres de propriété nettement établis ! On sent que notre poète avait fait ses études de Droit.

Mais revenons à nos… lapins ! C'est avec leurs pattes de devant qu'ils creusent en terre leur demeure. Quelques naturalistes assurent que cet instinct qui les porte à préparer cette retraite pour leur famille est amorti chez le lapin domestique, et que, rendu à la liberté, celui-ci se contente pendant quelque temps de gîter comme le lièvre, jusqu'à ce que, lassé des dangers, des intempéries des saisons, il retrouve l'instinct premier de son espèce.

J'ai été témoin d'un fait contraire :

Trois lapins, un mâle et deux femelles, étaient logés au rez-de-chaussée d'un poulailler habité par quelques volatiles. La gent emplumée faisait bon ménage avec les lapins ; ceux-ci étaient amplement pourvus de litière et leur porte restait toujours ouverte, leur laissant toute liberté d'aller et de venir dans la petite cour où s'ébattait la volaille. Nous les vîmes creuser un jour avec activité ; et le travail avançait vite, car bientôt une grande quantité de terre qu'ils rejetaient avec leurs pattes, s'amoncelait autour de l'entrée du trou ; leur va-et-vient incessant nous amusa beaucoup ; ils portaient entre leurs dents de petits faisceaux de paille et de foin et l'on put voir voltiger partout des flocons de leur poil, blanc comme neige (car c'étaient des lapins russes). Quelques semaines après plusieurs petits sortirent du nid, puis quelques autres qui paraissaient moins âgés de quelques jours ; deux mois et demi après, deux nouvelles nichées rejoignirent les deux premières et nous pûmes compter un soir, en nous dissimulant de notre mieux, car ils étaient sauvages, trente et un jeunes lapereaux. Nous appelions notre lapinière, la nouvelle Australie ! Voici donc des lapins domestiques retournés d'eux-mêmes à l'état de nature et creusant des terriers qui aboutissaient dans le jardin à deux mètres environ du grillage de clôture. Avec barbarie nous fîmes tuer les parents de la trop abondante progéniture ! une distribution d'une partie des petits nous débarrassa d'hôtes qui devenaient encombrants.

L'Australie (à laquelle je viens de faire allusion) a tant fait parler d'elle à cause de la multiplication exubérante de ses lapins, que je ne puis m'empêcher d'en dire ici quelques mots.

Après la guerre de sécession aux Etats-Unis, les colons d'Australie importèrent chez eux et à la Nouvelle-Zélande le lièvre et le lapin d'Europe.

L'acclimatation ne fut pas difficile : les deux rongeurs y prospérèrent et y prospèrent encore. Mais la reproduction du lapin a tellement dépassé les espérances que la pullulation de ce petit animal est devenue, depuis plus de vingt ans, un véritable fléau pour l'Australie tout entière. Dix années avaient suffi aux couples importés pour devenir une innombrable armée. Les pâturages tondus jusqu'à la racine ; les vignobles coupés en pied ; les jardins maraîchers saccagés jusqu'à la ruine.

Les sacrifices d'argent faits par les grands propriétaires, par les autorités locales furent impuissants à enrayer le mal. Beaucoup d'agriculteurs, découragés, ont dû abandonner leurs domaines.

Si l'agriculteur se désole d'un tel état de choses, le chasseur se réjouit et s'enrichit.

Les rabbiters ou chasseurs de lapin vivent seuls dans

des huttes écartées de toute habitation. Ils enfouissent, à quelques centimètres sous le sol, des pièges extrêmement simples, dans lesquels ils attirent le lapin, sans aucun appât, et uniquement en grattant un peu la mince couche d'humus qui recouvre l'engin. Par esprit d'imitation, le lapin gratte à son tour, et creuse jusqu'à atteindre le piège. Celui-ci se détend alors et l'animal est pris. Chaque matin et chaque soir, le rabbiter fait sa tournée, relève ses victimes et les accroche aux fils de fer clôturant le terrain qu'il doit purger des lapins. En moyenne, par jour, une centaine de lapins sont ainsi suspendus par chaque tendeur de pièges. Des milliers de cadavres restent attachés aux clôtures, jusqu'à ce que le compte soit fait entre le propriétaire et le chasseur. Le soleil est si ardent sous cette latitude, que les corps de ces animaux, desséchés rapidement, ne dégagent aucune mauvaise odeur.

La destruction par le piégeage et par la chasse au fusil fut loin de suffire à arrêter le mal.

On a essayé de clôtures en treillages de fil de fer et le gouvernement n'a pas lésiné sur ce point ; il fut question d'une barrière de 13,000 kilomètres de longueur.

Mais, d'après les journaux étrangers, la malice des lapins d'Australie est telle, que, pour franchir les nouveaux obstacles qu'on leur oppose, ils ont appris à grimper. Des pattes de lapins grimpeurs auraient été présentées à la société géologique de Londres, et on aurait constaté qu'elles étaient beaucoup plus fines, de couleur plus sombre, et armées de griffes plus aiguës que celles des lapins de garenne européens.

Un voyageur, qui a visité certaines régions de la Nouvelle-Galles du sud et du Queens-land, rapporte à la *Revue Scientifique*, en 1895, ce qui suit :

« En dehors de la barrière destinée à tenir les lapins au large et à les empêcher de pénétrer dans les cultures, tout le pays est dans un état terrible ; à 32 kilomètres à l'ouest de Hungerford, le plus loin que je sois allé, il n'y a pas vestige de nourriture... Les lapins couvrent littéralement le sol à 1 kilomètre de distance, et les carcasses en décomposition des morts forment un tapis sous les pattes des centaines de milliers de vivants qui viennent périr contre la barrière. Sous chaque arbre, à chaque abri, partout où j'ai été, c'est une nuée de lapins, et autour des arbres, leurs cadavres s'accumulent souvent à 30 centimètres de hauteur. »

Ce serait, manifestement, une belle et bonne occasion pour le lapin de devenir carnivore et de dévorer ses semblables. Il ne se gène pas pour le faire en captivité, à l'égard de ses petits tout au moins. Cela prouve que la barrière a du bon, et que la plupart meurent avant d'avoir appris à grimper.

Pour ne rien négliger, les Australiens ont eu recours aux ennemis jurés des lapins, les furets, les fouines et les belettes. Déjà, de ce fait, les lapins ont éprouvé des pertes sensibles.

En même temps on faisait appel aux chimistes et aux savants. En 1887, M. Pasteur exprimait l'opinion qu'en arrosant la nourriture des lapins d'un terrier avec le liquide de culture du choléra des poules, on pourrait provoquer une épidémie redoutable, capable de détruire tous les lapins sur une vaste étendue de territoire.

M. Pasteur avait eu occasion de faire à Reims une expérience probante : les caves à champagne de Madame veuve Pommery sont situées dans un clos muré de huit hectares ; ce clos avait été envahi par les lapins qui y avaient à ce point pullulé et miné le sol que la solidité des voûtes était menacée. Quelques jours après l'ensemencement de la culture susdite, on trouva partout des lapins morts et on n'en vit plus circuler un seul.

Mais les Australiens se montrèrent plus difficiles, ne voulant pas seulement donner à leurs envahisseurs une maladie qui les tue par milliers, mais tenant à ce que cette maladie se propage par contagion.

On a essayé le procédé de M. Watson, professeur à

l'Université d'Adélaïde; il consiste à donner aux lapins la gale du mouton.

Puis, on a expérimenté la méthode du docteur Ellis qui inocule aux lapins une maladie désignée sous le nom de marasmoïde.

De son côté, le docteur Méguin, bien connu par de remarquables travaux micrographiques, proposa de tenter de communiquer aux lapins la phtisie hépatique coccidienne, désignée sous le nom vulgaire de gros ventre. Cette maladie aurait l'immense avantage de ne se communiquer à aucune espèce d'animal et d'être tout à fait inoffensive pour l'homme.

En même temps qu'elle cherchait à se débarrasser de ses lapins, l'Australie faisait commerce de leurs peaux et de leur chair. Mais depuis qu'on fait usage de poisons pour les détruire, l'industrie des conserves de lapins périclite, car il y a grève des consommateurs.

La guerre d'extermination, qu'on a faite aux lapins en Australie, a eu pour résultat d'augmenter le nombre des lièvres qui, à leur tour, menacent l'agriculture de cette île immense. Ainsi, dans le district de Corack, on était parvenu à détruire les lapins : les lièvres y pullulent à ce point qu'une société de quatre sportsmen, dans une partie de chasse, en a tué cent en une heure.

Chasseurs de France, on ne vous la baille pas aussi belle; mais, par compensation, nous n'avons pas à nous débattre contre une invasion semblable. Et vous, qui possédez des jardins visités par ces animaux, si quelque Jeannot lapin vient chez-vous

> . . . . . . faire, à l'aurore, sa cour
> Parmi le thym et la rosée,

gardez-vous d'appeler, à votre aide, un Nemrod, ses gens et sa meute, comme le jardinier de la fable, car

> . . . . . . les chiens et les gens
> Feraient plus de dégâts en une heure de temps
> Que n'en auraient fait en cent ans
> Tous les lièvres de la province.

Contentez-vous d'entourer vos jardins d'un grillage ; le fil de fer ne sert pas de refuge aux escargots et aux limaces comme le fait une haie, il prend moins de place, n'est pas très coûteux, et en attendant que nos lapins d'Europe soient devenus des grimpeurs, cette barrière est suffisante contre leurs incursions.

Si votre jardin reste sans clôture, ayez recours aux pièges. Prenez, par exemple, une vieille barrique et enterrez-la dans le sol sur le passage favori de vos visiteurs à quatre pattes ; on s'arrange de façon que son bord affleure bien exactement la surface du sol ; puis on met le couvercle de la barrique en bascule autour de deux petits axes et on garnit le couvercle de terre, de brins d'herbe parfumée, de morceaux de carottes collés ou cloués.

Votre maraudeur ne résiste pas à la tentation de venir faire un tour près de cette provende : dès qu'il est dessus, le couvercle bascule et voilà Jeannot précipité dans la barrique. En équilibrant bien la planche, ce qui est aisé à réaliser après quelques tâtonnements, elle reprend immédiatement sa position normale et c'est le tour d'un autre d'aller se fourrer de lui-même en prison.

Il va sans dire que ce piège doit se conformer à la réglementation sur le droit de chasse et qu'il faut en indiquer l'emplacement d'une façon bien visible aux visiteurs des propriétés où on l'installe, sans quoi l'on s'exposerait à trouver quelque passant précipité dans la trappe comme un simple lapin. L'instruction n'étant pas encore devenue gratuite et obligatoire pour ces animaux, un écriteau, même bien apparent et en grosses lettres, ne saurait leur inspirer de méfiance.

En fait de barrique, nous connaissons un puits qui a causé la mort non pas d'un lapin, mais, ce qui est plus regrettable, des chiens qui le poursuivaient :

Le lapin a toujours joui d'une réputation de finesse plus ou moins méritée, mais assurément celui dont on nous a conté l'histoire, et dont nous allons parler, n'était pas un sot, comme on va le voir.

M. M*** qui avait invité deux de ses amis, s'était rendu sur ses propriétés situées aux environs de Pontoise, accompagné de trois chiens, quand ceux-ci se lancèrent à la poursuite de maître lapin.

La chasse fut chaude et, tout à coup, M. M*** qui les suivait à distance, cessa d'entendre la voix des chiens. Voici ce qui était arrivé : le lapin avait couru en ligne droite jusqu'au bord d'un vieux puits couvert de broussailles, et là, avait fait un bond de côté. Les chiens qui le serraient de près, ne purent ralentir ni changer leur course et tombèrent, l'un à la suite de l'autre, dans le puits, où ils se noyèrent.

Si ce n'est pas dû au hasard de sa course, voilà qui, pour un lapin, n'est certes pas mal pensé.

Une dernière recette, pour finir, qui réussit souvent à éloigner les lapins, c'est de tendre, autour du terrain qu'on veut préserver, à 20 centimètres au-dessus du sol, une corde enduite d'huile de poisson. L'odeur qui s'en exhale déplait à la gent poilue et ils n'en approchent pas, dit-on ; c'est facile et peu coûteux à essayer.

La Taupe.

Ne quittons pas les quadrupèdes nuisibles aux jardins, sans parler de la taupe qui pourtant rend de grands services à la culture en pleins champs.

La taupe a une physionomie bien particulière qui la fait tout de suite reconnaître : le corps est ramassé, presque cylindrique ; le cou n'est pas distinct du tronc ; le museau se prolonge en une trompe pointue ; les yeux et les oreilles sont atrophiés et cachés dans un pelage fin, doux, court et épais ; les poils ont un éclat métallique qui ne se retrouve que sur bien peu de mammifères ; la queue est courte ; les deux pattes de derrière sont minces, allongées comme celles des rats ; les pattes de devant forment des bêches relativement gigantesques ; les doigts sont courts et armés d'ongles fouisseurs longs et vigoureux ; la dentition est particulière : les dents sont fines, tranchantes, pointues, et s'engrènent comme celles d'un peigne à carder.

Les taupes se creusent des couloirs souterrains pour aller à la recherche des insectes et autres animaux qui font leur nourriture ; elles rejettent à la surface des amas de

Taupe prise au piége.

terre connus sous le nom de taupinières. Leurs habitations sont parfois très compliquées et artistiques. Ce n'est que par un rude labeur qu'elles peuvent assurer leur demeure contre tous les dangers, et y trouver de quoi assouvir leur voracité. Le donjon est l'endroit où la taupe se tient habituellement, c'est son *buen-retiro*, mais elle n'y séjourne pas souvent : sa faim sans cesse renaissante la porte à creuser autour, des galeries nouvelles dans lesquelles elle saisit les proies vivantes qui assouvissent son appétit vorace. Aussi ne peut-on que difficilement conserver des taupes en captivité; on ne parvient jamais à les rassasier. Les naturalistes, qui se sont livrés à cet élevage afin d'observer leurs mœurs, nous donnent de curieux détails sur la peine qu'ils furent obligés de prendre afin de subvenir à cette faim toujours inassouvie. De leurs minutieuses observations, il résulte que cet animal est insatiable : il lui faut par jour son poids de nourriture animale; il meurt de faim quand on ne lui donne que des végétaux.

D'autres taupes, de la viande crue ou cuite, des oiseaux, des rongeurs, des hannetons, des vers, des insectes, voire même de petits reptiles (sauf le crapaud), tout gibier lui est bon. Cette sorte d'indifférence pour le choix des aliments, pourvu toutefois qu'ils soient exclus du régime végétarien, a fait tirer la conclusion bien rationnelle que le sens du goût n'était pas très développé chez la taupe.

Par contre l'odorat paraît la guider avec sûreté dans la direction qu'elle doit prendre dans ses chasses : on avait enfermé une taupe dans une grande caisse pleine de terre fine mélangée de sable et dans un coin de cette caisse on avait mis un morceau de viande crue; aussitôt la terre qui n'avait pas une très grande épaisseur, se déplaçait, indiquant le passage de la taupe qui se dirigeait directement vers le coin où se trouvait la viande, et peu après elle était mangée; tous les taupiers savent si bien comme son odorat est développé, qu'ils frottent avec une taupe morte les pièges qu'ils tendent.

La nourriture abondante que la taupe consomme, développe en elle un autre besoin, frère de la faim : la soif. Aussi a-t-elle soin de se creuser dans un endroit où la terre est le moins perméable, à l'extrémité d'une de ses galeries, une sorte de réservoir dont elle piétine le sol pour mieux le durcir et où elle recueille l'eau des pluies, ou bien elle fait aboutir un couloir en pente à une source, à un ruisseau ou à une flaque d'eau voisine, pour avoir toujours de l'eau à sa portée. Après un bon repas, elle vient se désaltérer à sa fontaine, se repose un peu et repart en quête d'une nouvelle proie.

Son ouïe est très fine, Ce sens développé lui sert surtout pour échapper aux dangers, et dès qu'une taupe entend un bruit insolite, elle cherche à fuir; pour lui conserver intacte l'ouïe, la nature a entouré le conduit auditif externe d'un rebord cutané caché sous les poils pouvant servir à ouvrir et à fermer ce conduit. Pendant que la taupe poursuit ses travaux de terrassement, elle a bien soin de contracter ce petit rebord pour fermer son oreille, elle évite ainsi les obstructions; n'ayant personne pour lui donner des injections, elle est désireuse de pouvoir s'en passer. Cette petitesse de l'ouverture de l'oreille a fait longtemps croire que la taupe était sourde, mais si l'extérieur est peu apparent, le canal auditif est très grand et l'ensemble de l'organe interne est très développé.

On a aussi pensé que la taupe est aveugle (il y a en effet une espèce qui porte ce nom, mais il ne faut pas confondre avec elle la taupe vulgaire). Celle-ci a des yeux dont elle se sert. C'est par la vue qu'elle se guide quand elle traverse un cours d'eau à la nage, si bien que si l'on veut éprouver sa faculté visuelle, on n'a qu'à jeter une taupe à l'eau. Elle écarte alors aussitôt les poils qui couvrent ses yeux, et montre de petits points noirs, saillants, qui suffisent à lui permettre de se diriger.

Ruckert, qui a été traduit par M. Ch. Meaux Saint-Marc, parle ainsi de la vue de la taupe :

> La taupe est-elle aveugle? Oh! non pas : la nature
> Dota d'un œil petit la pauvre créature;
> Mais, dans le noir palais que sait bâtir sa main,
> Cet œil du moins éclaire, et guide son chemin;
> Puis, quand elle travaille à son toit qui surplombe,
> Dans cet œil si petit, moins de poussière tombe.
> D'ailleurs, pour découvrir le ver, son aliment,
> Faut-il un œil bien vif? Il fuit si lentement!

Elle sort de son trou, quand la nuit étincelle,
Et le ciel d'un éclair inonde sa prunelle;
Au ciel, sans qu'il le sache, elle emprunte un rayon,
Dans ses ténèbres rentre et poursuit son sillon.

Il n'y a plus que le sens du toucher sur lequel nous voulions encore appeler votre attention, à cause de la vitesse surprenante que la taupe déploie en creusant le sol, surtout quand celui-ci est léger; on a remarqué que dans une caisse pleine de sable, elle circule presque aussi rapidement qu'un poisson dans l'eau. A la surface même de la terre où elle est comme hors de son élément, elle court assez vite pour qu'un homme ait de la peine à l'atteindre. La conformation de ses pattes lui permet de fouiller la terre avec la plus grande facilité. La taupe nage admirablement, ses pattes-bêches deviennent alors des pattes-rames et le mouvement est le même dans l'eau que dans l'intérieur du sol; elle rejette l'eau derrière elle pour nager, comme elle rejette la terre pour creuser et avancer dans ses galeries. La taupe saisit ses ennemis avec une grande habileté; elle jouit donc de la plénitude de ses facultés, et s'en sert pour nous rendre de grands services.

Partout donc où on peut facilement supporter ses amas de terre sans grand dommage, il faut la protéger, d'autant plus que le drainage que ses sillons établissent dans les champs et les prairies est fort utile.

Pourtant dans les petites cultures, les taupes font du tort en minant le sol, en dérangeant les jeunes semis et mettant à nu les racines. Quant à croire qu'elles mangent des substances végétales, c'est une erreur qu'il faut rayer de nos tablettes, il n'y a qu'à examiner leurs dents pour comprendre qu'elles ne pourraient broyer les fibres des plantes. Les savants qui, maintes fois, ont examiné le contenu de leur estomac, n'y ont jamais trouvé la moindre parcelle végétale. Dans les jardins, déclarons-leur la guerre, c'est notre droit, puisqu'elles nous gênent.

Tâchons d'abord de les prendre pour les envoyer exercer leurs talents ailleurs, et quand nous aurons purgé l'endroit que nous voulons préserver (si ce n'est un enclos) entourons-le en enfouissant dans le sol tout autour à une profondeur de 4 à 5 centimètres une palissade d'épines, de tessons de bouteilles, d'autres objets qui piquent. Par ce moyen, on empêche la taupe de pénétrer de nouveau dans le jardin, et si elle veut passer outre, elle se pique la face et périt des suites de cette blessure.

On peut les prendre avec des pièges et si on en a beaucoup à détruire et sur une grande surface, on fera bien de recourir à un taupier. On peut aussi avec une bêche ou une houe poursuivre les taupes, en suivant la voie indiquée par leurs travaux, jusqu'à ce qu'on soit arrivé à leur retraite; on les tue alors avec l'instrument dont on se sert.

On conseille aussi d'inonder leurs galeries, mais puisqu'elles aiment l'eau et qu'elles savent nager ce moyen est peut-être souvent inefficace. Le mieux est encore de préparer une solution très concentrée de savon : 500 grammes pour 1 litre d'eau ; on se rend ensuite sur le terrain labouré par l'animal et, avec le doigt, on suit les sillons qu'il a tracés jusqu'à l'endroit où le doigt enfonce dans le sol. On verse dans le trou une cuillerée du liquide et deux minutes après, la taupe, remontant à la surface du terrain, va tomber asphyxiée à 20 ou 30 centimètres de l'endroit d'où elle est sortie. Grâce à ce procédé un jardin peut être entièrement débarrassé des taupes. Mais, je le répète, n'en user que lorsqu'on ne peut les prendre vivantes, car dans les prairies, les forêts, les champs, elle doit être protégée.

« Les ennuis que cause la taupe, dit Vogt, peuvent-ils être comparés aux dommages que les vers et les larves sont en état de causer? Ne voit-on pas souvent une partie de pré fanée et séchée, parce que les vers blancs ont mangé les racines? Ne faut-il pas, dans maint jardin, combattre avec acharnement ces voraces ennemis qui dévastent même les pépinières et les plants de rosiers en coupant des racines grosses comme le doigt ?... Nous pourrions faire des taupes les gardiens de nos jardins. Puisqu'elles se reprennent si aisément, il serait facile au printemps, de leur faire, pendant quelque temps, nettoyer nos jardins et nos prairies de cette vermine souterraine qui nous cause tant de dommages. Je connais des cultivateurs qui suivent cette pratique et qui s'en trouvent bien. Ils donnent volontiers quelques sous pour une taupe vivante qu'ils placent dans un champ ravagé par les vers gris et blancs, et ils ne reculent pas devant la peine de suivre chaque jour les taupinières, de les fouler ou de les étendre au râteau, et enfin de reprendre la taupe, sitôt qu'elle a fait sa tâche.

« Je connais, à dire vrai, des pays entiers où, tout au contraire, l'autorité donne une prime pour chaque taupe prise, et j'ai entendu parler d'un propriétaire qui avait une sorte de rage fanatique contre les taupes. Il en faisait prendre des quantités considérables. Un jour, il eût l'idée de choisir parmi elles une variété à pelage gris-argenté, pour en faire une pelisse au roi. Il avait, en l'offrant à Sa Majesté, la ferme conviction d'avoir gagné l'ordre du Mérite par ses nobles efforts en faveur de l'agriculture. Il obtint un froid remerciment pour ses fourrures qui perdaient leur poil, et ses champs furent affreusement ravagés par les vers blancs. »

La peau de la taupe sert pour garnir des sarbacanes ou faire des bourses. Les Russes vendent en Chine de petits sacs faits de peau de taupe. Mais ces objets dégagent une odeur extrêmement forte et persistante qu'aucune préparation ne parvient à faire passer complètement.

Agricola rapporte que le poil de la taupe servait à faire des chapeaux très beaux et très fins.

Les anciens attribuaient à la graisse, au sang et aux entrailles de la taupe des vertus médicinales extraordinaires. Les vieilles femmes, dans certains villages, sont persuadées qu'en imposant leurs mains, devenues sacrées par la mort d'une taupe, elles guérissent toutes les maladies.

O puissance du mystérieux sur les masses populaires ! Cet animal, enfant de ténèbres, que le vulgaire connaît peu, devait prêter à maintes superstitions.

Le Hérisson.

Voici que je vous présente un ami... un être doux et inoffensif, qui est un précieux auxiliaire pour l'homme et ne l'attaque jamais. Il n'a qu'un moyen de défense contre les nombreuses agaceries et méchancetés dont il est l'objet : c'est de se rouler en une boule toute hérissée de pointes et alors on pourrait lui appliquer la devise du chardon : qui s'y frotte s'y pique. Quand on le laisse tran-

Le hérisson.

quille, il poursuit calmement sa chasse et nous délivre chaque jour de quantités d'insectes, d'escargots, de limaces, de petits rongeurs, de reptiles. Ce n'est que faute d'autre nourriture qu'il mange des fruits tombés.

Voulez-vous posséder un hérisson dans votre jardin, pour être délivré de toute vermine, allez dans les forêts, dans les bois, et marchez silencieusement en étouffant le bruit de vos pas. Un froissement de feuilles ou de branchages vous décèlera la présence de l'aide recherché ; dès qu'il vous apercevra, craignant un danger, il se roulera en boule, vous pourrez le prendre en l'enveloppant d'un mouchoir, par exemple. — Si vous voulez le retenir dans votre enclos, ménagez-lui une retraite inaccessible, une partie de bosquets entourée d'un épais fouillis d'épines pour que les gens et les chiens surtout n'y puissent pénétrer et la nuit il commencera à exercer ses bons offices.

Un hérisson qui se déroule est très curieux à examiner : lorsque le silence s'est prolongé autour de lui, il se hasarde alors à sortir de son immobilité armée : un léger tressaillement de son pelage annonce qu'il va se mettre en mouvement, il écarte la partie de sa cuirasse qui protégeait ses pattes et pose avec prudence celles-ci à terre ; puis il sort son museau. Son expression est encore craintive et courroucée, son front est plissé et ses sourcils font une proéminence qui cache ses yeux, on dirait qu'il a étudié le froncement de sourcils du Jupiter olympien. Peu à peu toute crainte se dissipe (si vous continuez à vous dissimuler et à ne pas bouger), et ses traits expriment la confiance, la douceur béate. Ses piquants sont alors couchés, imbriqués les uns sur les autres et il semble qu'on ait sous les yeux un tout autre animal que précédemment.

Cette innocente bête, dont on ne paye souvent le travail que par de l'ingratitude et de mauvais procédés, n'est pas sociable et vit presque toujours isolée, ou au plus en compagnie de sa femelle et encore rarement ; c'est un mari très occupé, très absorbé par ses affaires.

Comme on fait son lit on se couche, dit un proverbe ; le hérisson ne laisse à personne le soin de faire le sien. Il consiste en un assez grand amas de feuilles, de paille, de foin, placé dans une cavité ou sous de fortes branches. Si l'animal ne trouve pas un trou ou un emplacement convenable, il se creuse un logement et le garnit des mêmes matériaux. Son terrier est à 30 centimètres environ sous terre et a toujours deux ouvertures, une au nord et l'autre au midi, et le propriétaire soigneux de sa petite santé, désireux d'éviter les fluxions de poitrine, a bien soin de fermer celle du côté où souffle le vent. Le hérisson s'endort pendant tout l'hiver et dans cet état on peut le prendre facilement et même lui faire subir toutes sortes de supplices sans qu'il manifeste le moindre sentiment de souffrance. Au printemps il recommence une nouvelle série de chasses et d'exploits ; ses luttes contre les serpents de petites dimensions et même contre les vipères sont curieuses à suivre : dans sa lutte contre celles-ci il commence par leur broyer la tête, ce qu'il ne fait pas pour les serpents qui n'ont point de venin. L'ingestion de ces êtres venimeux, pas plus que celle des cantharides dont il avale des quantités considérables, ne trouble pas ses fonctions digestives ; il paraît avoir l'immunité contre les poisons.

Pourtant la fumée de tabac l'incommode ; si on lui en envoie pendant qu'il est en boule, il se déroule aussitôt.

L'eau le fait aussi se dérouler, et le renard, fin matois, le sait bien ; aussi quand il veut prendre un hérisson, il le pousse jusqu'à un ruisseau voisin ; à défaut d'eau à proximité, il l'arrose de son urine, et dès que la tête du hérisson se montre, il la saisit adroitement et prestement et le tue.

Les chiens, qui n'ont pas cette ruse, sont en proie à des transports de rage impuissante quand ils sont en présence d'un hérisson ; il y en a pourtant qui vaillamment bravent toute piqûre pour rester vainqueurs.

Le grand-duc est un ennemi redoutable pour cet animal ; ses serres et son bec sont longs et inflexibles et peuvent facilement pénétrer à travers les piquants.

Les bohémiens mangent sa chair. Pour le faire rôtir, ils l'entourent d'une couche de terre glaise bien pétrie et l'embrochent. Quand la terre est durcie, le mets est à point ; les piquants restent adhérents à la terre quand on l'enlève et la viande a conservé tous ses sucs. Je ne sais si ce rôti de haut goût satisferait des palais délicats.

Comme tous les animaux qui ne sortent que la nuit, le hérisson est l'objet de fables superstitieuses. En l'accusant de crimes fantastiques, le vulgaire cherche une excuse à sa haine contre cet utile animal.

4

La Chauve-Souris.

La chauve-souris est encore un de ces êtres prédestinés à être le souffre-douleur des ignorants et de ceux qu'une grossière stupidité porte à considérer les animaux nocturnes comme malfaisants.

Il faudrait pourtant établir une distinction : les voleurs et les assassins ont, en effet, besoin de l'ombre pour perpétrer leurs crimes; il faut donc que les agents de la police se mettent en chasse la nuit. Eh bien! les animaux dont nous venons de parler sont comme les policiers de la nature, ils ne peuvent combattre nos ennemis que pendant leurs heures d'agissements. Ce n'est que le soir que sortent de terre ou de leurs cachettes les limaces, les escargots, les hannetons et tant d'autres insectes ou animaux nuisibles. — Quant à ceux qui, comme la taupe, opèrent sous le sol, ils y trouvent une nuit constante et le ver blanc continue jour et nuit ses ravages.

Les chauve-souris communes ou vespertilions ont le corps semblable à celui d'un petit rongeur. Les doigts des membres antérieurs sont très longs et forment, à l'aide des membranes qui les relient, des ailes qui leur permettent de voler très haut et très vite. C'est cette conformation toute spéciale qui a donné tant de popularité au refrain :

> Je suis oiseau, voyez mes ailes.
> Je suis souris, vivent les rats !

Elles vivent, en général, d'insectes, et à ce point de vue, rendent de très grands services qui mériteraient d'être récompensés par un peu plus d'égards, sinon de sympathie de la part des hommes.

Leurs habitudes nocturnes les a fait nommer dans quelques pays hirondelles de nuit.

Le jour, elles demeurent immobiles dans leurs retraites, accrochées par leurs griffes, la tête en bas, serrées et tassées les unes contre les autres; c'est aussi dans cette position qu'elles passent l'hiver pour ne se réveiller qu'au printemps. Les vieilles ruines, les troncs d'arbres, les cavernes qu'elles recherchent comme demeures font penser aux antres des sorcières; aussi il n'est sorte de supplices que les bonnes gens des campagnes n'aient imaginés contre elles : on les écartèle, on les cloue toutes vives sur la porte des granges ou des maisons; singulière manière de traiter un animal utile, réprobation blâmable vouée à un être, peu gracieux sans doute, mais bienfaisant.

La répulsion que ce mammifère volant inspire n'a pas empêché quelques personnes intelligentes et désireuses d'approfondir les mystères de la nature, de chercher à les apprivoiser.

Ainsi le naturaliste anglais White nous raconte que la chauve-souris qu'il avait élevée venait à sa voix prendre des mouches dans sa main et elle épluchait l'insecte avec habileté en rejetant les ailes; elle prenait au bout de ses doigts de petits fragments de viande crue et c'était un spectacle curieux de voir cet animal si farouche vivre ainsi en familiarité avec un humain.

Dans certaines fermes anglaises on a vu des chauve-souris privées prendre des mouches sur le bord des lèvres, et vivre sans crainte au milieu de toute la famille.

Quoique disposé à protéger ces pauvres bêtes si injustement persécutées, je n'aimerais pas à demeurer en société intime avec elles, estimant que chacun doit vivre à sa place, les laissant à leurs retraites obscures continuer d'exercer leurs bienfaits trop méconnus et nous, humains, à la lumière.

DEUXIÈME PARTIE

—

OISEAUX

~~~~~~

MOINEAU. — PIGEON. — LINOTTE. — BRUANT. — CHAR-
DONNERET. — BOUVREUIL. — HIRONDELLE. — CIGOGNE.

Eh quoi ! ces êtres ailés, au joli plumage et aux mouvements gracieux, qui font par leurs chants le charme de
nos jardins, vous allez nous les dénoncer comme ennemis,
me direz-vous? Calmez vos craintes, car le peu de dégâts
qu'ils causent sont compensés par les services nombreux
qu'ils rendent, et je ne viens pas à leur égard me poser en
justicier, mais plutôt vous demander pour eux, non seulement grâce, mais protection, et voudrais donner assez de
puissance à mon plaidoyer pour convaincre les enfants de
ce qu'il y a de méchant pour eux et de maladroit pour nous
à détruire leurs nids.

Nous avons dans le bec des oiseaux un signe distinctif
de la nourriture qu'ils prennent. Si l'on peut dire à un
mammifère : montre-moi tes dents, je te dirai de quoi tu te
nourris, on en peut dire autant à l'oiseau de son bec.

Il est conique et court chez ceux qui se nourrissent de
graines ; il est allongé et ténu chez ceux qui vivent d'insectes ; l'hirondelle, qui saisit au vol les mouches et les
papillons, a le bec aplati et fendu jusqu'au-dessous des
yeux ; le bec est long et fort, quelquefois en forme de

spatule, chez les oiseaux qui cherchent leur proie dans la vase et le sable humide; le pélican possède un bec fort long et pourvu, entre les deux branches de la mâchoire inférieure, d'une vaste poche où il emmagasine le produit de sa pêche; des modifications de ces formes principales correspondent à des instincts spéciaux.

La langue des oiseaux, peu musculeuse d'ordinaire, est revêtue d'une production cornée; les pics s'en servent comme d'organe préhensible, car ils peuvent la projeter fort en avant.

Même les oiseaux munis d'un bec conique et court (indiquant qu'ils se nourrissent de graines et de fruits), rendent des services à l'agriculture en dévorant quantité de graines de plantes nuisibles, et la plupart de ces oiseaux se nourrissent aussi d'insectes.

Le Moineau.

Pour ne parler que des moineaux, ces francs pillards, hardis et effrontés, qui mangent les graines de nos semis, nos cerises, nos raisins, de quoi donc se nourrissent-ils l'hiver? car ils n'ont pas tous les miettes de nos tables ou les débris d'une cour de ferme ou d'un poulailler. J'en ai vu souvent picoter à terre des substances étrangères à nos provisions ou à nos récoltes, ou débarrasser l'écorce des arbres des larves ou des œufs d'insectes nuisibles. Pardonnons-leur, même à ceux-là, de prélever leur part sur ce que nous considérons comme notre bien propre. Dans leurs raisonnements sur le juste et l'injuste, ils se croient permis de considérer comme à eux les fruits d'un arbre qu'ils ont préservé des chenilles et pensent que le bon Dieu a fait briller son soleil pour les mûrir à leur profit.

Mettons-nous en garde pourtant contre leur friandise, c'est notre droit; il paraît que de tendre des fils de coton blanc autour d'un cerisier, au moment de la récolte, suffit à les éloigner.

Le moineau.

Il est très malin, le moineau,

dit une chanson ; et dans cet entrelacement de blanches
lignes, il croit voir un piége et craint que ses ailes soient
impuissantes à le délivrer de ces lacs.

Préservons aussi nos semis de salades, choux, radis, etc ,
de leurs rapines : un grillage placé adroitement peut les
empêcher de venir jouer des ongles et du bec, et de détruire
notre ouvrage.

Nous avions semé des laitues sur couche à la fin de
janvier, et comme la température était clémente, nous
ôtions complètement les châssis dans le milieu du jour.
L'insuccès couronna notre entreprise. Des traces de grat-
tage et... autres souvenirs laissés par les oiseaux nous
firent voir à quels ennemis nous avions affaire. Nous
dûmes recommencer nos semis et, cette fois, nous ne fîmes
qu'entr'ouvrir les châssis pour donner de l'air, mais nos
maraudeurs, qui sont très amateurs de ces petites graines
et qui, en ayant goûté, ne demandaient qu'à y revenir,
ne se laissèrent pas arrêter par cette demi-fermeture et,
pénétrant dans la couche, recommencèrent à faire disparaître la semence. A la troisième fois, nous eûmes soin
d'attacher des toiles autour des châssis et, en retombant,
elles opposèrent une barrière suffisante à l'invasion de
nos rusés pierrots.

S'ils en aiment la graine, ils ont aussi une prédilection
marquée pour la salade elle-même, et les plants du bord
des planches sont dentelés par les entailles qu'y fait leur
bec. Mais ne leur intentons point procès pour si peu. On a
toujours du plant de trop pour le repiquage, c'est faire la
part du pauvre que d'abandonner aux oiseaux du ciel un
peu de ce superflu. Nous nous rendrions aussi ridicules,
en leur cherchant querelle pour une chose d'aussi minime
valeur, que le plaideur qui voulait

..... qu'on fît rapport à la cour
Du foin que peut manger une poule en un jour.

Pourtant, s'il arrive que leurs dégâts soient considérables et qu'ils déjouent tous les pièges, se moquant de tous les épouvantails qu'on a imaginés, jouant à cache-cache sur ceux-ci et faisant la nique à ceux qui ont cru leur faire peur..... alors, alors, je vous les livre ; éloignez-les à coups de fusil ou de carabine ; quand on en a détruit quelques-uns de cette façon, les autres comprennent le danger et ne reviennent plus, du moins pendant quelques jours. Ce répit suffit souvent pour donner à une pelouse le temps de lever ou pour permettre la récolte des cerises ou autres fruits dont ils sont friands.

Vous pouvez encore laisser venir à graine quelques touffes de cresson alénois (les semis d'août et les premiers du printemps ont leurs graines mûres à l'époque des cerises), les moineaux préfèrent à toute autre chose cette semence, et tant qu'il y en a dans un jardin ils s'en régalent et laissent le reste en paix.

Le Pigeon.

Je vous permets aussi de vous venger à coups de fusil des pigeons importuns. C'est pourtant une gentille et gracieuse petite bête qui semble ne devoir faire aucun tort à qui que ce soit, mais voilà, chacun a son défaut, le pigeon aime trop les pois..... C'est peut-être cette sympathie qui a inspiré à tous les Vatels l'idée de les servir si souvent ensemble et ce mélange est, ma foi, fort bon.

Les pigeons ont un flair étonnant pour deviner que dans telle planche ce sont des pois que vous venez de semer ; on dirait qu'ils vous aient aperçu du haut des airs où ils planent ou du toit voisin où ils perchent ; car, à peine vos graines sont-elles confiées à la terre féconde, qu'ils s'abattent au bon endroit et dévorent à bec que veux-tu tous les pois, vous forçant à recommencer ; heureux encore si vous vous apercevez à temps de la disparition de vos semences, afin de vous épargner l'attente des jours nécessaires à la levée et la perte de temps qui en résulte.

Je vous conseille d'entrecroiser des branchages sur vos semis de pois dès qu'ils sont terminés, pas assez serrés pour empêcher le soleil de féconder la graine, assez pourtant pour empêcher les pigeons d'approcher ; je me suis toujours bien trouvé de cette précaution.

Si les pigeons vous gênent et qu'ils vous appartiennent, enfermez-les pendant quelque temps ; s'ils sont au voisin, engagez-le à le faire. Avez-vous affaire à un récalcitrant, peu soucieux du dommage que vous causent ses volatiles, la loi vous autorise à tuer celles-ci, mais non à en enrichir votre table ; rendez la victime à son propriétaire si vous le connaissez, ou laissez sur place le corps du délit.

Puisque je viens de vous éclairer sur votre droit, je me permets de vous rappeler en passant votre devoir. La loi humaine est brutale, elle vous autorise à exercer cette petite vengeance. Mais la maxime éternellement vraie et éternellement belle : Aimez-vous les uns les autres ! plane toujours au-dessus de tous les ressentiments humains..... tâchez, dans tout différend entre voisins, d'arranger les choses à l'amiable ; une brouille durable peut être le résultat d'un plat de pois de plus et d'un pigeon de moins.

La Linotte.

Les linottes se rassemblent en troupes nombreuses et serrées, l'été sur la lisière des bois, l'hiver dans les plaines et les lieux cultivés. Leur chant est très agréable, et c'est plaisir d'en avoir à proximité de son jardin. Elles détruisent d'ailleurs des œufs et des larves d'insectes, de petits insectes eux-mêmes pour nourrir leurs petits. Leur nourriture principale consiste en graines de lin (d'où leur nom), de chènevis, de navette et d'une multitude d'autres encore. Aussi quand on laisse monter à graine des choux, des navets, des radis ou des plantes oléagineuses, elles s'abattent dans le jardin. Heureusement, elles n'ont pas pour rien une tête de linotte; comme elles ne se donnent jamais la peine de réfléchir, le moindre épouvantail leur fait peur. Vous les éloignerez donc facilement en fabriquant un volant grossier avec quelques grandes plumes et un bouchon que vous suspendrez au-dessus de vos porte-graines.

Le Bruant

Les bruants vivent aussi de grains, de semences, d'insectes qu'ils tuent avant de les avaler.

Leur chant n'est remarquable ni par son étendue, ni par sa grâce; et les couleurs de leur plumage sont peu brillantes. Ils nichent ordinairement à terre au milieu d'une touffe d'herbe ou sur un buisson bas. Ce sont les plus imprévoyants de tous les oiseaux, se laissant prendre à tous les pièges, revenant au même endroit où on en a déjà tué quelques-uns tant qu'ils y trouvent une de leurs graines favorites. Ils s'accoutument très bien de vivre en cage.

Le bruant commun est le verdier des oiseleurs.

Le bruant ou verdier des haies est appelé aussi *zizi*. Ces oiseaux ne doivent pas être confondus avec le verdier proprement dit: celui-ci n'a point le tubercule osseux que présente le palais du bruant; c'est là un caractère constant. Les teintes du plumage sont plus variables, mais on peut dire d'une façon générale que la couleur du verdier a plus de vert que le bruant. Ce vert n'est pas pur, il est ombré de gris-brun sur la partie supérieure du corps, et mêlé de jaune sur la gorge et la poitrine. Toutes les plumes des ailes et de la queue sont noirâtres et la plupart bordées de blanc à l'intérieur.

Le jaune domine au contraire dans le plumage du bruant: sur la tête, cette couleur est variée de brun, pure sur les côtés, sous la gorge et sous le ventre, mêlée de marron clair sur tout le reste de la partie inférieure. Les plumes de la queue sont brunes, bordées de gris, à l'exception des deux extérieures de chaque côté dont la bordure est blanche.

Le verdier est de la grosseur d'un moineau-franc et n'a pas plus de 15 centimètres de longueur.

Les différentes espèces de bruants ont de 16 à 19 centimètres.

L'ortolan est aussi une espèce de bruant.

Sa chair, très délicate, est fort appréciée. On engraisse cet oiseau avec méthode, et avant d'être servi sur les tables des gourmets, il a passé par la mue de l'éleveur qui l'engraisse d'une façon savante et ne le livre à la consommation que lorsqu'il est à point.

Le bruant-fou est ainsi appelé à cause de la facilité avec laquelle il donne dans toute espèce de piège. Il est encore plus étourdi que la linotte.

Le Chardonneret.

Le chardonneret est, ainsi que les deux oiseaux qui précèdent, plus granivore qu'insectivore; il préfère les graines des laitues, chicorées, scorsonères et même celles des artichauts malgré leur grosseur. Il est vrai que l'artichaut est proche parent du chardon, le parrain du chardonneret. Quand on éloigne cet oiseau à l'aide du même moyen que la linotte, il se dédommage sur les graines de pissenlits et de chardons qu'il trouve dans les champs, rendant ainsi service à la grande culture.

Le chardonneret a une taille svelte et bien prise, un plumage velouté et brillant, un chant des plus suaves. En résumé, c'est un des plus charmants oiseaux d'Europe, et il ne lui manque que d'être exotique pour être apprécié à sa juste valeur.

Le besoin de société pour le chardonneret est de première nécessité. Aussi, lorsqu'on veut en élever un en cage, a-t-on soin de compléter son ameublement (mangeoire, perchoir, buvette) par une petite glace : il s'y aperçoit, croit voir son pareil, sa solitude se peuple et son chagrin est calmé.

Le Bouvreuil.

J'ai le regret de classer le bouvreuil parmi les oiseaux nuisibles aux jardins. Il commet ses dégâts en hiver et arrive presque toujours isolé. Deux bouvreuils suffisent à manger en un jour la moitié au moins des boutons à fruits d'un arbre en espalier.

Il faut tirer sans pitié aussitôt qu'il en vient un dans le jardin.

Quel dommage! C'est un des oiseaux les plus charmants de notre pays, cendré dessus, rouge vineux dessous, calotte noire, il a un joli plumage et se fait remarquer par sa belle voix, son gosier flexible.

Il devient facilement familier. On peut lui apprendre des airs qu'il traduit par un chant harmonieux et est susceptible d'attachement pour ceux qui l'ont élevé.

Son chant naturel est un sifflement très pur d'abord, suivi d'un gazouillement enroué terminé en fausset.

Les autres oiseaux chanteurs sont presque tous essentiellement insectivores. Les insectes ont donc un côté utile en servant à l'élevage des petits des oiseaux, car ceux mêmes qui sont granivores ou frugivores à l'âge adulte ont besoin de matières animales comme première nourriture; elle est plus apte à l'assimilation que les végétaux. L'insecte a servi là comme d'intermédiaire, de transformateur de la matière végétale en une substance qui est de la chair; il est, pour l'oiseau enfant, ce que le lait est au jeune mammifère; et ce premier aliment prépare l'estomac de l'oiseau à digérer plus tard des corps plus durs comme des graines ou des fibres végétales.

Pour les oiseaux chanteurs, l'insecte est la nourriture de toute leur vie. L'oiseau chanteur, c'est l'artiste. Voyez ce dernier: tout à son art, il ne se préoccupe pas de la vie matérielle, il compte que les alouettes lui tomberont du ciel toutes rôties; les chantres de nos bois ont une nourriture toute prête dans l'insecte ou le mollusque; ils n'ont

rien à faire qu'à avaler sans prendre le temps ou la peine
de décortiquer une graine ou de piquer un fruit ; entre
deux roulades, ils ouvrent le bec pour saisir au vol leur
proie, et leur vie s'alimente et leurs chants sont plus
beaux. Ces animaux inférieurs dont ils se nourrissent
sont un fortifiant qui, comme la coca du Pérou, augmentent la tension de leurs cordes vocales.

Inclinons-nous devant l'Auteur de la nature ; convenons
qu'il n'a rien créé d'inutile : l'oiseau nous charme par sa
grâce et par son chant, il nous est utile en nous délivrant
d'un grand nombre d'animaux nuisibles, l'insecte à son
tour est indispensable à la vie de la plupart des oiseaux.

L'Hirondelle.

Pourquoi un nid d'hirondelle, suspendu au rebord du
toit d'une maison, est-il appelé un porte-bonheur ? C'est que

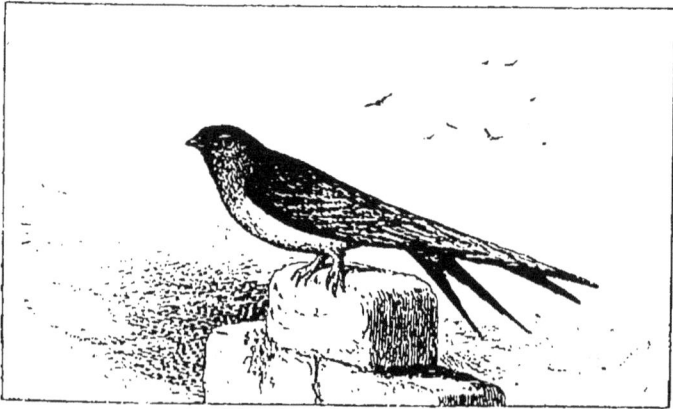

L'hirondelle.

la gracieuse et agile petite bête, pour nourrir sa couvée,
détruit en un jour des milliers d'insectes nuisibles soit aux
hommes, soit aux plantes, et que la prospérité règne
bientôt autour de l'endroit où elle a établi ses pénates.

Elle est comme un bon génie qui plane au-dessus du toit hospitalier pour en éloigner les esprits malfaisants ; aussi le religieux respect qu'on lui a voué a-t-il survécu à la ruine de tant d'autres habitudes de respect ou de religion.

La Cigogne.

C'est un sentiment analogue qui, dans notre chère Alsace et dans quelques contrées de l'Est, fait considérer la construction d'un nid de cigognes au sommet d'une habitation ou d'un édifice comme d'un bon augure.

La cigogne détruit quantité d'animaux malfaisants, et c'est son premier titre à la protection pleine de vénération qu'on lui accorde.

Hélas ! les cigognes de la cathédrale de Strasbourg n'ont pas empêché les cloches de sonner l'heure funèbre, et elles n'ont sauvé la ville ni de l'invasion ni de la séparation de la Mère-Patrie.

TROISIÈME PARTIE

—

REPTILES

~~~~~~~~~

CRAPAUD. — LÉZARD.

Si nous nous occupons ici des reptiles, ce n'est pas que nous en ayons un seul à signaler à votre vindicte, du moins comme ennemi des plantes. Non. C'est tout un plaidoyer que nous voulons vous adresser en faveur du crapaud.

C'est un des plus utiles auxiliaires du jardinier : son aspect repoussant l'a fait longtemps méconnaître et on s'est livré contre lui à de stupides représailles contre de prétendus méfaits : on l'accusait de porter malheur, de lancer du venin et on le poursuivait d'une haine acharnée.

Des hommes intelligents et dévoués aux intérêts agricoles ont rompu des lances en faveur de ce pauvre deshérité. On comprend, tardivement il est vrai (mais mieux vaut tard que jamais), son utilité et maintenant on le protège et on l'introduit dans les jardins.

Les maraîchers anglais, gens pratiques, en achètent en France de grandes quantités pour en peupler leurs enclos et se faire aider par ces modestes travailleurs. C'est de la besogne de moins à faire pour eux et par contre, autant de temps de gagné. Ce n'est pas pour rien qu'ils ont pris cette devise : *Time is money* (Le temps est de l'argent).

Un honorable membre de la Société des Agriculteurs de

5

France raconte que par une douce soirée d'été, à la petite brune, il entendit sous un massif de rosiers un petit bruit, semblable à celui que fait une bouche qui s'ouvre et qui se ferme ; au même instant, à la lueur d'une bougie, il aperçut un essaim de moucherons qui, en tournoyant, allaient s'engouffrer dans une large gueule qui s'ouvrait et se fermait continuellement : c'était un énorme crapaud, dont les yeux flamboyaient comme des escarboucles. L'observateur se garda bien de déranger ce précieux aide-jardinier. Tous les soirs, à la même heure, lorsque le temps était doux, il se mettait à la même place pour faire sa chasse habituelle ; il était devenu familier et ne s'effarouchait pas de la présence de son visiteur attentif. Il le regardait avec des yeux que l'on pouvait qualifier d'intelligents et recevait dans sa gueule les mouches qu'il lui jetait. Pendant le jour, il se tenait blotti dans un trou de vieux mur, mais ayant toujours la tête près de l'ouverture pour gober les insectes qui s'approchaient.

Cet animal, dénué de charme, avait fini par gagner l'affection de celui qui l'étudiait, lorsque, au moment de la mauvaise saison, il disparut pour toujours. Il est probable qu'il aura été, comme tant d'autres de ses semblables, victime de la brutalité de quelque ignorant.

L'auteur conclut des observations auxquelles il s'est livré que si le crapaud exerce un pouvoir fascinateur sur les moucherons, il est lui-même fasciné par la couleuvre. Tout le monde sait que le crapaud vient de lui-même et quelquefois d'assez loin, se fourrer, en tremblant, la tête la première dans la gueule de la couleuvre qui reste immobile en le regardant ; il fait même des efforts, avec ses pattes de derrière, pour mieux s'engouffrer.

Cet ami et défenseur des crapauds a vu cela plusieurs fois et a eu soin de délivrer le malheureux hypnotisé, sans pour cela, dit-il, faire de mal à la couleuvre qui a aussi son utilité en agriculture, car elle détruit beaucoup d'insectes. Le crapaud, une fois libre, a quelque peine à se remettre ; ce n'est qu'au bout de quelques instants d'ahurissement qu'il reprend possession de lui-même. Quant à la couleuvre qui a peur de l'homme, elle se sauve rapidement.

La laideur du crapaud ne paraît plus si repoussante lorsqu'on songe à tous les compotiers de fraises qu'il a sauvés des limaces, à toutes les fleurs dont sa vigilance a protégé le complet épanouissement. Le laid aidant la

Le crapaud et le lézard.

beauté à briller de tout son éclat, c'est le comble de l'obscur dévouement. Quelques horticulteurs introduisent des crapauds dans leurs serres et nul ne sait combien d'orchidées et autres plantes rares ont été ainsi préservées.

Donc, aide et protection à cet humble animal qui accomplit son œuvre sans bruit et en se dissimulant comme s'il avait conscience de la répulsion qu'il a si longtemps inspirée.

Le Lézard.

Le petit lézard gris qui se chauffe paresseusement au
soleil pendant les heures du milieu du jour, travaille lui
aussi à nous débarrasser des ennemis du jardin. C'est un
gracieux animal aux mouvements agiles : les enfants n'en
ont aucune peur, il se rend si facilement familier ; que de
fois, étant encore tout gamin, me suis-je amusé à en faire
monter dans ma manche et à en emplir mes poches. Je riais
des petits cris d'effroi de ma mère quand elle me déshabil-
lait et qu'elle voyait tout à coup sortir de mes vêtements
un de mes camarades de jeux.

Ils s'effarouchent du bruit et des mouvements brusques ;
ils aiment la douceur et le silence.

—

QUATRIÈME PARTIE

MOLLUSQUES

〜〜〜〜

LIMACES. — ESCARGOTS.

Nous voici aux prises avec un ennemi en apparence faible et désarmé ; il est d'une complexion molle et visqueuse ; il ne semble pas posséder de moyens de locomotion, n'ayant ni pattes, ni aucun appendice locomoteur ; sa bouche, qui participe de sa mollesse générale, ne paraît pas pouvoir faire de grandes entailles dans les substances végétales dont cet être se nourrit. Et pourtant, que de dégâts peuvent lui être imputés !

C'est un ennemi puissant par le nombre, qui se dissimule pendant le jour pour n'opérer que la nuit, ce qui lui permet d'échapper plus facilement à nos recherches ; et quand, par un temps couvert ou pluvieux, on le prend en flagrant délit, il se dérobe en se laissant choir nonchalamment de la feuille ou du fruit qu'il mange, et dont il a vite fait d'absorber toute la partie charnue.

Les Limaces.

Vous avez reconnu les limaces et les escargots. Et tous ceux qui ont cultivé avec soin un jardin, si petit soit-il, se souviennent encore des imprécations qu'ils ont lancées à leur adresse en constatant le mal qu'ils avaient fait dans les planches de choux, de salades, et dans les fraises; quel regret de n'avoir pas cueilli hier ce joli fruit rouge! Vous le laissiez parce qu'il lui manquait encore un peu de couleur de ce côté, et voilà que vous le trouvez dévoré, et dans l'intérieur, peut-être, pouvez-vous surprendre encore l'auteur du larcin et le punir en l'écrasant.

Nous nous occuperons d'abord des limaces :

On en distingue deux genres :

Les arions et les limas.

Les arions comprennent :

1° La limace rouge, que chacun connaît, qui se plaît dans les bois humides, et qui a 12 ou 15 centimètres de longueur.

2° L'arion des jardins, appelé aussi limace à tête noire, qui a 4 centimètres au plus. Cet animal pond toute l'année; chaque ponte comprend de 50 à 60 œufs, et l'éclosion a lieu cinq ou six jours après.

Les limas renferment plusieurs espèces :

1° La limace cendrée ou grande limace grise. C'est la plus grande de toutes. Elle a des taches foncées sur un fond clair;

2° La limace des caves, qui a des taches claires sur sa peau rousse plus ou moins foncée ;

3° La limace agreste (loche, lochette, petite limace), longueur : de 4 à 5 centimètres au plus. Sa couleur varie beaucoup, mais demeure toujours dans des tons plutôt gris que rouges. La limace agreste pond 776 œufs à la fois et recommence cette opération depuis le premier jour de printemps jusqu'aux gelées.

C'est elle, ainsi que l'arion des jardins, qui font le plus de ravages.

Je ne vous parlerai pas d'un caractère qui distingue les arions des limas et qui est tout scientifique, il faut un microscope pour le voir : il consiste dans la place différente qu'occupent les organes respiratoires. Mais une différence plus apparente réside dans l'épaisseur de leur enveloppe; elle est presque nulle chez la limace, tandis que l'arion, quand on l'écrase, laisse une pellicule roulée que le toucher apprécie, alors qu'une limace écrasée ne laisse qu'une trace mouillée et puis... plus rien; à peine les doigts sentent-ils encore une pellicule très mince.

Que de moyens n'ont pas été mis en œuvre pour détruire les limaces !

On conseille de répandre de la chaux, du plâtre ou des cendres dans les petites allées du potager, parce que le moindre contact avec une substance corrosive les fait périr.

Ou bien, on pose sur le sol quelques feuilles de chou ou de salade, et le matin, en les soulevant, on voit qu'elles ont donné asile à un grand nombre de limaces; on les détruit en les brûlant.

Des fleurs de robinier commun ou acacia, mises en tas de loin en loin, les attirent. aussi. Les limaces s'y rassemblent, car elles sont friandes de ces pétales parfumés.

Mais cette fleur passe vite, elle est très éphémère, tandis que toute l'année, on peut, autour des planches qu'on veut plus spécialement préserver, disposer de petits tas de son; ils sont garnis de limaces au matin. Distribuez-les aux volailles ou brûlez.

Si on a de la patience, on peut se livrer à une chasse acharnée, et qui, avec un peu d'habitude, devient très fructueuse. Que de fois, me levant de bonne heure, ou retournant au jardin le soir après souper, m'armant d'une pince et d'un pot quelconque, ai-je pris de ces animaux, les comptant et en détruisant en peu de temps des centaines. En rentrant, je jetais au feu de la cuisine le contenu du récipient, et en un instant tout était évaporé; ces êtres ont si peu de substance solide, ce n'est presque que de l'eau !

Quand on possède une basse-cour, on a, dans le canard, un auxiliaire gourmand de limaces; il les préfère à toute autre nourriture. Un canard, introduit le matin dans le potager, ne touchera pas à la moindre parcelle végétale tant qu'il trouvera des limaces ; et il les engloutit avec une telle voracité que bientôt son jabot se distend à l'extrême limite et que l'oiseau repu cache sa tête dans ses plumes et s'endort pour digérer.

Quand on n'a pas de basse-cour et que le jardin est enclos de murs, on n'a qu'à se procurer un ou deux hérissons.

Un livre instructif, qui semble avoir été écrit en se promenant dans son jardin par un homme, savant sans doute, mais sans pédantisme, ne s'attachant qu'à décrire ses observations personnelles, ne se servant des connaissances précédemment acquises que pour corroborer celles-là, est celui de M. de la Blanchère : *les Amis et les Ennemis des plantes*.

En le parcourant, j'y trouve ces réflexions d'une haute philosophie, à propos des animaux dont nous parlons :

« Les limaces nous causent des dégâts ; mais en présence de la prodigalité avec laquelle elles sont répandues dans la nature, nous n'hésitons pas un instant à les déclarer utiles. Sont-elles créées dans le but de combattre l'exubérance de la production végétale ? Sont-elles destinées à servir de pâture aux nombreux volatiles qui s'en montrent avides ?... et, dans ce cas, ne seraient-elles pas de véritables alambics modificateurs, destinés à transmuter en chair musculaire les jeunes pousses végétales impropres ou insuffisantes à la réfection de beaucoup d'espèces aviennes, et surtout à celles de leurs petits ? »

L'Escargot.

La limace et le limaçon ou escargot sont frères dans leur manière d'agir. Ils aiment tous deux l'humidité, les périodes de pluies les mettent dans la jubilation ; pendant ces jours qu'ils trouvent bienheureux, ils ne se reposent ni jour ni nuit ; ils dévorent tout et ils pullulent à qui mieux

mieux. Les limaces se creusent un trou dans la terre pendant la chaleur du jour, les escargots se cachent sous une feuille ou dans les crevasses des murs, sous des pierres, dans les rochers factices dont on orne les jardins.

La limace est un objet de répulsion, on la prend comme terme de comparaison pour qualifier la nonchalance, et, à un enfant paresseux, on dit volontiers qu'il est une loche ; tandis que l'escargot, avec sa carapace, fait la joie des

Limace et escargot.

enfants ; ils s'en amusent, en réunissent plusieurs dans des boîtes, et les prennent entre leurs doigts, ayant la patience d'attendre qu'ils sortent de leur coquille, en leur chantant :

Colimaçon borgne,
Montre-moi tes cornes.

On ne voit pas très bien la rime, ni pourquoi l'escargot est traité de demi-aveugle, mais la bêtise est monnaie si courante que ce refrain se transmet de génération en génération.

Il n'y a pas que les enfants qui le chantent. Béranger lui-même lui a fait les honneurs d'un quatrain :

Au seuil de son palais nacré,
Ce mollusque à bave incongrue

Se carre en bourgeois décoré,
Tout fier d'avoir pignon sur rue.

En Allemagne, les hommes eux-mêmes, ces grands enfants, ont organisé des courses d'escargots.

Dans nos courses de Longchamp ou d'ailleurs, les coureurs sont allégés de tout poids inutile, les jockeys se soumettent à un régime amaigrissant; dans celles-ci, tout au contraire, les champions portent leur maison sur leur dos.

Cette coquille, leur demeure, est décorée de diverses couleurs, pour qu'on puisse s'y reconnaître.

Les paris s'engagent.

On aligne les rivaux à l'entrée de la piste, on les retient de la main jusqu'au signal du départ, et alors, ces bêtes, inconscientes de l'émotion que causent leurs allures, s'en vont au gré de leur caprice du moment, les unes tournant le dos au but; d'autres, par hasard, y allant, lentement c'est vrai, mais directement, et alors des cris acclament le vainqueur.

Et ces courses les passionnent à un tel point, ces tranquilles témoins, que l'un d'eux disait : « Si le Seigneur n'était pas là-haut si occupé du gouvernement du monde, il descendrait et viendrait parier avec nous, et lui-même y prendrait plaisir. »

En Bourgogne, où l'escargot de vigne trouve une nourriture de choix, sa chair est très estimée, et on l'accommode à la sauce verte, ma foi, fort appétissante. Le chemin de fer, qui rapproche les distances, l'amène à Paris où il figure sur la table de nos gourmets.

Dans ce pays vignoble, séjour favori de l'escargot, il devait y avoir sa légende.

Voici ce vieux conte bourguignon : *Le loup et l'escargot*, à peu près tel que je l'ai entendu dire aux bonnes gens du pays :

C'était non loin de la ville de Dijon, sur un de ces coteaux couverts de pampres qui enserrent la ville comme d'une gracieuse ceinture : le Loup se moquait de l'Escargot et de sa lenteur ; celui-ci, piqué au vif, prend un air provocant, et, se tournant vers le Loup : « Parions, lui dit-il, que j'arriverai avant toi à Dijon ! » Le loup accepte la gageure, et il est convenu que le perdant paiera un bon déjeuner à l'hôtel de l'*Escargot d'Or,* fort renommé en ce temps-là.

« Un, deux, trois, » dit le Loup. Et le voilà parti à grandes enjambées dans la direction de la ville. Les sentiers en fleurs disparaissaient dans sa course folle ; mais on était en automne et la nuit se fait vite en cette saison, et les villes fortifiées se fermaient de bonne heure dans le bon vieux temps. Quelque diligence que mit messire Loup, il arriva devant Dijon au moment où on venait de fermer les portes de la ville. Force lui fut d'attendre le jour pour entrer. Il savourait d'avance le bon repas qu'il ferait le lendemain et en dressait à l'avance le menu, il le faisait copieux et recherché, puisqu'il ne lui en coûterait pas un rouge liard. Il jouissait de sa facile victoire, riant de la naïveté de l'Escargot.

Pendant ce temps, que faisait celui-ci ? Il se détachait doucement de la queue traînante du Loup, à laquelle il s'était fixé, trouvant commode de faire le voyage en voiture ; se glissait sous la porte, en atteignait le sommet, et, dès que le jour commença à poindre, le Loup fut fort étonné d'entendre d'en haut une voix bien connue et gouailleuse : « Tiens, te voilà, paresseux ! il y a belle lurette que je t'attends pour déjeuner. »

Prouvant ainsi que dans le suc de nos vieilles vignes françaises, on puise un peu de notre esprit gaulois.

Avant de nous occuper des insectes nuisibles, dont l'énumération sera parfois aride et monotone, qu'on nous permette de citer, d'Antoine Arnault (1766-1834), une petite fable pleine de verve.

Nous espérons que le lecteur, encore tout pénétré du charme qu'il aura goûté, abordera plus gaîment l'étude de questions réputées moins attrayantes.

LE COLIMAÇON

Sans amis comme sans famille,
Ici-bas vivre en étranger ;
Se retirer dans sa coquille
Au signal du moindre danger ;
S'aimer d'une amitié sans bornes,
De soi seul emplir sa maison :
En sortir, suivant la saison,
Pour faire à son prochain les cornes ;
Signaler ses pas destructeurs
Par les traces les plus impures ;
Outrager les plus tendres fleurs
Par ses baisers ou ses morsures ;
Enfin chez soi, comme en prison,
Vieillir, de jour en jour plus triste :
C'est l'histoire de l'égoïste
Et celle du colimaçon.

—

CINQUIÈME PARTIE

INSECTES

~~~~~~~

CHAPITRE Ier

Coléoptères

ALTISE. — CANTHARIDE. — CASSIDE. — CÉTOINE.

L'ordre des coléoptères comprend tous les insectes qui ont quatre ailes : deux supérieures opaques, souvent fort dures, impropres au vol (élytres), recouvrant deux autres ailes inférieures, membraneuses et repliées transversalement en dessous. Ces ailes inférieures manquent quelquefois comme chez le carabe doré ou jardinière. Les élytres, ou ailes supérieures, servent d'étui, de gaine aux ailes inférieures ; c'est ce que l'on a voulu indiquer par le mot coléoptère, du grec *coleos*, étui, gaine, fourreau et *pteron*, aile.

La bouche est conformée pour broyer.

L'Altise.

Le mot altise vient du grec *altikos* qui veut dire sauteur. En effet, les insectes qui appartiennent au genre altise, ont la faculté de sauter.

Ce sont de petits insectes, en général lisses et brillants,

qu'on trouve toujours en grand nombre sur les plantes dont ils se nourrissent ; aussi causent-ils des dégâts, souvent considérables, sur diverses plantes potagères, et font-ils le désespoir des cultivateurs et des horticulteurs qui n'arrivent que difficilement à s'en préserver. Ils s'attaquent surtout aux crucifères (chou), aux betteraves, à la vigne ; et comme ils se multiplient beaucoup et qu'ils sont nuisibles à l'état parfait aussi bien qu'à l'état de larves, on conçoit l'étendue des ravages qu'ils peuvent commettre.

Ce sont d'ailleurs des insectes généralement parés de brillantes couleurs métalliques, qui volent très bien, et qui ont la singulière faculté d'exécuter des bonds et des sauts prodigieux (Si on examine à la loupe la jambe postérieure d'une altise, on reconnaît que la cuisse est très forte comme chez les animaux sauteurs).

L'état de l'atmosphère paraît influer d'une façon constante sur la mobilité de ces petits animaux. Par un soleil ardent, les altises n'attendent même pas que la main cherche à les saisir, le moindre geste ou bruit détermine leur déplacement et leur saut est d'autant plus étendu que l'air est plus chaud ; la fraîcheur de l'automne diminue peu à peu la force de leur bond et le froid glacial finit par les réduire à l'immobilité.

Les larves sont linéaires, d'une couleur blanchâtre ou jaunâtre, pourvues de six pattes écailles, et possédant des mâchoires cornées.

En général, elles vivent dans de petites galeries qu'elles se creusent dans l'épaisseur des feuilles et où elles se tiennent à couvert. Ces galeries sont bien visibles quand l'épiderme des feuilles se dessèche. Les feuilles attaquées, au lieu d'être rongées par les bords, comme elles le sont par les chenilles, sont percées de petits trous aussi bien par les larves que par l'insecte parfait.

A un moment donné, les larves se laissent tomber sur le sol et se transforment en nymphes d'où sortira l'insecte parfait au bout de quelques semaines.

La ponte a lieu au printemps : les œufs sont déposés sur la face inférieure des feuilles. La plupart des espèces (on en compte plusieurs centaines) ont au moins deux générations par an. Une partie passe l'hiver sous les feuilles sèches pour propager la race dès le commencement du printemps.

Parmi les espèces les plus nuisibles, il convient de citer l'altise des bois, qui serait mieux nommée altise des navets à cause des ravages qu'elle commet sur cette plante potagère.

Cette altise est très commune et persiste toute l'année, elle est d'un noir vif, à reflets bleu-verdâtre. Les élytres portent deux bandes jaunes longitudinales. La longueur du corps est de 2 millimètres à 2 m. 1/2. Les larves décolorées, à anneaux bordés de jaune-verdâtre, vivent en mineuses sur les feuilles des crucifères.

Les nymphes assez élargies, à pattes sous la poitrine et fourreaux des ailes sur les côtés, ne restent en terre qu'une quinzaine de jours, donnant, vers le mois d'avril, des adultes qui se répandent sur les plantes du voisinage qu'ils trouvent à leur convenance.

L'altise du chou, plus petite que la précédente.

L'altise des potagers qui est une des plus grosses espèces : elle est longue de 3 à 5 millimètres, bleue ou verte, parfois d'un cuivreux brillant ; les élytres sont criblés de points plus ou moins profonds. La larve à tête noirâtre est d'un blanc grisâtre. Parvenue à toute sa croissance, elle se laisse tomber sur le sol et y devient une nymphe d'un blanc un peu jaunâtre avec les antennes, les fourreaux des ailes et les pattes repliés en dessous. Cette altise est très nuisible à tous les légumes du potager et aussi parfois aux betteraves et aux vignes.

Dans les jardins, l'altise s'en prend surtout aux feuilles séminales. On nomme ainsi les deux premières feuilles qui apparaissent à la surface du sol lorsqu'on y a semé des graines et qui ne sont autre chose que les cotylédons qui ont pris une forme foliacée, lors de la germination, et, dans certaines années, elle se montre en telle quantité qu'il est impossible d'obtenir un seul légume de la famille des crucifères. Les choux, choux-fleurs, radis, navets, etc., disparaissent comme par enchantement aussitôt que la graine lève, et cela dans un jardin où il n'y avait auparavant aucune altise. Il a suffi qu'on sème des graines de choux ou de navets pour que, tout d'un coup, les jeunes plantes soient littéralement criblées de ces insectes. D'où viennent-ils donc ? On ne peut expliquer ce fait que de la façon suivante : dès qu'un plant de choux ou de navets lève, les altises des jardins voisins, guidées par leur odorat (dont le sens chez elles paraît très développé), s'y donnent rendez-vous.

Pour se débarrasser des altises, on peut chercher ou à les détruire ou à les écarter.

Dans le premier cas on peut en récolter de grandes quantités à la pointe du jour alors qu'elles sont engourdies.

Ou encore, employer le procédé suivant : goudronner fortement une planchette d'un mètre carré, munie sur les côtés de deux poignées; deux personnes la prennent, et la passent, en l'inclinant légèrement, d'un bout à l'autre sur les plates-bandes de semis, de manière à les effleurer sans les toucher : les altises, effrayées par le bruit, sautent et viennent se coller au goudron. Il suffit ensuite de racler la planche à l'aide d'un instrument tranchant et de renouveler la couche de goudron, chaque fois qu'on veut faire la chasse.

Il est plus commode de les écarter à l'aide de substances odorantes, ne nuisant pas aux plantes.

On pourra jeter à la volée un mélange de sable et de naphtaline brute, substance si répandue actuellement pour préserver des mites les vêtements de laine et qu'on retire du goudron de la houille. On mêlera 75 0/0 de terre fine ou de sable et 25 0/0 de naphtaline à raison de 50 grammes par mètre carré. La naphtaline dégage une odeur qui persiste assez longtemps, on ne peut donc l'employer que pendant la première croissance des végétaux.

On peut aussi saupoudrer les jeunes plantes, au moment où elles sortent de terre, avec des cendres lessivées, ou de la sciure de bois imprégnée de coaltar, ou enfin de la suie de cheminée en poudre, qui favorise la croissance des plantes crucifères et qui, si elle n'écarte pas les altises d'une manière absolue, contribue toujours à les rendre moins nombreuses.

Les matières liquides, dont on fait usage avec succès, sont surtout les décoctions de sureau, de noyer ou de tabac qui s'emploient en arrosages, de même que les solutions de savon noir.

Plusieurs horticulteurs recommandent l'emploi de la poudre foudroyante Rozeau, non seulement contre les altises, mais contre les loches, les pucerons et autres insectes.

On aura soin enfin de ne pas ménager la graine et de semer dans un sol bien préparé. On aura plus de chance ainsi de voir une partie du plant devenir promptement assez robuste pour n'avoir rien à craindre de l'altise.

Nous avons vu précédemment qu'un soleil ardent donnait à l'insecte une grande activité et le mettait dans les meilleures conditions pour exercer ses ravages. Il faudra donc, autant que possible, faire ses semis à mi-ombre, ou, à défaut d'une exposition convenable, leur procurer une ombre factice.

En outre, aussitôt que les navets, choux, radis, etc., commencent à lever, il faut les regarder de près et, dès qu'on aperçoit des altises, s'empresser de bassiner les semis et répéter l'opération plusieurs fois par jour, toutes les deux ou trois heures environ, à partir de huit heures du matin jusqu'au soir ; en tenant de la sorte les feuilles constamment humides, on parviendra à éloigner les insectes en grande partie. On diminue, du reste. le nombre des bassinages à mesure que les plantes se développent.

C'est surtout lorsque le soleil se met à briller avec éclat, après une pluie chaude d'été, que l'on peut voir apparaître tout d'un coup une légion d'altises qui, en quelques

6

heures, sont capables de détruire tout un semis. Dans ce cas, il ne faut pas perdre de temps et avoir recours aux arrosements répétés pour lesquels on emploiera de l'eau plutôt fraîche que chaude.

Enfin, pour empêcher, dans la mesure du possible, la propagation de l'espèce, on récoltera, à l'automne, pour les brûler, toutes les feuilles mortes, puisque nous savons que beaucoup de ces insectes nuisibles s'abritent dans ces feuilles pour passer l'hiver.

La Cantharide.

C'est le frêne qui est l'arbre de prédilection de ces insectes ; on en rencontre aussi sur les lilas et sur cet arbuste nommé symphorine, que les enfants connaissent si bien à cause de ses fruits qui se présentent sous la forme de petites boules blanches comme du lait et qui servent à leurs jeux.

On reconnaît la cantharide à la belle couleur vert doré dont elle brille. On est d'ailleurs averti de sa présence par une odeur forte et pénétrante qui affecte désagréablement l'odorat et qui se répand au loin autour de l'arbre sur lequel elle a élu domicile. Ces insectes paraissent dans nos climats vers le milieu de juin, inopinément, en nombreux essaims, sur les frênes pleureurs qui ornent nos jardins paysagers, et se mettent à en dévorer les feuilles les plus tendres, c'est-à-dire celles qui naissent à l'extrémité des rameaux.

La cantharide a une forme allongée, elle est longue de 15 à 22 millimètres et large de 4 à 6 millimètres. Le mâle est plus petit que la femelle. Tout le corps est coloré en vert doré avec des reflets métalliques ; les antennes seules sont noires. La tête porte deux yeux gros et saillants. La bouche est organisée pour la mastication comme celle du hanneton. Les pattes sont fortes et terminées par deux crochets. L'abdomen est entièrement recouvert par les

élytres qui sont forts, quoique flexibles, finement guillo-
chés et pourvus, vers le bord interne, de deux nervures
longitudinales.

Elles ne séjournent guère plus de huit ou dix jours sur
nos arbres. Après l'accouplement, le mâle meurt; quant
à la femelle, elle ne tarde pas à s'enfoncer dans la terre,
où elle dépose ses œufs, puis meurt à son tour.

Les œufs sont allongés, cylindriques, un peu plus minces
au milieu qu'aux extrémités. Il en sort une larve très dis-

Cantharides.

tincte de celle de tous les coléoptères, par sa forme, sa
manière de vivre et les métamorphoses qu'elle subit.
Cette larve est petite, mais allongée, avec une tête bien
distincte; elle possède trois paires de longues pattes, terminées par deux crochets. Née dans le sol, elle en sort
bientôt et grimpe sur la première plante qui se trouve à
sa disposition; elle y attend le passage d'un hyménoptère
mellifère (l'abeille solitaire, par exemple). Dès que l'insecte
attendu se trouve à sa portée, la larve s'accroche à ses
poils et se fait transporter dans la ruche qui sert de nid à
l'abeille; là, elle dévore l'œuf pondu sur une pâtée de
miel; elle mue, devient lourde, avec six pattes courtes, et
mange le miel; elle subit encore une ou deux nouvelles

mues, à la suite desquelles ses membres finissent par disparaître complètement. A ce moment elle devient immobile, reste à l'état de nymphe pendant quelque temps ; puis l'adulte, qui s'est formé dans la dernière enveloppe, brise ses liens, sort de la ruche et s'envole vers les frênes et les lilas dont il mange les feuilles et où il rencontre les individus d'un autre sexe.

Si on a touché des cantharides, il faut bien se garder de porter la main aux yeux, de peur d'y provoquer une vive inflammation. En effet, tout leur corps est imprégné d'une matière très âcre, appelée cantharidine, qu'on utilise en médecine pour la préparation des vésicatoires. C'est aussi un poison très dangereux à l'intérieur.

C'est dans le midi, où elles se trouvent en grande quantité, qu'on les recueille sur le frêne avant le lever du soleil, alors qu'elles sont encore engourdies. On secoue les branches de l'arbre et on reçoit les cantharides dans des draps étalés sur le sol. On les fait ensuite mourir en les trempant dans l'eau bouillante, dans le vinaigre chaud, ou en les exposant à la vapeur de ce dernier. Le chloroforme convient également pour cela. On les fait ensuite sécher à l'étuve, puis on les enferme dans des flacons bien bouchés, ou bien on les pulvérise.

Mylabre de la chicorée.

D'autres insectes jouissent de propriétés vésicantes énergiques : le mylabre de la chicorée est du nombre. C'est un coléoptère long de 1 cent. 1/2, coloré en noir avec trois bandes jaunes transversales sur les élytres; il vit sur la chicorée sauvage et certaines autres plantes de la famille des composées.

La Casside verte de l'artichaut.

Les cassides sont de petits insectes dont la tête est cachée sous le corselet qui la recouvre à la manière d'un casque (de là le nom de *cassida* qui veut dire casque). La plus connue est la casside verte que les jardiniers appellent scarabée-tortue ou même simplement tortue.

Sa couleur, verte (comme son nom l'indique), fait que souvent l'insecte passe inaperçu sur les feuilles d'artichaut. — Le dessous du corps est noir, ainsi que les cuisses. Sa longueur est de 3 millimètres.

La larve de ce coléoptère vit sur les artichauts où elle peut causer des dégâts importants si elle s'y trouve en nombre ; elle en dévore le feuillage dont l'amertume ne paraît pas lui déplaire, et s'introduit aussi parfois dans les têtes d'artichauts qui, par ce fait, subissent une dépréciation telle que la vente en devient difficile.

Cette larve, comme celle de plusieurs autres insectes, se recouvre de ses excréments en relevant en haut et en avant un appendice fourchu qui se trouve placé dans le voisinage de l'anus ; lorsque la larve rejette ses excréments, ils sont retenus par la fourche, et, par suite de leur accumulation, ils sont poussés en avant, se collent les uns aux autres et forment ainsi une espèce de toit sous lequel la larve disparaît presque en entier. Comme, de plus, elle change plusieurs fois de peau, les débris membraneux, provenant des différentes mues, se mêlent aux déjections et contribuent à former cette sorte de carapace qui recouvre l'animal. C'est probablement cette particularité qui lui a fait donner le nom de tortue par les maraîchers.

Plus tard la larve se transforme en nymphe sur la feuille où elle a vécu. Cette nymphe possède comme la larve une queue fourchue mais dont les branches sont moins longues ; c'est par cette queue qu'elle reste fixée contre la feuille où s'est faite la métamorphose. La nymphe est plus courte que la larve, elle est de forme ovalaire aplatie. Le corselet est ample, il est bordé d'un rang d'épines courtes et simples ; l'abdomen est garni, sur les côtés, d'appendices aplatis comme des lames.

L'état de nymphe persiste une quinzaine de jours, après quoi l'insecte parfait apparaît.

Pour combattre la casside de l'artichaut, on fera des pulvérisations avec des solutions étendues de jus de tabac, et on détruira toutes les larves et les insectes qu'on découvrira en visitant les plantations.

La Cétoine dorée.

Tout le monde la connaît sous le nom de hanneton doré. Elle a bien, en effet, la forme du hanneton, quoique de taille un peu plus petite, elle n'a guère que 2 centimètres de longueur.

Les couleurs métalliques variées qui la parent la font rechercher des enfants : le dessus du corps est d'un vert doré brillant, tandis que le dessous est rouge cuivreux. On la rencontre principalement sur les pivoines, les rosiers et le sureau, s'endormant souvent au milieu de la corolle parfumée des fleurs.

Le vol s'opère d'une manière peu ordinaire : les élytres restent appliqués contre le corps, se soulèvent seulement un peu, de manière à permettre les mouvements d'élévation et d'abaissement des ailes inférieures membraneuses, qui glissent en dessous et se déplient, de sorte que ces coléoptères volent au soleil, par les jours chauds, presque aussi rapidement que des mouches.

La larve de la cétoine dorée vit dans le terreau et dans le tronc de vieux arbres en décomposition ; elle est blanche, ressemblant beaucoup au ver blanc du hanneton, ayant la tête plus petite et les pattes plus courtes. Dans une coque grossière de débris de bois, elle se change en une nymphe blanchâtre, avec la tête, les antennes, les fourreaux des ailes et les pattes repliés en dessous.

Quelques auteurs rangent les cétoines parmi les animaux nuisibles aux plantes; nous pensons que c'est bien à tort ; car elles ne se montrent jamais qu'en petit nombre, et de plus, elles ne font presque aucun tort aux plantes à l'état de larves, bien différentes en cela des hannetons, et à l'état parfait elles se contentent de la liqueur miellée des fleurs. Tout au plus parviennent-elles parfois à empêcher la fécondation de l'ovaire, en dévorant le pollen et les étamines.

Si donc nous en rencontrons quelqu'une, faisons-lui grâce de la vie, et que le charme qu'elle procure à nos yeux nous fasse oublier les faibles dégâts qu'elle a pu commettre.

CHAPITRE II

Coléoptères (suite)

LES CHARANÇONS

BRUCHES. — CHARANÇON DU CHOU. — CHARANÇONS DES ARBRES FRUITIERS (NOISETIER, CERISIER, CHATAIGNIER). — RHYNCHITES. — PHYLLOBIES. — ANTHONOME. — OTIORHYNQUES.

La grande famille des charançons comprend plusieurs milliers d'espèces toutes plus malfaisantes les unes que les autres.

Le caractère principal de cette famille est d'avoir la tête prolongée en avant en un rostre, sorte de bec plus ou moins délié, à l'extrémité duquel sont les pièces de la bouche petites et cachées. C'est pourquoi on les appelle rhynchophores ou porte-bec. De plus, les téguments sont durs et épais et tous les tarses ont quatre articles.

La plupart sont petits, mais tous sont nuisibles, surtout à l'état larvaire, car ils s'attaquent à tous les végétaux. Nous allons passer en revue ceux qui sont les plus connus par les dégâts qu'ils causent aux plantes légumineuses ou aux arbres fruitiers.

Les Bruches.

Elles ont le rostre court et large (pas de trompe proprement dite), les antennes non coudées, les élytres presque carrés et ne recouvrant pas l'extrémité de l'abdomen, les cuisses postérieures généralement épaisses et souvent dentées.

Elles se nourrissent des graines des légumineuses ; dès que la floraison touche à sa fin, les femelles déposent leurs œufs sur les jeunes gousses ; les larves qui en sortent, semblables à de petits vers, vont à la recherche des graines et y vivent aux dépens des cotylédons, en respectant le germe ou embryon, de sorte que la graine mise en terre peut encore germer. Voyez-vous la ruse instinctive de ce petit animal, qui, tout en satisfaisant sa gourmandise, veut assurer, pour l'année suivante, la conservation de la plante qu'elle préfère.

La larve se change en nymphe dans la graine même ; aussi lorsque, dans la suite, l'adulte voudra sortir de sa prison, il devra percer les parois de la graine ; de là, ces petits trous circulaires qu'on rencontre si souvent sur la surface de divers légumes secs.

La Bruche du pois.

La bruche du pois, longue de 4 à 5 millimètres, est d'un noir brun avec des poils cendrés ; l'extrémité de l'abdomen qui déborde des élytres blanchâtres, est marquée de deux taches noires. La femelle, au moyen de son oviducte, introduit un œuf dans chaque pois vert en perçant la paroi de la cosse ; jamais elle n'en dépose deux dans la même graine, jamais elle ne perce le germe du pois. Il n'y a donc jamais qu'une bruche par pois, tandis que dans les graines plus grosses comme celles de la fève, on peut rencontrer deux ou trois bruches de la fève.

Le pois sec, qui a été vidé par sa bruche, surnage si on le jette dans l'eau ; cela se conçoit aisément : par le fait de l'air qui reste emprisonné dans la cavité creusée par l'insecte, le poids de la graine est diminué, son volume restant le même, la densité est devenue moindre que celle de l'eau, par suite le corps flotte.

La larve, qui est ce petit ver qu'on trouve souvent dans les pois verts est très ramassée et dodue, à anneaux très boursouflés. Sur la nymphe, qui est également renflée, on reconnaît nettement de gros yeux noirs et les fourreaux des deux paires d'ailes.

La Bruche des fèves.

Ce coléoptère est plus petit que celui qui attaque les pois, mais ses mœurs sont les mêmes. Son corselet est grisâtre, les élytres noirs avec des mouchetures grises. L'extrémité de l'abdomen qui n'est pas recouverte par les élytres est garnie de poils fins et courts de teinte grisâtre,

La larve éclot dans la fève encore verte et s'y transforme en insecte parfait. Il n'est pas rare de rencontrer plusieurs bruches dans la même graine.

La Bruche des lentilles.

Le petit ver qui ronge l'intérieur de cette graine est connu de tout le monde : c'est la larve d'une bruche noire marquée de petites taches blanches.

Lorsque cet insecte se multiplie outre mesure, il cause des ravages tels qu'on est obligé de suspendre pendant plusieurs années la culture de la lentille dans les localités infectées.

Le Charançon du chou.

(Le ceuthorhynque sulcicolle des entomologistes, *ceutho-rhynque* signifie que la trompe est cachée et *sulcicolle* veut dire que le cou est sillonné. Ce petit charançon a 3 millimètres environ de longueur, Il a le corps noir, recouvert d'un duvet gris sale. Le corselet porte un sillon longitudinal, c'est même à cause de ce signe distinctif qu'on lui a donné le nom de sulcicolle.

L'insecte parfait se montre dans le courant de juillet. Dès que la femelle est fécondée elle descend à terre, pique avec son rostre les choux dans le voisinage du collet et

CHARANÇONS (très-grossis).

Rhynchite.   Charançon du blé.   Charançon
Ceuthorhynque du chou.   Charançon des noisettes.   du pommier.

dépose un œuf dans chaque piqûre. Quelques jours après, de petites larves blanchâtres éclosent et se creusent de petites cellules dans lesquelles elles se tiennent constamment recourbées.

La sève, gènée dans sa circulation, s'accumule autour de chaque cellule et produit ces renflements tuberculeux que les jardiniers appellent galles, loupes, boulets. Les choux qui portent ces excroissances restent chétifs, rabougris et souvent sèchent quelques mois après leur plantation.

Dans le courant d'octobre, les larves ayant atteint leur complet développement, percent les galles où elles se trouvent renfermées, pénètrent en terre et s'y construisent de petites coques formées de matières terreuses, agglutinées, dans lesquelles elles se changent en nymphes, pour passer la saison froide.

Si l'on veut donc empêcher la propagation de l'insecte et préserver les récoltes à venir de ses atteintes, il faut arracher, dès le mois de septembre, les pieds malades, et les brûler, pendant que les larves sont encore dans les nodosités du collet.

Il existe un autre charançon qui porte le même nom,

Le Ceuthorhynque du navet,

très commun dans les régions où l'on cultive le colza. Ce coléoptère est un peu plus petit que le charançon du chou. Il est brun avec de petites taches jaunes. Les œufs sont déposés sur les feuilles par les femelles. Une fois sorties de l'œuf, les larves creusent des galeries dans les nervures des feuilles et peuvent causer ainsi des dommages assez importants.

Nous n'avons pas à parler de ce charançon si connu par les dommages qu'il cause,

La Calandre du blé,

Ses mœurs et ses allures ressemblent d'ailleurs beaucoup à celles des insectes dont nous venons de nous occuper. Nous signalerons seulement un moyen pratique et peu connu de purger un tas de blé du charançon qui l'infeste. Faites moudre des haricots, et semez-en la farine sur la surface du tas de blé ; immédiatement vous verrez la colonie dévorante se sauver de tous les côtés. — Il faut, au contraire, éviter absolument de placer des récoltes de pois secs à proximité d'un grenier à blé ; on ne tarderait pas à voir le charançon s'y établir, puis envahir le tas de blé.

Charançons des Arbres fruitiers.

Plusieurs appartiennent au genre balanin ou balanine (du grec *balanos* qui signifie gland et noix).

Le rostre de ces petits insectes est très grêle, aussi long que la moitié du corps et recourbé au bout, ce qui a fait nommer l'insecte charançon trompette.

Le plus connu et aussi le plus répandu est

Le Charançon des noisettes ou attelabe du coudrier

Il est long de 7 à 8 millimètres, noir, couvert d'un poil jaunâtre qui le fait paraître d'un gris vert. A la fin du printemps, la femelle perce, avec sa trompe effilée, les noisettes qui commencent à se former, traversant les enveloppes et les parties déjà dures de la coquille, et y introduit un seul œuf d'où naît bientôt une larve blanche et renflée qui vit aux dépens de l'amande. Dès la seconde quinzaine d'août, la noisette attaquée se détache prématurément et tombe sur le sol. Le ver, qui a toute sa croissance, pour sortir du fruit en perce la coque d'un trou rond, égal en diamètre à celui de sa tête cornée ; il pénètre ensuite en terre et y passe l'hiver, engourdi ; devient nymphe au mois de mai ; puis, insecte parfait en juin, se mettant de nouveau à percer les noisettes du bois et les avelines des jardins.

Il faut brûler les noisettes piquées et se rappeler qu'elles tombent généralement avant les autres.

C'est une grande déception pour les enfants qui vont au bois chercher des noisettes, que de trouver la plupart des fruits qu'ils ramassent détériorés par les larves de ce petit coléoptère. Voici le prologue d'un conte pour les enfants où il est question de ces petits vers qui rongent l'intérieur de ce fruit cher aux jeunes dents :

Il était une fois un coq et une petite souris qui s'en allaient aux noisettes. Le coq grimpait aux arbres et la petite souris restait dessous pour recevoir les noisettes abattues par le coq, les casser et les ranger en deux tas, l'un formé des coquilles, et l'autre des amandes.

— Surtout, prends garde, lui dit le coq, si tu manges les amandes, je te crèverai ton petit gibacier.

Le coq, tout en cueillant et jetant les noisettes, s'aperçut bientôt que de nombreuses larves les avaient attaquées. Il passa à détruire et à avaler ces petits vers un assez long temps, pendant lequel la petite souris, qui avait d'abord rempli consciencieusement sa tâche, céda à la tentation et mangea les amandes.

En descendant de l'arbre, le coq furieux se jeta sur elle et, mettant sa menace à exécution, lui creva son petit gibacier.

Ils avaient chacun suivi son instinct : lui, en dévorant des insectes, et elle, en rongeant des fruits

Balanin des cerises.

D'autres balanins attaquent les cerises et les châtaignes.

Lorsque les cerises sont encore vertes, la femelle les perce pour y déposer ses œufs et les larves, issues de la ponte, rongent les amandes. Il ne faut pas confondre cette larve, qui s'attaque au noyau, avec ce ver qu'on trouve si souvent dans les cerises sucrées qui est la larve d'une mouche, comme nous le verrons plus loin.

La larve du

Balanin des châtaignes

vit dans la châtaigne, elle s'enfonce dans le sol après la chute des fruits pour s'y transformer en chrysalide et insecte parfait qui réapparaîtra à la belle saison.

Ces deux dernières espèces sont rares et peu dangereuses, il n'y a donc pas lieu de s'en préoccuper.

L'apodère du coudrier.

Les jeunes rameaux des noisetiers sont quelquefois attaqués par la larve d'un petit charançon peu commun qu'on désigne sous le nom d'apodère du coudrier. C'est un petit insecte de 4 à 5 millimètres de long, de couleur rouge vif et dont les élytres présentent des ponctuations disposées en lignes longitudinales.

La femelle dépose ses œufs à l'extrémité des branches du noisetier; les larves qui en sortent perforent l'écorce, et, pénétrant dans l'intérieur des rameaux, dévorent les tissus peu résistants dont ils sont formés. Le rameau ne tarde pas à périr.

Il faudra couper et détruire par le feu les branches atteintes.

Le Polydrose brillant.

C'est un autre petit charançon qui se distingue du précédent par sa couleur métallique et ses antennes qui, au lieu d'être droites, sont coudées.

Les femelles pondent leurs œufs sur les branches jeunes des noisetiers. Les larves qui en sortent se répandent sur les bourgeons qui leur servent de nourriture.

Les poiriers et pommiers sont attaqués par trois sortes de charançons : les Rhynchites, les Phyllobies et l'Anthonome.

Les Rhynchites.

Le groupe des rhynchites (du grec *rhynchion*, petit bec) est formé de charançons ornés d'habitude de brillantes

couleurs à reflets métalliques qui sont connus des paysans
sous les noms de becmare, diableau, livette, velours vert,
etc... Ils ont les antennes à peu près droites, c'est-à-dire
sans coude ou brisure brusque ; le bec est long et les
jambes sont dépourvues d'épines.

Le Rhynchite cônique

(c'est le coupe-bourgeons des jardiniers) a 4 millimètres
de long. Sa couleur est bleu foncé.

Les femelles pondent leurs œufs dans les bourgeons
herbacés qu'elles ont préalablement incisés à la base pour
qu'ils se flétrissent et que, par ce fait, leurs œufs ne soient
pas gênés par la croissance trop active du bourgeon.

Le Rhynchite Bacchus

est plus long; il atteint 8 millimètres en comprenant le
rostre qui a 3 millimètres. La surface du corps est par-
semée de petits creux d'où sortent de minces poils
hérissés. Il est de couleur vert doré ; les pattes et le rostre
bleus, les yeux noirs et saillants ; les élytres beaucoup
plus larges que le corselet et à stries ponctuées; le dessous
du corps d'un cuivreux doré comme le dessus.

Ce rhynchite est un cigarier : il coupe à demi le pétiole
des feuilles, de sorte que celles-ci, par manque de sève,
s'enroulent et se contournent à demi flétries. Dans l'intérieur de ces longs cornets vivent, aux dépens des tissus de
la feuille, des larves blanches, sans pattes, à petite tête
cornée d'un fauve brunâtre.

Quand elles ont acquis tout leur développement, elles se
laissent tomber sur la terre, y pénètrent peu profondément
et deviennent nymphes. Elles passent l'hiver sous cette
forme pour donner l'adulte au printemps suivant.

On a donné à ce rhynchite le qualificatif de Bacchus
pour montrer par là qu'il se plaît beaucoup sur la vigne,
ce qui est vrai. Cependant il est très rare sur les treilles
cultivées dans les jardins.

Comme moyen de destruction, on ne peut que recueillir les feuilles roulées, les bourgeons flétris et les fruits tombés pour y mettre le feu.

Les Phyllobies

diffèrent peu des précédents : comme eux ils ont une teinte métallique, mais leurs larves, au lieu de vivre cachées dans les feuilles roulées et dans les bourgeons, se promènent en plein jour à la surface des feuilles qu'elles dévorent.

Il y en a plusieurs variétés, les unes sont de couleur argentée (phyllobie argenté), les autres d'un gris foncé avec reflets dorés.

Pour les détruire, on étend de bon matin des draps au-dessous des arbres visités par l'insecte, on secoue les branches, et on brûle tous les individus qu'on a pu recueillir.

L'Anthonome du Pommier

est plus connu que les espèces précédentes. C'est le charançon des fleurs. Il s'attaque rarement aux poiriers dont les bourgeons à fruit se développent trop vite pour sa larve. Il est long de 5 à 6 millimètres, de couleur rousse ; ses élytres sont rayés transversalement par une bande blanchâtre ; ils cachent de vastes ailes qui permettent à l'insecte de voler aisément d'un arbre à l'autre. Le corps est couvert de poils très courts visibles à la loupe.

L'insecte passe l'hiver sous les feuilles mortes, sous les pierres, dans les crevasses des écorces. Au commencement du printemps, la femelle perce avec son rostre un bourgeon à fruit, jusqu'aux étamines et y introduit un œuf. Il en sort bientôt une larve blanchâtre, à tête roussâtre, qui se nourrit du pollen des étamines, pénètre dans l'ovaire et

7

occasionne la mort des fleurs. Celles-ci se dessèchent et tombent, couvrant le sol d'une foule de petites masses affectant la forme de clous de girofle.

Le bourgeon devient roux et avorte, effet que les paysans attribuent aux mauvais hâles, aux vents roux. Les arbres attaqués ont l'air d'être roussis par le feu ; dans certains pays, on donne à l'auteur du dégât le nom d'incendiaire.

La larve devient une nymphe immobile et jaunâtre avec des yeux très apparents, les ailes et les pattes repliées sous le corps. Au commencement de juin éclot l'adulte qui sort du bourgeon desséché.

L'anthonome peut faire manquer complètement la récolte des pommes plusieurs années consécutives. Les abeilles sont les meilleurs défenseurs des arbres contre cet insecte redoutable.

En visitant les fleurs qui s'épanouissent, elles font tomber les œufs d'anthonome et en débarrassent ainsi le pommier... et le métayer qui peut-être ne s'en doute guère.

Dans plusieurs départements, des arrêtés préfectoraux ont rendu obligatoire le nettoyage des arbres en vue de la destruction de l'anthonome. Ce fait seul montre l'importance des dégâts que peut causer ce petit charançon qui, jusqu'à présent, a ravagé surtout la Bretagne et la Normandie. Depuis deux ans on constate sa présence dans les vergers de l'est de la France ; il n'est pas encore très abondant, mais il suffira d'une année qui lui soit favorable pour qu'il pullule, là comme ailleurs, si les cultivateurs ne secouent pas leur négligence habituelle.

Il convient d'enlever dès le début les bourgeons roussis et on les brûlera. On fera la chasse aux adultes comme il a été dit plus haut au sujet des phyllobies.

L'anthonome des drupes est plus rare. — Les femelles choisissent les boutons fruitiers des cerisiers pour y pondre leurs œufs. Les larves qui naissent rongent l'intérieur du bouton qui ne s'épanouit pas.

Les Otiorhynques.

Il nous reste à citer un dernier groupe de charançons : les otiorhynques, qui renferme, lui aussi, un nombre considérable d'espèces, de couleurs en général peu brillantes.

Le corps est ovale, oblong et il n'y a pas d'ailes sous les élytres soudés. Les téguments sont très durs, de sorte qu'on a beaucoup de peine à enfoncer au haut de l'élytre droit l'épingle qui doit servir à les piquer dans la collection.

On les rencontre sur les rameaux et les feuilles des plantes, mais le plus souvent ils sont enterrés à leur pied pendant le jour, car c'est surtout pendant la nuit qu'ils cherchent leur nourriture : on en voit aussi sur les chemins, dans les lieux sablonneux, parmi les pierres ou grimpant aux murailles.

Les deux espèces qui nous intéressent, sont :

L'Otiorhynque de la Livèche.

Il ronge au printemps les fleurs et les jeunes pousses du pêcher.

Il a douze millimètres de long, est d'aspect noirâtre, — les élytres soudés sont grenus et présentent des bandes blanchâtres irrégulières.

Comme ce charançon est nocturne, il faudra rechercher les adultes, le soir sur les branches et dans le jour, au pied des pêchers, où ils se tiennent blottis sous quelques cailloux ou mottes de terre.

Un autre otiorhynque, dénommé

O. Picipède.

(à cause de ses pattes qui ont la couleur de la poix), est très nuisible aux vignobles.

Il est long de sept à huit millimètres, brun mélangé de

gris roussâtre; le corselet est granuleux ; les élytres couverts de petites écailles.

Il grimpe pendant la nuit pour ronger les jeunes pousses
et les grappes naissantes. La larve, courbée en demi-cir-
conférence, sans pattes, à anneaux plissés, est blanche
avec une tête d'un roux brunâtre. Elle ronge les racines
les plus superficielles des vignes.

CHAPITRE III

Coléoptères *(suite)*

La Chrysomèle de l'Oseille.

Dans les jardins potagers, les carrés d'oseille ont souvent leurs feuilles trouées et détruites en peu de jours par un coléoptère vert, à élytres d'un éclat cuivreux : c'est la chrysomèle de l'oseille. Il a une forme ramassée et convexe. Le bout de l'abdomen déborde un peu les élytres chez le mâle et bien plus chez les femelles très lourdes par leur corps gonflé d'œufs, ce qui a fait donner au genre le nom de gastrophyse ou ventre en vessie. Ces femelles pondent des œufs jaunes, rassemblés en plaque sous les feuilles d'oseille.

Les larves sont noirâtres, assez allongées, avec des points blanchâtres ; elles ne vivent pas à l'intérieur des végétaux comme celles des charançons, c'est pourquoi elles sont munies de six pattes thoraciques, développées, qui leur permettent de marcher sur les feuilles et de s'y cramponner, car leur corps est souvent renflé et lourd. De plus, elles ne sont pas privées de coloration comme celles qui vivent constamment à l'abri de la lumière dans des retraites obscures.

Ces larves se changent en nymphes d'un jaune pâle.

Si l'insecte existe en trop grand nombre dans le plant d'oseille, il faudra faucher les feuilles qui repoussent au bout de peu de jours et verser sur le sol des poussières de tabac, afin de tuer les nymphes et les larves tombées à terre.

Les Criocères.

Les criocères appartiennent aux coléoptères chrysoméliens ou phytophages, mot qui veut dire se nourrissant de feuilles.

Les charançons, les scolytes (dont nous parlerons plus loin), tirent au contraire leur subsistance de l'intérieur des plantes, dans les parties profondes des végétaux. Leurs larves blanches sont privées de pattes ou n'ont que des rudiments de pattes, tandis que les larves des phytophages sont diversement colorées et se meuvent à découvert sur les feuilles au moyen de six pattes thoraciques bien développées.

Ils sont remarquables, quoique assez petits, par une jolie forme un peu allongée, décorée souvent de brillantes couleurs. Lorsqu'on les prend, ils font entendre une espèce de petit cri ou bruissement, produit par le frottement de la base de l'abdomen contre le corselet.

Les deux espèces que l'on rencontre dans les jardins sont :

Le criocère de l'asperge.

Il a 7 millimètres de long, une grosse tête transverse munie d'antennes grenues, un corselet rouge, presque carré, des élytres d'un vert grisâtre portant chacun, sur leur bord interne, quatre taches d'un jaune clair. Ses pattes sont robustes et se terminent par des crochets simples.

Les larves sont d'un vert olivâtre, à anneaux gonflés, avec six pattes assez courtes et grêles. Elles restent nues, ne se recouvrant pas de leurs excréments comme d'un manteau protecteur, à la façon des criocères du lis. Parvenues à toute leur croissance, elles se laissent tomber sur le sol, s'entourant d'une coque ovalaire, formée de grains

de terre, où elles deviennent une nymphe jaune, présentant repliés tous les appendices de l'adulte.

On rencontre cet insecte souvent en abondance dans le
courant de juin, soit à l'état de larve, soit à l'état d'insecte
parfait. C'est la larve qui cause le plus de dégâts. Les cultivateurs d'asperges prétendent qu'en dévorant les feuilles

Les criocères et leurs larves.

des asperges qu'on a laissé monter pour graine, elles
arrêtent la végétation des griffes, que la plante souffre
beaucoup de leurs attaques, et que, l'année suivante, les
pousses d'asperges (ou turions) sont moins belles.

Les feuilles d'asperges sont souvent rongées par une
seconde espèce de criocère, le *criocère à douze points*,
qui est fauve et porte six points noirs sur chaque élytre.

On peut prendre et détruire une grande quantité de

criocères en secouant, le matin, les tiges d'asperges au-dessus d'un bassin en fer blanc, ou simplement d'un parapluie ouvert, placé la tête en bas. Il est nécessaire de faire cette opération aussitôt que l'insecte parfait se montre et de la recommencer à diverses reprises.

Le criocère du lis.

Il est très commun sur les lis blancs où les enfants savent bien le trouver, se plaisant à écouter le petit bruit particulier qu'il fait entendre ; ils les emprisonnent dans le creux de leur main et approchent celle-ci de leur oreille ; et ils restent longtemps immobiles, ouvrant de grands yeux étonnés comme un bébé écoutant le tic-tac d'une montre. Ils les élèvent dans des boîtes, les appelant petits chanteurs, petits musiciens. Aussi, en juin, est-ce une joie pour eux de rechercher ce joli insecte ; d'ailleurs, il se détache si nettement sur le vert des feuilles par son corselet et ses élytres d'un beau rouge vermillon qu'il ne peut guère se dérober aux regards de ses persécuteurs ; pour leur échapper, il use de ruse et s'empresse de se laisser tomber sur le sol, dès qu'une petite main s'approche de lui pour le saisir, mais l'enfant, après quelques insuccès, déjoue ce stratagème et l'autre main s'étend au-dessous de la feuille afin de recevoir le fuyard.

Des œufs de ces criocères, pondus sur les feuilles, sortent des larves d'un rouge blanchâtre, oblongues épaisses, surtout à la région postérieure, et charnues. Leur peau est très fine et délicate, aussi leur corps serait très exposé à se dessécher à l'air et particulièrement au soleil, si la larve ne prenait soin de se faire une épaisse couverture de ses déjections (c'est pourquoi les entomologistes ont appelé l'insecte *crioceris merdigera*).

Il est probable cependant, qu'en agissant ainsi, elle a surtout pour but de se protéger contre les attaques de ses ennemis. Quoi qu'il en soit, elle met à profit la conformation que la nature lui a donnée. En effet, chez elle, l'ouverture anale, au lieu d'être placée au-dessous du dernier segment de l'abdomen, est rejetée au-dessus, de sorte que les excréments, très humides et d'un vert noirâtre, à mesure de leur expulsion, sont poussés successivement en avant, et forment un amas épais sur le dos de la larve. Si on la dépouille de cet enduit protecteur, elle mange avec voracité et répare en peu d'heures le désordre de sa toilette.

Elle ne détruit pas les lis, mais elle ronge les feuilles et les salit affreusement. Du reste, les criocères ne sont jamais assez nombreuses sur les plantes pour qu'il soit difficile, dès qu'on s'aperçoit de leur présence, de les enlever et de les détruire, sauf à se laver soigneusement les mains, après avoir donné la chasse aux larves dont le contact n'a réellement rien d'agréable.

Les larves, à un moment donné, se laissent tomber à terre, s'y enfoncent et se transforment, dans une petite coque ovale, en nymphes d'un jaune rougeâtre.

Une autre espèce de criocère, d'un rouge encore plus vif, vit dans les bois, sur les muguets.

L'Eumolpe de la Vigne *(Gribouri)*.

Bien qu'on en rencontre à peine quelques individus isolés sur les ceps de vigne dans les jardins, nous croyons devoir consacrer quelques lignes à la description de ce coléoptère à cause des ravages qu'il cause dans certains vignobles du Mâconnais et du midi de la France.

L'eumolpe de la vigne (du grec *eumolpos*, harmonieux, à cause de son aspect gracieux) est bien connu des vignerons sous le nom de bêche, coupe-bourgeon, gribouri de la vigne, diablotin, écrivain, qu'on lui donne suivant les pays. Ce petit insecte, long de 6 millimètres, a le corps cylindrique avec le corselet noir finement ponctué et les élytres d'un rouge-brun ; la tête qui est très petite est presque cachée sous le bord antérieur du corselet et porte des antennes filiformes assez longues. Tout le corps est voilé d'un duvet grisâtre assez court.

C'est au printemps, en avril et mai, que l'on trouve communément les eumolpes sur les premiers bourgeons de vigne qui viennent de s'épanouir. Ils ont, en effet, subi leur dernière transformation et montent sur les ceps pour se repaître et s'appareiller avant la ponte.

A cette époque, ils se tiennent sous les feuilles dont ils rongent le parenchyme en y découpant des espèces de fentes étroites et contournées, dont les nervures, demeurées intactes, rattachent seules les bords; ces fentes ressemblent grossièrement, dans leur ensemble, à des caractères d'écriture, ce qui explique le nom vulgaire d'écrivain que donnent à l'insecte beaucoup de vignerons de la Bourgogne.

A la fin du printemps, les femelles d'eumolpe descendent déposer leurs œufs au pied des ceps, ou sous les feuilles les plus basses. Dix jours après, ces œufs donnent issue à de jeunes vers blancs, arrondis, qui se fixent au collet des pieds de vigne et passent l'hiver sous le sol, rongeant la surface des racines et dévorant les radicelles.

Ces dégâts, ajoutés à ceux de l'insecte parfait, rendent la vigne languissante : les feuilles présentent une coloration jaunâtre, les pousses ne prennent aucune vigueur, se détachent, ou avortent partiellement.

Ajoutons que, comme beaucoup de coléoptères des genres voisins, ce petit insecte, dès qu'il peut soupçonner quelque danger, se laisse tomber, des feuilles qu'il est en train de dévorer, sur la terre où il reste quelque temps, faisant le mort, les membres ramassés et se confondant par ses couleurs, avec les petites boules de terre qui l'environnent, ou, se glissant sous la face inférieure des feuilles qui touchent la terre, il s'y tient caché fort longtemps. Sa défiance est extrême, le moindre bruit suffit pour l'éveiller. Aussi, quand on fait la chasse aux eumolpes, on est forcé de prendre grand soin de marcher de façon à ne pas projeter son ombre sur les pieds de vigne qui vont être

visités, car il suffirait de cette ombre pour effrayer beaucoup de ces petits animaux qui se cacheraient à terre et
échapperaient au chasseur.

Dans le Mâconnais, voici comment on procède à cette
chasse : on place ordinairement sous les ceps une corbeille
d'environ soixante centimètres de diamètre ; en même temps
un ouvrier imprime au cep de petites secousses brusques
qui font tomber les écrivains dans le panier qu'on a garni
de quelques feuilles fraîches, auxquelles ils s'attachent
lorsqu'ils reprennent leurs mouvements. On les tue ensuite
en les jetant dans l'eau bouillante.

Pour tuer les larves, on utilise l'essence de moutarde
contenue dans les tourteaux de colza et de navette. Ces
tourteaux sont réduits en une poudre qu'on dissémine sur
le sol au mois de mars, au moment où on commence à
donner le premier coup à la vigne.

A Thomery, près de Fontainebleau, où l'eumolpe attaque
les grapperies à chasselas et les serres à raisin, on fait
détruire l'eumolpe par des cailles privées qu'on laisse
courir en liberté et qui le dévorent.

CHAPITRE IV

Coléoptères (suite)

Le Hanneton.

Il est bien inutile de donner la description de cet insecte qui, chaque printemps, fait la joie des enfants. Avec son air bon enfant, et sa démarche un peu lourde qui ne lui permet guère de s'enfuir, il se prête, en effet, merveilleusement à leurs jeux. Soit qu'on l'enferme dans une boîte pour l'élever et observer ses mœurs, soit qu'on l'excite à prendre son vol en le retenant par un fil attaché à une de ses pattes postérieures, soit enfin qu'on l'exerce à traîner de menus objets, il a fait passer de bons moments à plus d'un d'entre nous. Il est vrai que souvent il a attiré des punitions à des écoliers qui s'occupaient plus de lui que de leurs devoirs, mais à qui la faute ?

Les gamins s'en vont par les chemins en chantant :

Hanneton, vole, vole, vole.
Hanneton, vole, vole donc.

D'autres, plus versés dans la littérature, font entendre ce refrain :

Hanneton qui sur tes ailes
Nous amènes le printemps,
C'est toi qui sais des nouvelles
De la pluie et du beau temps.

En effet, l'époque de l'apparition des hannetons varie selon la douceur ou l'inclémence de la température ; ces insectes sortent de terre dès le mois de mai si le printemps est doux ; si, au contraire, le temps est resté froid et pluvieux, ils n'apparaissent qu'en juin. On en a vu au mois de mars ou de septembre, mais le fait est exceptionnel.

Ces coléoptères, à peine sortis de terre, cherchent leur nourriture, c'est surtout pendant la nuit qu'ils exercent leurs ravages ; dès que le soleil est couché, principalement dans les soirées chaudes, on les entend en grand nombre voler bruyamment autour des arbres. Dans le jour, la plupart restent accrochés aux feuilles, sans bouger, pendant que d'autres se montrent encore très remuants.

Si on veut leur faire la chasse, il faut se lever de grand matin ; à ce moment-là ils se reposent sur les arbres et les buissons ; ils affectionnent les pruniers, les cerisiers et les marronniers de nos jardins. On les fera tomber aisément en frappant le tronc de ces arbres d'un coup sec et brusque, ou en battant les branches avec de longues gaules, plutôt qu'en les secouant à plusieurs reprises, comme on le fait pour faire tomber les fruits mûrs. Le choc brusque les surprend et ne leur laisse pas le temps de se raccrocher aux feuilles.

Avant de prendre son vol, le hanneton fait provision d'air ; ses élytres entr'ouverts, il imprime à tout son corps un mouvement de va-et-vient ; on dit, dans certains pays, qu'il compte ses écus. Il remplit ainsi d'air les trachées et les ampoules aériennes qui sont disséminées dans tout son corps.

Dans certaines années, on voit peu de hannetons ; mais quelquefois, ils sont en si grand nombre qu'ils forment des nuées épaisses qui vont s'abattre sur les arbres d'une contrée. Ils n'apparaissent en grandes masses que tous les trois ans environ. Dans la plupart des contrées de l'Allemagne, ce n'est que tous les quatre ans. Cette différence d'une année dans le cycle évolutif d'un même animal, dépend de causes locales. Quelques degrés de plus ou de moins, dans la température moyenne de la région, doivent en être la cause principale.

Vers les derniers jours de son existence, lorsque les œufs ont atteint la maturité nécessaire à la ponte, la femelle gagne un sol meuble, ou la lisière d'un bois, de préférence à des terres dures, compactes; elle creuse un trou de 10 à 12 centimètres de profondeur et y dépose par petits tas une cinquantaine d'œufs de la grosseur d'un grain de chènevis et légèrement aplatis. Ce travail a lieu après le coucher du soleil. La conservation de l'espèce étant ainsi assurée, mâles et femelles succombent.

Au bout d'un mois ou six semaines, naissent les larves, si connues sous le nom de vers blancs ou mans, qui se mettent à manger les radicelles des plantes qu'elles trouvent à leur portée. Remarquez que, par un instinct qui lui est propre, jamais la femelle du hanneton ne pond ses œufs dans un terrain dépourvu de végétation ou ne contenant que des plantes impropres à l'alimentation des larves. Au mois de septembre, celles-ci ont déjà 2 centimètres de long et sont grosses comme un petit tuyau de plume d'oie. Sentant l'hiver approcher, elles s'enfoncent de plus en plus en terre, jusqu'à 50 ou 60 centimètres de profondeur, pour y subir le sommeil hibernal. Dès que les premiers rayons du soleil réchauffent la terre, elles remontent à la surface, cherchant avidement à se nourrir. Après avoir vécu pendant quelque temps en famille, elles sont bientôt obligées de se disperser pour trouver de quoi vivre; à l'approche de l'hiver, elles redescendent dans le sol et subissent un deuxième sommeil hibernal. Au printemps suivant, elles poussent leurs galeries jusque tout près de la surface sans cependant jamais se montrer à l'air libre, elles s'attaquent au collet des racines des plantes herbacées (salades, fraisiers) ou des jeunes arbres, et les font périr.

Quand la température lui a été favorable et qu'il a trouvé à sa portée une nourriture abondante, le ver blanc a acquis tout son accroissement au bout de deux ans. Il est apte alors à se transformer en nymphe. Vers le mois d'août ou de septembre, il cesse de manger, s'enfonce de nouveau dans le sol à une grande profondeur (on en a rencontré à plus d'un mètre) et passe à l'état de nymphe.

Cinq ou six semaines plus tard, c'est-à-dire avant l'entrée de l'hiver, le hanneton est entièrement formé et développé, attendant le printemps pour se dégager et apparaître à la surface du sol. Quand le moment de prendre son vol est venu, il choisit toujours les heures de la soirée pour sortir de sa cachette, comme s'il craignait d'affronter brusquement la clarté du grand jour.

Le ver blanc n'est pas toujours heureux dans sa demeure souterraine : non seulement il a à redouter les perquisitions de l'homme, mais il a aussi à compter avec l'état de l'atmosphère, c'est ainsi qu'une sécheresse inopportune peut lui causer de grands ennuis.

Un petit cultivateur, qui n'a jamais mis le nez dans un livre d'histoire naturelle, attirait dernièrement mon attention sur ce point, en me racontant ce qu'il avait observé au mois de septembre 1895. Rappelez-vous que ce mois de septembre a été exceptionnellement chaud et sec. Retenez également que l'année 1893 ayant été une année à hannetons, il devait y avoir deux ans après, c'est-à-dire en septembre 1895, une grande quantité de vers blancs prêts à se transformer en nymphes, et par conséquent sur le point de quitter la couche superficielle du sol pour s'enfoncer en terre de plus en plus.

En causant avec cet homme des champs nous en étions venus à parler des hannetons ; je lui faisais remarquer que l'on en trouvait très peu cette année, alors que tout le monde s'attendait à les voir apparaître en grand nombre. « Je crois bien, dit-il, il y a eu une telle sécheresse au mois de septembre dernier que les vers blancs n'ont pas pu s'enfoncer. » Comme je ne paraissais pas très convaincu, il reprit : « Dans une pièce de luzerne, près de laquelle je travaillais à cette époque, je voyais des corbeaux s'abattre en grand nombre et donner des coups de bec dans le sol. Je me dis : « Qu'est-ce qu'ils peuvent bien manger là, puisqu'on n'a rien semé ni récolté en fait de grains? » Nous quittons notre ouvrage, mon commis et moi, pour voir de près ce qui attirait ainsi ces oiseaux. Il faut vous dire que la terre de cette luzerne, après une mauvaise récolte de regain, était tellement desséchée que partout c'étaient des crevasses, et qu'elle formait une croûte dure de plus de 60 centimètres d'épaisseur. Avec les outils que nous avions, nous entamons un peu le terrain, et nous découvrons presque à fleur de terre, sur un espace moindre qu'un fond de tonneau, plus de 200 vers blancs, dont beaucoup avaient déjà quelque chose du hanneton. Voyez-vous, ajouta-t-il, ceux qui n'ont pas été dévorés par les corbeaux seront morts de dessèchement, parce qu'ils n'ont pas pu s'enfoncer. »

Nous pouvons regretter que l'observation n'ait pas été poussée plus loin, pour pouvoir affirmer que la mort d'un certain nombre de vers blancs a été causée par le fait seul du dessèchement du sol. Ce qu'il y a d'intéressant à retenir, c'est qu'une sécheresse prolongée peut réduire le ver blanc, arrivé au terme de son évolution, à séjourner plus longtemps qu'il ne le voudrait, dans la partie la plus superficielle du sol, et l'exposer à devenir la proie des oiseaux, tous si friands de sa chair.

Ce n'est que pendant les premiers mois de son existence que le ver blanc risque d'être confondu avec des larves d'autres insectes. Pour le reconnaître, on se rappellera qu'il porte deux antennes à quatre articles dont l'avant-dernier dépasse le dernier en dessous par un prolongement en forme de dent.

Bien peu de gens se rendent un compte exact des dégâts que peuvent causer les larves du hanneton ; nous donnerons quelques exemples pour les édifier. Un pépiniériste déclare avoir perdu en deux ans plus de 50,000 plants de rosiers. Il estime que sur une pièce de terre de trois arpents, il y avait plus de 150,000 vers, c'est-à-dire plus de deux vers par plant.

Le directeur de la pépinière forestière de Versailles évalue à un million de plants de toute nature la perte subie de 1861 à 1862. Dans un département tel que la Seine-Inférieure, les dommages causés par les vers blancs atteignent près de 25 millions de francs en 1866. Dans le département de l'Aisne, dans les années à vers blancs, on récolte en moyenne 9,000 kilogr. de betteraves à l'hectare, tandis que dans les autres années l'hectare donne plus de 20,000 kilogr. de betteraves ; c'est plus de la moitié de la

Le hanneton et ses différentes transformations.
Ver blanc. — Chrysalide.

récolte qui disparaît, non pas sous la dent, mais sous les mandibules du ver blanc.

Pour combattre un tel fléau on a proposé une foule de moyens qui, somme toute, se résument à :

1° Protéger les animaux qui se nourrissent de vers blancs ;

2° Faire ramasser les vers blancs derrière les charrues ;

3° Placer dans le sol des substances capables de tuer le

ver blanc ou d'éloigner le hanneton au moment de la
ponte ;

4° Pratiquer le hannetonnage en grand.

Parmi les animaux sur lesquels on peut compter pour
détruire les vers blancs, il faut citer la taupe dont la voracité est un sûr garant des services qu'elle doit rendre, et
cependant quels pièges n'a-t-on pas inventés pour chercher
à se défaire de ce mammifère insectivore sous prétexte
qu'il bouleverse inconsidérément les plantations. Les vers
blancs eux ne bouleversent rien, ils dévorent tout !

Les corbeaux, les pies se jettent avec avidité sur les vers
blancs que la charrue a mis à découvert. Les moineaux
sont aussi de précieux auxiliaires car ils détruisent une
quantité considérable de hannetons pour en nourrir leurs
nichées. Mais le nombre des vers blancs que peuvent
détruire les oiseaux est bien limité, puisque tous ceux qui
restent enfouis dans le sol et ne sont pas amenés à la
surface échappent forcément à leur vue et par suite à leurs
atteintes; aussi est-il nécessaire que l'homme recherche
tous les moyens propres à anéantir des ennemis aussi
redoutables.

On réussit à en faire disparaître de grandes quantités en
faisant suivre les charrues par des femmes et des enfants
qui se contentent d'un faible salaire pour accomplir cette
besogne. Dans les terres infectées, on fait trois labours
successifs pour découvrir le plus de vers blancs possible.
Une femme ramasse facilement 20 kilogr. de vers blancs
par jour; le chiffre varie nécessairement suivant l'abondance de ces insectes.

En laissant au soleil les vers blancs ainsi recueillis, on
serait certain de les voir périr rapidement, car ils ne
résistent guère à l'action de ses rayons. Cependant, il ne
faut pas oublier qu'en les entassant les uns sur les autres
ceux qui sont placés au-dessous, préservés par leurs
frères, pourraient bien échapper à la mort et regagner leur
demeure souterraine. Le mieux est de les rassembler à peu
de distance de la charrue et de les gratifier d'un bon arro-

sage de lait de chaux ; ils serviront ainsi d'engrais, car ils renferment 7 °/₀ d'azote.

Les poulaillers roulants installés au milieu des champs rendraient également service ; malheureusement les œufs des poules qui absorbent trop de vers blancs prennent une saveur repoussante.

L'idéal serait de posséder une substance chimique qui, répandue en solution sur le sol, serait capable de tuer les mans ; la plupart de celles qu'on a préconisées sont insuffisantes ou dangereuses pour la végétation. Il faut excepter la naphtaline qui pourrait être employée avec avantage dans les jardins ou cultures maraîchères. On s'est assuré tout d'abord que ce produit n'entravait en rien la végétation : haricots, pois, choux, salades, fraisiers se développent normalement dans un terrain contenant des doses de naphtaline suffisantes pour amener la mort des vers blancs. Voici ces doses moyennes : en empoisonnant le sol avec 250 grammes de naphtaline par mètre carré, la destruction du ver blanc est radicale; on fait l'opération au printemps quand les larves commencent à se rapprocher de la surface du sol ; on a soin de faire pénétrer la naphtaline dans la terre en bêchant ou en hersant profondément ; en réduisant cette dose de 250 grammes à 125 grammes seulement par mètre carré, on arriverait encore à d'excellents résultats, ce qui n'entraînerait pas à une dépense de 0 fr. 50 cent. par mètre carré.

Gressent recommande d'enfouir des déchets de laine non débarrassée de son suint. L'action de la laine serait très favorable à la végétation et l'expérience lui aurait prouvé depuis longues années que partout où on enfouissait des déchets de laine en guise de fumier, les vers blancs disparaissaient pendant cinq années au moins.

Les plantes de la famille des crucifères jouiraient de la même propriété. Voici les conseils que donne à ce propos le *Nouveau Jardinier* : Tout le monde sait que les crucifères contiennent du soufre en plus ou moins grande quantité ; toutes, en se décomposant, exhalent une odeur très prononcée d'œufs pourris, causée par le dégagement de l'acide sulfhydrique (gaz hydrogène sulfuré). Ce gaz est pour les vers blancs un poison mortel, auquel ils ne résistent pas; tous les vers blancs seraient tués dans le sol, s'il était possible d'y faire circuler des courants de ce gaz. Partant de cette vérité que l'expérience lui avait fait découvrir, un jardinier de la commune d'Orsay (Seine-et-Oise) en a tiré parti pour préserver des atteintes du hanneton ses plantations de fraisiers. Dans tous les jardins de son voisinage il ne restait pas de fraisiers; les jardiniers de profession avaient abandonné la culture en grand du fraisier qui tenait une grande place dans leurs jardins; le ver blanc avait tout détruit. A Orsay, à Lozère, à Palaiseau, la culture du fraisier s'est réfugiée sur les pentes rapides des coteaux chargés d'une couche épaisse de débris pierreux provenant de l'exploitation d'anciennes carrières de pierre meulière. Dans ce sol, la femelle du hanneton ne peut creuser des trous pour opérer sa ponte; le fraisier qui donne la grosse fraise anglaise de qualité médiocre y réussit passablement; ailleurs, dans les terres qui lui conviennent le mieux, il est la proie du ver blanc; on y a renoncé.

Les carrés de jardin destinés à la culture du fraisier furent d'abord plantés en choux, choux-fleurs et choux de Bruxelles. C'était une année de grande abondance de vers blancs. Tous les autres carrés du jardin étaient criblés de trous percés par les hannetons femelles pour la ponte de leurs œufs; on n'en observait aucun dans les carrés cultivés en choux de toutes espèces, non plus que dans les carrés ensemencés en navets. Interrogez, par parenthèse, n'importe quel jardinier, il ne pourra vous dire qu'il ait jamais vu une racine de chou ou un navet rongé par le ver blanc. En automne, après l'enlèvement des choux, le sol fut ensemencé en colza, semé, selon l'expression du jardinier, épais comme du poil sur un chien. La graine de colza n'est pas chère, il n'y avait pas de raison pour la ménager. A l'approche des premiers froids sérieux, le plant de colza fut enterré par un labour soigné à la bêche, avec tout ce qu'il y avait de feuilles de chou et de trognons de chou grossièrement hachés par le tranchant de la bêche. Sur ce labour, le plant du fraisier fut mis en place et paillé abondamment avec du fumier long. Au printemps de l'année suivante, la fraisière cultivée à l'ordinaire végéta parfaitement; le ver blanc ne s'y montra pas.

Dans le jardin de M. S., à Orsay, une plantation de pommiers paradis avait été renouvelée sans succès; deux fois les vers blancs en avaient complètement dévoré les racines. Le sol fut ensemencé en colza auquel on ajouta avant de l'enfouir quelques brouettes de navets semés tardivement et atteints par la gelée. La plantation de pommiers nains fut rétablie pour la troisième fois; elle fut respectée du ver blanc.

Sans doute, par ce procédé, la destruction du ver blanc ne peut pas être complète; les œufs, non plus que les jeunes vers d'un an qui restent au fond du sous-sol, ne sont pas en contact avec les plantes crucifères en décomposition; mais tous les vers blancs de deuxième et de troisième année sont tués; il ne peut en échapper un seul. Quand une culture de plantes crucifères, choux ou navets, précède la plantation des fraisiers et que cette première culture est suffisamment soignée, le hanneton femelle ne peut y déposer ses œufs; les vers blancs, si le sol est sarclé assez souvent pour qu'il n'y croisse aucune mauvaise herbe, n'y trouveraient pas de quoi vivre; on est donc, autant que possible, débarrassé du ver blanc; la culture du fraisier redevient facile, elle ne l'est pas là où rien ne met obstacle aux ravages du ver blanc.

On fait observer qu'il y a tous les ans, dans tous les jardins potagers, une grande quantité de feuilles extérieures de choux qu'on jette au fumier, et de trognons de choux dont on ne tire aucun parti, parce qu'étant ajoutés au fumier, ils s'y décomposent trop lentement, ils sont même difficiles à brûler avec la mauvaise herbe et les fanes de pommes de terre, à moins qu'ils ne soient parfaitement secs. Tous ces débris, grossièrement hachés et enfouis dans le sol, sont éminemment propres à faire périr le ver blanc. Il n'est pas un jardinier qui ne puisse vérifier le fait par expérience directe. On conseille tout spécialement l'emploi de ce procédé de destruction aux jardiniers pépiniéristes, chez lesquels les mans commettent de déplorables dégâts.

Toutes ces précautions deviendraient superflues si on parvenait à décréter le hannetonnage universel. Il ne suffit pas en effet de faire hannetonner dans un canton ou un département, ni même dans tous les coins de la France ; il faut que la mesure soit encore plus générale et que les nations se concertent contre l'ennemi commun.

Depuis plus de trente ans, cette destruction est pratiquée sur une grande échelle en Suisse et en Allemagne. Dans le canton de Berne, par exemple, dès 1864, on détruisait en une seule année plus de 300 millions de hannetons et 600 millions de larves. Dans une circonscription de la Saxe, le chiffre des hannetons anéantis s'élevait, en 1868, à 1,600 millions.

En France, le hannetonnage est opéré régulièrement dans le bois de Vincennes, depuis 1860, par les soins de l'administration. En 1868, on en a détruit 12 millions. — Dans beaucoup de départements, grâce aux primes accordées à tous ceux qui se mettaient à l'œuvre, on arrivait à des résultats aussi probants. En 1867, dans le département de la Seine-Inférieure, on a récolté 1,150 millions de hannetons qui auraient produit plus de 20 milliards de larves capables de compromettre plus de 300,000 hectares.

La plupart des départements sont entrés depuis dans cette voie, et il y a tout lieu d'espérer que bientôt, grâce aux mesures prises universellement, on n'aura plus à enregistrer de désastres semblables à ceux qui, jadis, jetaient la désolation dans les plus riches contrées.

Quand on a réuni des masses considérables de hannetons, comme celles que nous venons de nommer, il s'agit

de faire périr les coléoptères et d'utiliser leurs cadavres.
— Pour les tuer on emploie l'eau bouillante, la vapeur, les
huiles minérales ou la naphtaline. Si on se sert de ce dernier produit, il suffira, les hannetons étant jetés dans
un tonneau, de les recouvrir de naphtaline à raison de
2 kilogr. pour 100 kilogr. d'insectes.

Plus tard, on fait une sorte de compost en les mêlant à
de la terre et en ajoutant un peu de chaux.

Il paraît que les hannetons ébouillantés, puis soumis à
la distillation sèche, fourniraient une bonne huile à brûler.

Terminons par la note gaie. Nous lisons dans Brehm :
Quant au bouillon fortifiant de hanneton recommandé au
convalescent, il n'est pas besoin d'attendre, pour le préparer, une des années favorables à ces insectes ; on en
trouvera toujours assez pour composer un délicieux breuvage ! Il y a cependant certaines personnes qui trouvent
dans le hanneton un régal délicat : le docteur Gastier,
ancien représentant du peuple, se délectait à manger ces
coléoptères qu'il épluchait comme des crevettes ; quand
revenait le printemps, on ne pouvait lui faire un cadeau
plus agréable que celui d'une boîte de hannetons vivants.

Il existe d'autres hannetons moins connus, nous
citerons :

Le Hanneton de la Saint-Jean,

plus petit que le hanneton ordinaire ; il a la tête et le
thorax noirs, les élytres brun-roux, tout le corps est
garni de poils. L'adulte seul nuit aux arbres fruitiers
dont il dévore les feuilles et les fleurs. La larve se nourrit de racines de légumes.

L'Anomale de la vigne.

C'est un autre coléoptère, sorte de petit hanneton vert
métallique qui, dans le midi surtout, s'attaque aux bourgeons de la vigne qu'il dévore.

CHAPITRE V

Coléoptères (suite)

Le Taupin.

Tout le monde a rencontré, en se promenant dans les champs, un petit insecte noirâtre, étroit, de forme cylindrique et long de dix à douze millimètres : c'est le taupin, ou scarabée à ressort ou toque-maillet. Une disposition toute particulière du sternum lui permet, en effet, quand il est sur le dos, de se lancer en l'air comme par l'effet d'un ressort.

Lorsqu'on examine attentivement les élytres, on reconnaît qu'ils ont chacun neuf stries longitudinales dont les intervalles sont garnis d'un fin duvet gris-jaunâtre.

La larve, qui a quelquefois plus de 20 millimètres de longueur, est mince et cylindrique, d'un jaune uniforme et brillant, couverte d'écussons cornés entre lesquels sont des poils raides. La forme et la rigidité des larves les ont fait appeler, par les Anglais, vers fil-de-fer. Elles rongent les racines des céréales et des légumes du jardin.

La Trichie française.

Les trichies font partie de ces coléoptères qu'on nomme scarabées de fleurs, car, à l'état parfait, la plupart des espèces vivent sur les fleurs, dont elles dévorent le pollen qu'elles savent récolter à l'aide des pinceaux de poils dont sont munies leurs mâchoires. — Les élytres sont à peine plus longs que larges, ne recouvrant pas tout l'abdomen dont une grande partie reste à découvert. Les trichies ne volent pas comme les cétoines vraies, dont les élytres restent appliqués contre le corps. Elles volent les élytres à demi relevés et les ailes inférieures membraneuses relevées.

Nous avons en France deux espèces de trichies très voisines l'une de l'autre que l'on trouve, sur les roses épanouies, endormies au milieu de la fleur embaumée. Elles ont le corselet noir, à bordure jaune et couvert de poils jaunes ; les élytres d'un gris jaunâtre avec trois bandes d'un noir de velours. Dans la trichie française, la plus petite des deux espèces et la plus commune aux environs de Paris, la première bande noire des élytres est incomplète et plutôt à l'état de tache que de bande.

Les trichies pondent leurs œufs dans les bois pourris où leurs larves se façonnent des galeries et où elles vivent trois ans Ces larves à tête roussâtre, au corps d'un blanc grisâtre, ressemblent un peu aux vers blancs du hanneton avec des pattes plus courtes. Pour se changer en nymphes, elles s'entourent d'une coque constituée par des parcelles de bois.

Les trichies peuvent nuire aux arbres à fruit, en dévorant les anthères au moment de la floraison, ce qui empêche les fruits de nouer.

Parmi les coléoptères qui s'attaquent au bois même des arbres, nous n'aurons guère à citer que le scolyte destructeur, car la saperde à échelons dont les larves creusent aussi des galeries dans le bois des arbres âgés (cerisiers, poiriers), est assez rare.

Le Scolyte destructeur.

Cet insecte fait partie des coléoptères xylophages ou mangeurs de bois. Ils s'attaquent aux végétaux ligneux, à l'orme principalement, dans lequel ils creusent de nombreuses galeries. Ces galeries sont de deux sortes : les unes, galeries maternelles, pratiquées par les femelles, sont pourvues d'excavations latérales secondaires destinées à recevoir chacune en dépôt un œuf unique.

Les autres, galeries de larves, sont des galeries nouvelles que les jeunes larves creusent à droite et à gauche de la galerie maternelle et qu'elles élargissent au fur et à mesure de leur accroissement.

Les scolytes et leurs larves attaquent de préférence les arbres languissants dont ils ne font que hâter la fin. Il semblerait qu'ils sont gênés, dans les sujets vigoureux, par l'exubérance de sève et l'accroissement rapide et continu des tissus qu'ils envahissent ; aussi le moyen le plus efficace de diminuer les ravages de ces insectes consiste à placer les arbres dans des conditions telles que la végétation conserve toujours la plus grande activité.

Le grand rongeur de l'orme n'a qu'un demi-centimètre de long. Le corps ovale oblong est brusquement tronqué en arrière. Les élytres et le corselet ont la même longueur ; les élytres sont de couleur marron avec six ou sept stries ponctuées ; le corselet, noir brillant, est aussi légèrement ponctué. La tête, petite et noire, rentre en partie dans le corselet.

Dès le mois de mai, les adultes se montrent en foule. Mâles et femelles se mettent à la besogne pour percer l'écorce : les premiers pour avoir un abri et humer la sève, les secondes pour pondre leurs œufs.

Les larves aussitôt écloses travaillent à leur tour avec acharnement jusqu'à l'automne. Elles passent l'hiver dans une loge qu'elles se sont aménagée, se transforment en nymphes au mois de mai et en insectes parfaits au mois de juin.

Par ce qui suit, tiré de Brehm, on aura une idée des ennuis que peuvent causer ces petits mineurs : « Ces scolytes s'attaquent aux ormes séculaires, et leur multiplication est telle qu'ils peuvent sillonner des fûts énormes d'un tel lacis de galeries qu'ils finissent par interrompre toute la circulation de la sève et amener la mort des arbres. Il y a vingt-cinq ans, les promenades publiques de Paris, les Champs-Elysées, les boulevards étaient plantés d'ormes aux colossales proportions dont il reste encore un magnifique représentant dans la cour d'honneur de l'Institution

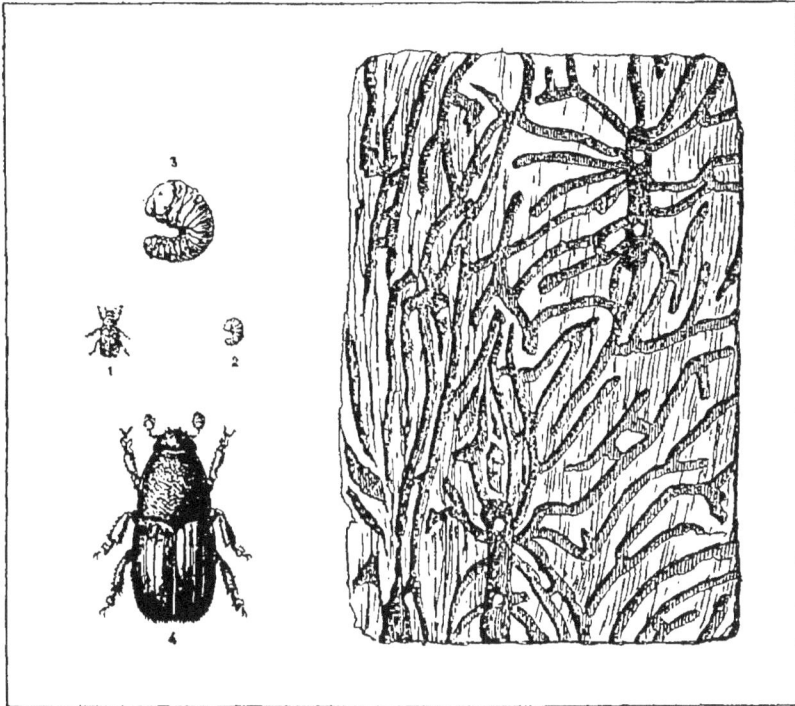

1 et 2. Scolyte destructeur et sa larve. — 3 et 4. Scolyte et sa larve grossis quatre fois.
Galeries des larves dans une pièce de bois.

Nationale des sourds et muets, rue Saint-Jacques. Ces arbres étant décimés, on s'ingénia à les sauver; M. Eugène Robert notamment, se basant sur l'influence mortelle de l'air sur les larves des scolytes, proposa comme remède un décorticage partiel; aux mois de juin, de juillet et même d'août, ils furent déshabillés jusqu'à la naissance des grosses branches à peu près comme des chênes-lièges, c'est-à-dire privés de leur rude écorce jusqu'aux couches tendres, puis enduits de coaltar pour empêcher la dessiccation par évaporation de la sève. Peu d'entre eux résistèrent à ce traitement énergique ; débarrassés de leurs innombrables ennemis, mais déjà décrépits, ils n'eurent pas la force de reconstituer une nouvelle écorce et périrent peu de temps après. »

CHAPITRE VI

Coléoptères utiles

L'homme est bien désarmé en face de tant d'ennemis. S'il réussit parfois à préserver ses récoltes de leurs atteintes, il faut avouer que, le plus souvent, il est obligé de compter sur les auxiliaires que la nature lui envoie pour le seconder dans ses efforts. Contre des adversaires si redoutables, et dont il ne peut triompher, soit parce qu'ils se multiplient en trop grand nombre, soit parce qu'ils échappent à sa vue, grâce à leur petitesse, ou à cause de leurs habitudes nocturnes, il fallait une armée d'alertes et vigoureux soldats toujours prêts à entrer en lutte et toujours avides de carnage.

Des coléoptères carnassiers, les carabiques, aidés de quelques autres amateurs de chair vivante, tous merveilleusement dressés pour le combat, nous fournissent cette armée.

Dans son livre si intéressant : « *Nos ennemis et nos alliés* », M. Mangin a tracé un tableau saisissant de l'œuvre accomplie par tout ce vaillant petit monde. Nous nous plaisons à le reproduire :

« Un enfant, dit-il, avait mis dans une boîte des hannetons, des chenilles et trois de ces jolis scarabées aux élytres d'un beau vert doré, aux antennes roussâtres, que l'on voit en grand nombre, au printemps, courir à travers les allées des jardins et les chemins poudreux de la campagne. La boîte était garnie à l'intérieur d'herbe et de feuillage, et le couvercle était percé de petits trous pour donner de l'air aux prisonniers. L'enfant la déposa en lieu sûr, et s'en fut jouer le reste de la journée. Le lendemain matin seulement, il songea à l'ouvrir. O désappointement ! les chenilles avaient disparu ; des hannetons il ne restait que les élytres, les pattes et quelques débris de téguments. Enfin l'un des trois insectes verts était déjà fort entamé, et ne se débattait plus qu'avec peine contre les deux autres, qui voulaient lui faire un mauvais parti. Pein de dépit et d'indignation l'enfant saisit les trois survivants les jette à terre de toute sa force et les écrase sous ses pieds. Il court aussitôt à son père, et lui conte l'aventure.

— Hein! père, disait-il encore tout ému, sont-ils méchants ces vilains scarabées ! Me manger mes hannetons, pour lesquels j'avais fait une si jolie voiture avec la dame de carreau du vieux jeu de cartes — tu sais que maman m'a donné ! — et mes chenilles, qui seraient devenues de beaux papillons ! Aussi, je les ai tués tout de suite, et chaque fois que je rencontrerai de ces bêtes-là, je les tuerai aussi !

— Garde-t'en bien, mon enfant, reprit le père : les hannetons, dont tu t'amuses, et les chenilles, qui se changent en beaux papillons, mangent les racines et les feuilles des plantes que notre jardinier cultive pour nous avec tant de peine : ce sont nos ennemis. Les insectes féroces, contre lesquels tu t'indignes et que tu veux exterminer, ne nous font aucun tort. Au contraire, ils nous rendent un grand service en dévorant les chenilles et les hannetons : ce sont nos amis. »

L'insecte vert doré dont il s'agit ici est vulgairement appelé jardinier ou jardinière, ou couturière, sergent, vinaigrier. Les personnes tant soit peu versées dans l'entomologie le connaissent sous son vrai nom de carabe doré. Il appartient à la terrible famille des carabides, que M. Blanchard qualifie « les animaux féroces de l'ordre des coléoptères. » Il détruit, dit le savant professeur, une foule d'animaux nuisibles aux cultures. « Aussi est-ce par erreur que les gens des campagnes écrasent l'un des insectes les plus utiles, que les cultivateurs auraient tant d'intérêt à multiplier. » Le hanneton est une de ses victimes ordinaires : non qu'il choisisse cet insecte de préfé-

rence à tout autre; mais ils vivent tous deux dans la
même saison et fréquentent les mêmes lieux ; de sorte
qu'ils se trouvent souvent en présence. Mauvaise rencontre
pour le hanneton. Le carabe lui ouvre l'abdomen avec ses
mandibules, fortes et tranchantes comme des cisailles, et
en tire les intestins. Le hanneton veut fuir ; mais son

Le carabe.

cruel ennemi ne lâche pas prise, et court derrière lui,
dévorant toujours les intestins, à mesure qu'ils sortent
de la plaie, jusqu'à ce qu'enfin l'infortuné hanneton, en
se débattant, se renverse sur le dos. Le carabe alors
achève tranquillement son horrible festin. Tous les autres
carabes sont aussi d'infatigables chasseurs et des carnassiers voraces ; les larves ont les mêmes appétits que les
insectes parfaits, et font surtout, comme ceux-ci, un
grand carnage de chenilles et de limaces.

Fait partie de la même tribu un gros coléoptère tout noir, dont les élytres ressemblent à de la peau de chagrin et qui est l'ennemi déclaré des mollusques. C'est le procruste chagriné. Quelques auteurs écrivent aussi procuste : le brigand fameux de l'Attique dont le nom a été donné à cet insecte féroce, a été appelé indifféremment Procrustès ou Procustès.

N'oublions pas les cicindèles, ces tigres des insectes, *Tigrides insectorum*, selon l'expression de Linné. Ce sont des carabides d'une activité et d'une agilité prodigieuses, puissamment armées pour l'attaque, revêtues pour la défense, d'une armure solide et brillante. Nous avons, en Europe, trois espèces de ce genre : la plus commune est la cicindèle champêtre, longue d'environ quatorze millimètres, d'un beau vert avec trois points blancs sur les élytres, dont les bords présentent en outre, ainsi que la tête et le corselet, des taches cuivrées à reflets éblouissants. Elle abonde au printemps, dans les endroits humides. Les deux autres espèces d'Europe sont la cicindèle hybride et la cicindèle germanique. Les larves de ces carabides sont particulièrement intéressantes. N'ayant pas encore revêtu la panoplie de l'insecte parfait, mal protégées par une peau tendre et mince, et pourtant douées d'un appétit des plus exigeants, elles suppléent par la ruse et par la patience à l'imperfection de leurs facultés physiques. Leurs pattes impropres à la course, sont heureusement très bien conformées pour fouir le sol. Elles creusent donc dans la terre des galeries cylindriques à peu près verticales, où elles se tiennent en embuscade, leur tête fermant exactemen l'orifice au ras du sol. Qu'une fourmi ou tout autre petit insecte vienne à passer sur la tête de la larve, celle-ci, au premier contact, se retire vivement en arrière : l'insecte tombe dans le précipice qui s'ouvre ainsi subitement sous ses pas ; il est saisi et dévoré en un instant ; après quoi la larve carnassière se remet à son poste dans l'attente d'une nouvelle proie.

Les enfants s'amusent fort, dans les campagnes, de sin-

guliers insectes qu'ils appellent des diables. Ce sont des
coléoptères incomplets, ayant un faux air de parenté avec
les forficules, bien qu'ils ne soient point pourvus de la pince
terminale qui caractérise ces orthoptères. Leurs élytres sont
tellement courtes (quelques auteurs font élytre du féminin),
qu'elles laissent l'abdomen tout à fait nu. « Il semblerait,
dit M. Boisduval, que la nature leur a refusé un habille-
ment complet, et ne leur a donné qu'une veste. » Leur tête
est grosse, leur corps allongé. Lorsqu'ils marchent ou
lorsqu'ils se croient inquiétés, ils redressent leur abdomen
dans une attitude menaçante ; mais ils sont pour l'homme
bien inoffensifs, et dangereux seulement pour les chenilles
et les autres insectes. On les appelait jadis les braché-
lytres, c'est-à-dire à élytres courtes. M. Em. Blanchard
a cru devoir changer ce nom en celui de staphylinides, en
prenant pour type de cette famille le genre staphylin,
dont l'espèce la plus commune aux environs de Paris est
le staphylin odorant. Cet insecte est entièrement noir ; si
l'on fait mine de le prendre, il se dresse sur ses pattes,
relève à la fois sa tête et son abdomen, écarte ses mandibules et exhale une odeur très forte et très désagréable.
Animal carnassier, vivant uniquement de rapine, il a la
hardiesse des êtres accoutumés à la lutte.

Quelques staphylins, tels que les st.-maxillosus et
hirsutus, sont nécrophages.

Les oxypores (même famille) mangent les bois pourris
et les cryptogames parasites des vieux troncs.

Les quédies vivent, en général, dans le fumier, où l'on
croit qu'elles font, surtout à l'état de larves, la chasse aux
larves de mouches. On en connaît une espèce de grande
taille, qui va dans les nids de frelons dévorer les larves de
ces hyménoptères.

Voici maintenant une famille de charmants petits coléoptères qui, par leur jolie parure, leurs dimensions minimes
et leur air innocent, ont dès longtemps conquis la sympathie universelle. Ce sont les bêtes à bon Dieu ou coccinelles. Les plus impitoyables tueurs ou collectionneurs

9

d'insectes se font scrupule d'attenter à la vie de ces frêles
créatures. Ils ont raison : les coccinelles sont nos alliées
contre une des pires engeances qui infestent nos jardins.
Telles que chacun les connait et les respecte, elle ne mangent guère; mais il n'en est pas ainsi de leurs larves.
Comme celles-ci ne brillent pas par l'élégance de la tour-
nure et la vivacité des couleurs, et qu'il importe de ne pas
les confondre avec des bêtes malfaisantes, je crois devoir
en donner à mes lecteurs le signalement exact. Elles ont à
peu près la forme des coccinelles adultes ; mais elles manquent d'ailes et d'élytres. Leur couleur est gris de plomb
avec une large tache jaune sur la tête, trois taches rouges
sur les côtés, puis d'autres taches noires et des pinceaux de
poils. Ces larves vivent sur les arbres et les arbrisseaux,
principalement sur les rosiers, où elles font un grand carnage de pucerons. Elles sont aux pucerons, troupeaux des
fourmis, ce que le loup est à nos troupeaux de moutons.

A ces divers coléoptères signalés par M. Mangin, nous
ajouterons : le drile flavescent, long de sept à huit millimètres, généralement noir, avec les élytres jaunes ; aux
environs de Paris on le voit fréquemment voler sur les
fleurs par les temps chauds ; les mâles seuls sont ailés.
Ils ont des antennes longues, pectinées au côté interne. La
femelle, trois fois plus grosse, est aptère (sans élytres ni
ailes), d'un jaune orangé ou rougeâtre, à segments poilus ;
elle ressemble à celle des lampyres, moins la phosphores-
cence. Sa larve, d'un blanc jaunâtre, porte à son extrémité
postérieure, une espèce de ventouse, à l'aide de laquelle
elle se fixe, comme une sangsue, sur la coquille des limaçons dont la chair lui sert exclusivement de nourriture.
On fera donc tous ses efforts pour acclimater cet insecte
dans nos jardins.

Le Lampyre commun ou ver luisant.

Le mâle, gris-brun se reconnaît aux deux taches vitreuses
de son corselet. La femelle, d'un blanc jaunâtre, porte der-

rière le corselet deux espèces de moignons qui sont les vestiges des élytres.

La larve se nourrit de petits mollusques. On la voit souvent passer sa bouche çà et là sur son corps pour le nettoyer et le débarrasser de l'humeur visqueuse dont il a été souillé.

Les Silphes.

Le plus remarquable par son instinct chasseur est le silphe à quatre points. Le corselet est noir bordé de jaune, les élytres jaunes portant chacun deux gros points noirs. — Il recherche les petites chenilles avec ardeur en voltigeant autour des arbres qui en sont couverts.

Le silphe noir, qui est des plus répandus, fait une chasse active aux limaces.

Les Calosomes.

Ces beaux coléoptères, de couleur métallique, nous rendent des services signalés en détruisant une grande quantité de chenilles principalement dans les bois de chênes.

Les deux espèces que l'on rencontre en France, le calosome sycophante et le calosome inquisiteur, sont malheureusement assez rares. — Cependant elles se montrent en grand nombre, certaines années, pendant les mois de mai et de juin. Si, dans un taillis de chênes infesté de chenilles processionnaires ou dévasté par les chenilles de tinéides, on secoue un des troncs, on verra probablement tomber quelques calosomes qui, après être restés quelque temps sous des feuilles sèches, s'élanceront de nouveau à la recherche de leur proie, en grimpant avec agilité le long d'un arbre ou en faisant usage de leurs ailes, car autant les carabes sont terrestres et marcheurs, autant les calosomes se plaisent à grimper ou à voler.

CHAPITRE VII

Orthoptères

COURTILIÈRE. — SAUTERELLE. — FORFICULE.

Les orthoptères (de *orthos*, droit et *pteron*, ailes) sont
des insectes broyeurs qui ont les ailes droites, les antérieures (pseudélytres) plus petites et plus résistantes que
les postérieures. Ces dernières sont finement reticulées et
plissées en éventail à l'état de repos. Ces insectes ne
subissent que des demi-métamorphoses ; nés avec leur
forme définitive sous une petite taille, ils prennent, à l'âge
adulte, les ailes, dont les rudiments seuls existaient
d'abord.

Cet ordre comprend diverses espèces nuisibles aux
végétaux que nous cultivons : ce sont les courtilières et le
perce-oreille ou forficule, les sauterelles et les criquets
qui font partie de la section des sauteurs.

La Courtilière.

La courtilière ou taupe-grillon est un grand destructeur
de nos cultures potagères. Le nom de cet insecte vient du
vieux mot français *courtil* qui veut dire jardin.

Il a un aspect peu agréable, rappelant de loin celui de
l'écrevisse dont la carapace ressemble au large corselet de
la courtilière. Ce qui attire surtout l'attention, c'est la
modification spéciale des premières pattes, qui rappelle
celle qu'on observe chez les taupes, parmi les mammifères. Ces pattes antérieures sont élargies et trapues, et

leurs tarses, aplatis et dentelés sur le bord, semblent des mains conformées en pelles. Les élytres rudimentaires couvrent à peu près le premier tiers de l'abdomen ; les secondes ailes sont repliées en filaments triangulaires qui dépassent les élytres. L'abdomen est terminé par deux filets courts. Ainsi organisées, les courtilières ne sauraient vivre à la surface du sol ; comme les taupes elles se creusent des galeries souterraines et se tapissent de distance en distance sous de petits monticules faits de la terre qu'elles rejettent. De là, le nom de taupe-grillon qui leur a été donné.

L'hiver, elles se réfugient dans une cavité souterraine communiquant au dehors par une galerie oblique ou verticale ; de là, au retour du printemps, ces insectes, sortant de leur torpeur, creusent leurs galeries dans toutes les directions, pour chercher leur nourriture. Les courtilières coupent sur leur passage toutes les racines que peuvent entamer leurs robustes mâchoires, elles ne se détournent que pour éviter les plus dures. On ne sait pas au juste si elles se nourrissent de ces racines, ou si, essentiellement carnassières, elles se frayent simplement leur route en les rongeant.

La ponte a lieu en juin et juillet dans une fosse à peu près cylindrique que la femelle creuse en terre à une profondeur d'environ 15 centimètres ; on trouve souvent jusqu'à 300 ou 400 œufs dans ces trous. Une galerie courte donne issue au dehors, et les petits, après avoir vécu quelque temps en société, sortent par là de leur berceau souterrain. Les courtilières naissent avec leurs formes définitives, sauf les ailes qu'elles ne prennent, dit-on, qu'à la troisième année. Les courtilières mâles font entendre la nuit un chant doux et faible. Ces insectes ne possèdent pas l'appareil sonore ou miroir qui caractérise les grillons. (FOCILLON).

Que les courtilières soient carnassières ou herbivores, elles n'en ravagent pas moins les racines des plantes et leur présence se révèle par l'aspect jaune et flétri des végétaux attaqués et par les petits monticules amoncelés à l'entrée de leurs galeries. Leurs dégâts sont considérables. On les détruit en versant du pétrole dans leurs trous et en plaçant au niveau du sol des vases pleins d'eau où elles se noient dans leurs courses nocturnes.

On lit dans Mangin que M. Gouet, sous-inspecteur des forêts, se trouva, en 1868, aux prises avec une véritable invasion de courtilières. « Le mois de mai, dit-il, ayant été très sec et très chaud, ces affreux orthoptères avaient de bonne heure recouvré toute leur activité, et je ne pouvais mettre un jeune plant en terre sans être assuré de le voir, après deux ou trois jours, se flétrir et se dessécher. Une de mes couches, destinée à élever de jeunes plants d'essences précieuses, était surtout préférée par cet insecte ; elle était percée à jour comme une écumoire. J'étais assez déconcerté, d'autant plus qu'un soleil brûlant conspirait pour compléter ma ruine. Afin de protéger contre ses ardeurs les quelques centaines de plants qui avaient survécu, je les faisais abriter le jour avec des paillassons qu'on enlevait tous les soirs. Un matin on oublia de les placer, et, comme on avait arrosé la veille, un d'eux resta jusqu'à onze heures ou midi sur le sol humide. J'allai le relever. La terre, sous la paille, était encore fraîche, tandis que tout autour elle était desséchée. Grand fut mon étonnement de mettre à découvert une dizaine de courtilières de la plus belle venue, qui, après un instant d'hésitation, se précipitèrent vers leurs galeries, me laissant à peine le temps d'en saisir et d'en écraser la moitié. J'avais trouvé le procédé que je cherchais. Immédiatement je fis arroser et recouvrir de paillassons trois ou quatre places bien choisies, aux extrémités et sur les côtés de ma couche. Une heure après je soulevais mes claies, avec plus de précaution cette fois ; sous chacune d'elles je découvrais bon nombre de courtilières. A la fin de la semaine, ma couche était complètement purgée de ces hôtes incommodes, et mes jeunes plants étaient sauvés. »

M. Gressent, ancien professeur d'horticulture, cite dans

son livre *Parcs et Jardins* un moyen aussi facile qu'efficace de détruire les courtilières et d'en dépoisonner un jardin très promptement : « Il suffit de prendre les nids. La courtilière, a l'habitude aussitôt la ponte faite, de couper une des plantes les plus rapprochées du nid : herbe, fleur ou légume. Aussitôt qu'on aperçoit une plante fanée, on cherche à son pied, avec le doigt, le conduit de l'animal ; on le suit jusqu'à l'endroit où il décrit un rond d'environ dix centimètres de diamètre. Vous avez le nid composé d'une motte de terre assez ferme et qui contient tous les œufs, souvent fort nombreux. En enlevant le nid avec précaution, et en nettoyant un peu sa place avec un petit instrument, on trouve le trou de la mère placé au-dessous ou un peu de côté ; on la prend alors à l'aide de l'ancien procédé qui consiste à placer une feuille roulée, trempée dans l'huile, à l'orifice du trou et à verser de l'eau dedans. La courtilière chassée par l'eau remonte, traverse la feuille huilée, et meurt aussitôt en contact avec l'huile. »

La ponte a lieu en mai et juin, quelquefois un peu plus tôt, un peu plus tard, suivant la saison.

La personne qui a indiqué ce moyen de destruction, l'a expérimenté avec succès. « J'avais acheté, écrit-elle, il y a quelques années, un jardin depuis longtemps mal soigné. On sème les gazons, on plante des massifs de fleurs ; quelques semaines après tout est détruit. L'année s'est passée ainsi, à semer et planter inutilement, quoique plusieurs personnes fussent occupées à chercher les courtilières. Le moyen de chercher les nids m'ayant été indiqué, la destruction a été rapide. Cependant, je ne manque pas chaque printemps de visiter tout le jardin : chaque plante coupée est signalée au jardinier. »

Comme toutes les choses excellentes, la recherche des nids de courtilières a rencontré de l'opposition de la part des praticiens.

« Un de mes amis (c'est Gressent qui parle) me disait un jour que ses melonnières étaient ravagées par les courtilières, que les pieds des melons avaient été remplacés plusieurs fois inutilement et qu'il ne récolterait rien. — Je lui ai indiqué le procédé ci-dessus, mais il revint le lendemain, me disant que son jardinier lui avait ri au nez à l'idée de chercher des nids de courtilières dans la terre. — Nous nous rendons dans la melonnière, où le jardinier nous apporte d'un air fort narquois, les objets nécessaires. En peu de temps, j'avais pris quatre ou cinq nids de courtilières, et l'air narquois du jardinier s'était changé en air stupide, il n'en pouvait croire ses yeux ! Mais je dois dire à son éloge que le brave garçon, convaincu par notre opération, après notre départ, s'est aussitôt mis, avec acharnement, à la recherche des nids de courtilières, la récolte a été sauvée et il en a détruit assez pour que leur action ne soit plus nuisible. »

Les Sauterelles.

Les insectes connus du public sous le nom de sauterelles, ont été séparés par les naturalistes en deux familles : les sauterelles vraies et les criquets. Les premières ont les antennes très longues, les secondes ont des antennes courtes et assez épaisses. De plus, la femelle des vraies sauterelles possède au bout de l'abdomen un oviscapte ou longue tarière à l'aide de laquelle elle enfouit ses œufs dans le sol. Cet appendice manque à la femelle des criquets.

Dans les vraies sauterelles, on doit ranger la grande sauterelle verte appelée à tort cigale dans le nord de la France et dans la fable célèbre de Lafontaine. (La cigale est un hémiptère dont le corps est large et épais et dont les pattes postérieures ne ressemblent en rien à celles de la grande sauterelle.)

On doit compter au contraire parmi les criquets ces petites sauterelles à ailes rouges ou bleues si répandues dans nos prairies.

La sauterelle vraie vit dans les prés, dans les champs.

souvent sur les arbres, dévorant les feuilles et les tiges des plantes. Elle occasionne ainsi des dégâts peut-être assez considérables ; mais cet orthoptère étant, dans tous les pays, peu nombreux comparativement aux criquets qui vivent de la même manière, leurs ravages ont presque toujours passé inaperçus. On lit même chez quelques auteurs que cet insecte n'est pas nuisible aux plantes culti- vées et qu'il nous rend plutôt des services, en dévorant des

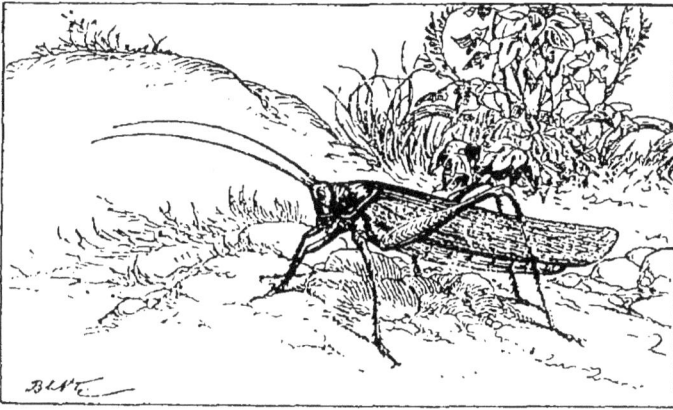

La sauterelle.

chenilles à la façon du grillon champêtre ; cependant M. de la Blanchère, la trouvant sur des branches de pom- miers et de cerisiers, dit qu'elle n'y est pas venue sans raison et pour regarder de plus haut les choses de la terre. De son côté, M. F. Charmeux, le célèbre vigneron de Thomery, près de Fontainebleau, écrivait au docteur Bois- duval : « Il y a à Thomery beaucoup de sauterelles vertes. Elles attaquent les grains de raisin avant la maturité, c'est-à-dire qu'elles rongent sur les grains la largeur d'une lentille. Ceux qui ont été entamés par cet insecte pourrissent, ce qui occasionne un grand dommage aux cul- tivateurs

« Cette sauterelle est très fine, elle vole peu et se cache pendant le jour derrière les feuilles avec lesquelles elle se confond par sa couleur, mais lorsqu'on s'aperçoit que quelques grains sont rongés, avec un peu d'habitude on est certain de la trouver dans le voisinage, sous une feuille où elle se tient immobile. Elle vit aussi, faute de raisin, aux dépens du feuillage de la vigne. » (MANGIN).

Ce n'est pas aux sauterelles proprement dites qu'il faut attribuer ce que l'on nomme les plaies ou invasions de sauterelles si redoutées en Egypte et dans tout le nord de l'Afrique, et que le midi de l'Europe a connues encore trop souvent. Au chapitre X de l'*Exode*, Moïse désigne une invasion de sauterelles (en hébreu *Arbeth*) comme la huitième des plaies dont Dieu frappa l'Egypte pour punir le pharaon de retenir les Israélites dans la vallée du Nil. Un vent d'Orient amena ces insectes dévastateurs, un vent d'Occident les enleva, lorsque la liberté de partir eut été accordée au peuple de Dieu.

Le Maroc, l'Algérie, Tunis, la régence de Tripoli, comptent presque périodiquement dans leurs annales des invasions de sauterelles; quelques-unes ont laissé un long et terrible souvenir de désolation et de misère. La France méditerranéenne a plusieurs fois dû conjurer par des mesures d'intérêt public un fléau du même genre, mais moins soudain et moins irrésistible. L'Italie, la Moldavie, la Valachie, la Russie méridionale, sont sujettes à ce même fléau qui s'abattit en Bessarabie sur l'armée de l'aventureux Charles XII. (FOCILLON, *Dictionnaire des Sciences*).

Lorsqu'une année ces orthoptères se sont exceptionnellement multipliés dans une contrée, après y avoir tout dévoré, ils émigrent ensemble en bataillons épais, semblables à des nuages. Ils se tiennent, dans leur vol, serrés les uns contre les autres au point de former une vaste nuée, interceptant, pour une grande partie du ciel, les rayons du soleil. Leurs ailes, en se choquant, produisent un bruit sourd et profond, semblable au roulement lointain du tonnerre. Lorsque cette nuée vorace s'abat sur un pays, en un instant tout en est couvert, et en quelques heures, toute trace de végétation est détruite ; alors la nuée dévastatrice reprend son vol, laissant derrière elle la famine absolue. Si les vents, les pluies viennent à les faire périr dans leur voyage, leurs cadavres s'amoncellent là où ils ont été frappés ; bientôt ils se putréfient, empestent l'air de leurs émanations impures et donnent souvent lieu à des maladies épidémiques.

On ne sait qu'opposer à un tel fléau, puisque détruire les envahisseurs est dangereux et que les chasser seulement n'est qu'un préservatif local. C'est là, sans contredit, une des plus cruelles afflictions que les animaux infligent aux hommes. Mais ce ne sont pas, malgré le nom vulgaire qui les désigne, de vraies sauterelles qui sont coupables de tant de maux, ce sont des orthoptères voisins, les criquets, dont la multiplication est infiniment plus active.

Les vraies sauterelles (locustiens) se montrent à l'état adulte, en France, vers le mois de juillet jusqu'à l'époque des premiers froids rigoureux. Les mâles, en frottant l'une contre l'autre les bases des deux élytres, produisent un bruit aigu qu'on nomme vulgairement chant des sauterelles et qui a pour objet d'appeler les femelles. Le calme et la chaleur semblent provoquer ce chant régulier et peu harmonieux ; c'est pendant les belles journées et les soirées chaudes de l'été et de l'automne qu'on l'entend surtout. Le chant des criquets est produit différemment par le frottement des cuisses des pattes postérieures contre les élytres ou les ailes.

Quand les femelles ont placé leurs œufs en terre, au fond des trous creusés par leur tarière, elles bouchent ces trous soigneusement. Après l'hiver les œufs se développent et les jeunes sauterelles paraissent au printemps à l'état de larves très semblables à l'insecte parfait, mais sans ailes. A la quatrième mue on voit paraître les ailes sous une membrane : c'est l'état de nymphe. La cinquième mue amène l'état parfait avec le complet développement des organes du vol (FOCILLON).

Nous citerons, outre la sauterelle verte, une autre espèce commune en France, la sauterelle porte-selle des vignes, nommée aussi sauterelle porte-cymbales. (Le corselet grand et rugueux se relève brusquement en arrière et s'infléchit en avant en forme de selle.) Elle est verdâtre, longue de 18 à 24 millimètres. La femelle a un chant comme le mâle. Son oviscapte ou tube servant à la ponte des œufs a 18 millimètres. On la trouve dans toute la France, sauf l'extrême nord; elle est surtout commune dans le midi et nuisible aux mûriers.

La Forficule ou Perce-oreille.

Il y en a de deux espèces, l'une grande de 14 millimètres, l'autre n'ayant que 7 à 8 millimètres de longueur. Tout le monde connaît cet insecte allongé dont l'extrémité postérieure est terminée par deux grandes pièces écailleuses, mobiles, formant une pince complètement inoffensive du reste.

Le grand perce-oreille a été frappé d'une proscription générale, soit en raison des torts qu'il cause dans nos jardins, soit parce qu'on a supposé qu'il s'introduisait dans l'oreille. Disons tout de suite que toutes les histoires qu'on a racontées sur les désordres causés dans le cerveau, par la présence du perce-oreille, sont de pure invention; si l'on doit admettre qu'un perce-oreille a pu s'introduire dans l'oreille externe d'un individu couché par terre — comme le ferait tout autre insecte — il faut dire aussi que la présence d'un hôte aussi incommode n'a pu être tolérée assez longtemps dans un endroit aussi sensible pour lui permettre de perforer le tympan, et, à supposer qu'il eût été perforé auparavant, l'anatomie de l'oreille prouve qu'il n'avait aucun moyen d'aller plus loin et de pénétrer dans le cerveau. Du reste, il n'existe dans la science médicale aucun fait de ce genre et M. le docteur Blanchet, médecin des sourds-muets, qui a fait à ce sujet un grand nombre d'expériences, qui a scruté avec soin ce que la pratique de ses devanciers et la sienne propre ont pu lui fournir de documents, n'en a pas recueilli davantage. Il faut donc rayer cette fable de l'histoire de l'insecte qui nous occupe.

Quant aux dégâts qu'il cause dans les jardins, ils sont sérieux. En effet, pendant la nuit, il dévore les jeunes pousses, les fleurs et les fruits. Il s'attaque particulièrement aux abricots, aux pêches, aux prunes dont il creuse toute la pulpe ; et même aux poires et aux pommes des espaliers et quelquefois des arbres en plein vent. Il fait aussi le désespoir des fleuristes parce qu'il se plaît à percer les boutons de l'œillet ; ce qui fait avorter la fleur et l'empêche de s'épanouir.

Il est difficile de donner la chasse aux forficules qui se dispersent aussitôt après leur naissance et ne vivent jamais en société. Bien des gens, qui n'ont jamais vu le perce-oreille se déplacer autrement qu'en marchant avec agilité, ignorent que cet insecte est pourvu d'ailes membraneuses très amples, quoiqu'elles soient très bien cachées pendant le jour : il s'en sert pour voler la nuit rapidement et à d'assez grandes distances.

Le meilleur moyen qu'on ait trouvé jusqu'à présent pour s'opposer à leurs ravages, c'est de leur fournir près des endroits qu'ils fréquentent, des retraites où, après leurs excursions nocturnes, ils puissent se réfugier à l'approche du jour : ainsi des paillassons, des pots à fleurs vides et renversés, des tuiles.

On en détruit beaucoup en attachant aux branches des arbres en espalier chargés de fruits mûrs, ainsi qu'aux baguettes qui servent de tuteurs aux œillets, des sabots de pieds de mouton ou de porc fraîchement tués ; ce genre de retraite est tout particulièrement du goût des forficules ; ces insectes s'y retirent après leur vol de la nuit ; on les y trouve blottis le matin.

On visitera aussi avec soin les troncs d'arbres, on enlèvera les fragments d'écorces qui sont détachés et qui leur servent de retraite. N'oublions pas non plus que les volailles en détruisent aussi un grand nombre et que les oiseaux leur font une guerre acharnée.

La forficule naine, petit perce-oreille se trouve fréquemment autour des fumiers. On la voit quelquefois le soir se brûler en venant voler autour de nos lumières.

Le nom de perce-oreille, qui a surtout été cause de l'antipathie générale que l'on a pour cet insecte, viendrait, selon quelques-uns, de la ressemblance que l'on a cru trouver entre les pinces qui terminent leur abdomen en arrière, et les petites pinces courbées dont se servaient autrefois les orfèvres lorsqu'ils voulaient percer le lobe inférieur de l'oreille, pour y introduire des boucles d'oreilles, et qu'ils appelaient perce-oreilles (Focillon).

CHAPITRE VIII

Névroptères

AGRIONS. — HÉMÉROBES. — LIBELLULES.

L'ordre des névroptères, auquel appartient un des plus beaux et des plus élégants insectes de notre pays, la libellule ou demoiselle, ne nous fournit que des auxiliaires pour combattre les nombreux ennemis de nos jardins. Aussi croyons-nous devoir les signaler, pour que leur vie soit respectée au même titre que celle des oiseaux insectivores. Ces insectes sont remarquables par leurs ailes transparentes à fines nervures, formant un réseau plus ou moins serré.

Ce sont : l'agrion, l'hémérobe et la libellule.

Les Agrions

se distinguent des libellules par leurs ailes perpendiculaires dans le repos et par l'élargissement transversal de leur tête dont les yeux sont fort écartés. L'abdomen, menu et filiforme, est parfois très long et porte à son extrémité, chez les femelles, des lames en scies.

Les principales espèces sont :

L'Agrion vierge,

long de 7 à 8 centimètres, d'un vert doré ou bleu vert, dont l'éclat rappelle une bobine de soie, les ailes supérieures bleues ou marquées au milieu d'une large bande bleue ou brun jaunâtre.

L'Agrion jouvencelle ou fillette,

moitié plus petit que le précédent. d'un éclat soyeux comme lui, mais offrant dans sa coloration une grande variabilité.

Ces deux espèces sont très communes en France, pendant l'été, sur les plantes aquatiques et dans les prairies au voisinage des eaux douces. Elles passent leur vie à tuer les mouches, les papillons et les larves.

Les Hémérobes

(du grec *emera*, jour et *bioô*, je vis, qui vit un jour; ces insectes ne vivent en effet que peu de jours) sont de fort olis insectes ordinairement de couleur verte, dont les ailes ont la finesse et la transparence de la gaze. Leur corps vert a quelquefois une teinte d'or. Les femelles pondent sur les feuilles dix à douze œufs ovales, fixés sur un pédicule, ce qui les fait ressembler à un petit champignon.

On les trouve fréquemment dans les jardins.

Les larves, semblables à celles des fourmilions, sont plus allongées et vagabondes. Elles se nourrissent de pucerons, surtout sur les rosiers, ce qui leur a fait donner par Réaumur le nom de lions des pucerons.

L'hémérobe perle des jardins a 15 millimètres de long.

La brièveté de l'existence des hémérobes fait penser aux éphémères qui font partie du même ordre. Mais comme ils ne vivent que sur le bord des étangs, ils n'ont point à nous occuper ici.

Les Libellules

sont remarquables par leur forme svelte et élégante et leurs couleurs agréables et variées. La tête est armée de deux mandibules très fortes, écailleuses et dentées, qui servent à ces carnassiers pour déchirer les mouches et les autres insectes qu'ils attrapent au vol et dont ils font leur nourriture.

La femelle pond ses œufs sur des plantes aquatiques

Libellule.

peu élevées. La larve, qui ressemble beaucoup à l'insecte parfait privé d'ailes, est tout aussi féroce que lui ; elle se nourrit principalement de petits mollusques. Pour respirer elle introduit par l'anus dans son intestin une certaine quantité d'eau qu'elle rejette violemment si elle est attaquée.

10

CHAPITRE IX

Hyménoptères

Guêpes. — Fourmis.

Le vulgaire les appelle des mouches, aussi bien que les vraies mouches qui appartiennent à l'ordre des diptères et qui n'ont qu'une paire d'ailes, alors que les hyménoptères ont deux paires d'ailes membraneuses bien développées. Ce sont des insectes lécheurs dont la bouche est armée non seulement de mandibules et de mâchoires destinées à broyer les substances solides, mais aussi d'une languette membraneuse, souvent longue et filiforme ou évasée à son extrémité, qui leur permet de lécher ou de pomper les liquides.

Ils ont été partagés en deux sections : les porte-aiguillon et les térébrants.

Les porte-aiguillon ou vulnérants ont, comme le nom l'indique, l'abdomen pourvu d'un aiguillon venimeux, rétractile chez les femelles et les neutres. Soumis à des métamorphoses complètes ils ont des larves qui sont dépourvues de pattes ; molles et inertes, elles ont besoin de soins extrêmes ou d'heureuses circonstances pour se développer, aussi trouvons-nous dans les abeilles et les fourmis un instinct maternel vraiment merveilleux.

Les Guêpes.

A côté des abeilles que chacun respecte, il y a les guêpes que tout le monde traite en ennemis et cherche à détruire. Si on leur fait une guerre acharnée, c'est non seulement parce qu'elles nous mangent nos raisins, mais aussi et surtout parce que l'on redoute leurs piqûres qui sont toujours douloureuses, quand elles ne sont pas dangereuses. La piqûre cause en effet presque toujours une douleur vive, comparable à celle d'une brûlure. — Souvent les phénomènes inflammatoires s'exagèrent et le gonflement gagne en étendue ; cette complication qui n'a qu'une importance secondaire aux diverses régions de la surface cutanée, devient l'origine d'accidents graves lorsque les piqûres siègent au voile du palais ou à la gorge. Dans des cas exceptionnels on a vu une ou deux piqûres causer un véritable empoisonnement et même déterminer la mort, fait inexplicable autrement que par l'état maladif antérieur des blessés.

Si les piqûres étaient très nombreuses, comme on a vu le fait se produire chez des paysans qui avaient inquiété sans discernement ces insectes, les accidents généraux qu'on observe sont ceux que l'on constate après les morsures des serpents, ils résultent de l'intoxication par le venin déposé et de son action sur le système nerveux (frissons, vomissements, syncope).

On ne saurait donc trop recommander aux enfants, qui parfois mangent gloutonnement et sans regarder ce qu'ils avalent, de se méfier des fruits que les guêpes recherchent et de ne pas mordre à belles dents dans les grappes de raisin, mais au contraire de porter les grains un à un dans leur bouche.

Les guêpes vivent en sociétés nombreuses composées de mâles, de femelles et de neutres appelées aussi ouvrières. Ces sociétés ne sont pas permanentes comme celles des abeilles ; au printemps une femelle qui a passé l'hiver dans quelque trou commence à édifier son nid, c'est-à-dire quelques-uns des gâteaux d'alvéoles qui le constituent, y pond ses œufs et soigne les larves. Celles-ci, lorsqu'elles sont arrivées à l'état parfait (ce ne sont en général que des ouvrières), aident à agrandir le guêpier et à élever d'autres larves d'où sortent à l'automne les jeunes mâles et les jeunes femelles. Au moyen de feuilles mortes, de parcelles de vieux bois, d'écorces qu'elles détachent avec leurs mandibules, qu'elles réduisent en une espèce de pâte (une sorte de papier grisâtre), elles construisent un nid à l'intérieur duquel sont disposés des rayons comprenant un seul rang de loges hexagonales.

Il y a plusieurs espèces de guêpes :

La Guêpe commune,

qui construit en terre des demeures très vastes, situées quelquefois à un mètre de profondeur ; à mesure que le nombre des jeunes s'accroît, le nid s'augmente de nouvelles cellules fabriquées par les ouvrières de la colonie ; il est entouré de plusieurs enveloppes papyracées.

La Guêpe des bois ou Sylvestre,

plus petite que la précédente, est noire et tachetée de jaune ; elle attache son nid aux branches des arbres.

Le Frelon

se distingue de la guêpe par la coloration rousse de la partie antérieure de son corps et par sa taille beaucoup plus grande ; il établit ordinairement son nid dans les vieux troncs d'arbres, sous forme de rayons superposés et attachés les uns aux autres.

La Poliste française,

noire avec des taches et antennes jaunes (abdomen étranglé à son origine), particularité qui la distingue des espèces précédentes, construit, sur les branches des arbustes peu élevés, son petit nid composé de 50 cellules tout au plus.

Il y a enfin les guêpes solitaires dont les unes,

L'Odynère,

creusent un trou dans la terre, y déposent leurs œufs avec une provision de nourriture, puis en ferment l'entrée.

Les autres,

L'Eumène pomiforme,

fabriquent avec de l'argile une petite capsule sphérique dans laquelle est déposée la ponte.

La guêpe des bois trouve parfois qu'il est préférable de venir s'installer dans nos habitations, estimant qu'on y est plus à l'abri des intempéries que sous un arbre. Témoin le fait suivant : J'habitais la campagne depuis un an. Je n'avais trouvé à louer qu'une vieille maison que la pioche des démolisseurs n'a pas tardé à faire disparaître. L'escalier qui conduisait à la cave était éclairé par une petite fenêtre délabrée ; plusieurs fois, en passant, j'entendais et je voyais, sans m'en préoccuper du reste, des guêpes voler dans le voisinage de cette espèce de lucarne. Un jour, pourtant, j'eus la curiosité de rechercher l'ouverture par laquelle ces insectes pénétraient et en même temps ce qu'ils pouvaient bien venir faire dans ce réduit. Je découvris alors dans un des angles supérieurs de l'embrasure, en dedans de la fenêtre, une masse grisâtre, à surface convexe, ayant la grosseur d'une tête d'enfant environ. N'ayant jamais vu de nid de guêpe, je ne reconnus pas tout d'abord ce que j'avais sous les yeux. Pendant que j'essayais à diverses reprises de le toucher avec précaution, l'idée me vint que cela ne pouvait guère être autre chose qu'un nid de guêpes. Je me promis d'attendre la saison froide, alors que les guêpes sont engourdies, pour m'emparer de l'objet. En effet, le moment venu, muni d'un couteau à longue lame, je le passai à plat entre le nid et les parois auxquelles il adhérait. Je le recueillis ainsi dans son entier et l'offris à une de nos amies qui, après l'avoir fait enfermer dans une cage de verre, le conserve dans sa collection d'histoire naturelle. Je dois ajouter que tous les hôtes du nid avaient disparu.

Pour se débarrasser des guêpes, il faut échauder le guêpier. Nous avons vu que la guêpe commune établissait son nid dans la terre. Il n'est pas toujours très facile d'en reconnaitre l'emplacement, souvent assez éloigné du jardin où les guêpes viennent faire le dégât ; on y parvient néanmoins en observant assidûment leurs allures. Alors, à la nuit close, on verse de l'eau bouillante dans le guêpier ; toutes les guêpes sont tuées pendant leur sommeil. On doit bien se garder de faire de telles exécutions le soir, alors qu'il reste encore un peu de lueur de crépuscule ; les guêpes, réveillées dans leur premier sommeil ne seraient pas toutes atteintes ; celles qui survivraient feraient payer cher à l'ennemi, par de sévères piqûres, la destruction de leur colonie.

Quand le guêpier est trop éloigné et qu'on ne parvient pas à le découvrir, on place de distance en distance, au pied des espaliers chargés de pêches mûres et de raisins prêts à mûrir, deux planchettes posées debout très près l'une de l'autre et enduites de miel. Quand on les voit suffisamment garnies de guêpes que le miel ne manque jamais d'attirer, on rapproche brusquement les deux planchettes et les guêpes sont écrasées en grand nombre d'un seul coup. L'opération est sans danger si on prend la précaution de mettre des gants et de se couvrir la figure d'un linge. On peut aussi employer des fioles remplies d'eau miellée dans lesquelles les guêpes viennent se noyer.

Quand on a été piqué par des guêpes ou des abeilles, on peut employer pour diminuer la douleur et faire dissiper l'enflure, soit de l'eau contenant un quart d'ammoniaque ou alcali volatil, soit une solution phéniquée au cinquantième.

Les Fourmis.

Une esquisse sur les mœurs générales des fourmis, tirée de l'*Atlas de poche des Insectes de France*, de Dongé, mettra promptement le lecteur au courant du genre de vie de ces curieux insectes.

Les fourmis se nourrissent seulement de liquides qu'elles lèchent; sève des plantes, jus des fruits, sécrétion des pucerons, humeurs des cadavres d'insectes et de petits animaux, constituent leur nourriture; elles déchirent avec leurs mandibules les tissus contenant des sucs qu'elles croient devoir leur convenir et absorbent le suintement produit par la déchirure; les larves se nourrissent des mêmes aliments, apportés dans le jabot des ouvrières et dégorgés dans leur bouche; elles reçoivent en quelque sorte la becquée. Les mandibules des fourmis ne constituent donc pas des appareils de mastication; ce sont des outils qui servent d'armes à l'occasion. Ces insectes apportent à la construction de leur demeure des soins infinis et s'y montrent d'une habileté remarquable, établissant des séries de salles, soutenues par des piliers, desservies par des couloirs de dégagement, des galeries communiquant avec l'extérieur, etc. Les chambres servent chacune à un usage particulier : dans les unes sont les œufs; dans les autres les larves, les femelles fécondes, etc. Quant aux graines qu'on croyait amassées pour la mauvaise saison, leur existence en tant que provisions est absolument controuvée, et il paraît établi aujourd'hui que les fourmis ne les transportent à leur demeure, avec l'activité que l'on sait, que dans le but de les utiliser comme matériaux de construction; en effet, une partie des habitants d'une fourmilière meurt à l'entrée de l'hiver, et ceux qui restent vivants à cette époque, tombant en léthargie jusqu'au printemps suivant, n'ont pas besoin pendant ce laps de temps de prendre de nourriture. Toutefois, une espèce méridionale, la fourmi moissonneuse, qui reste active durant toute l'année, enmagasine en vue de sa subsistance, à l'époque où elles sont communes, les graines qu'elle ne pourrait trouver pendant les mois d'hiver; ces graines, par suite de l'humidité du sol, germent et fermentent, fournissant les sucs recherchés des fourmis.

Les fourmilières sont habitées par des ouvrières, par quelques femelles, et à certaines époques par des mâles. Les ouvrières sont des femelles infécondes; elles donnent aux larves les soins nécessaires, les nourrissant, les léchant, les transportant le jour au sommet de la fourmilière, sur laquelle le soleil frappe, et les descendant le soir dans les galeries profondes où la fraîcheur de la nuit ne se fera pas sentir; elles ramassent les œufs des femelles, réparent et agrandissent l'habitation, la consolident et la défendent; en un mot, elles font tout le travail de la fourmilière. Pendant ce temps, les femelles se promènent dans les galeries, en pondant çà et là des œufs aussitôt recueillis; ces femelles sont nourries par les ouvrières, mais retenues captives; leurs allées et venues sont surveillées et, si elles sortaient de la demeure, elles seraient aussitôt saisies et ramenées au logis.

Les œufs sont humectés de salive et donnent naissance au bout d'une quinzaine de jours à des larves blanches, sans pattes et si délicates, qu'elles ne pourraient vivre sans les soins continuels que leur prodiguent les ouvrières; ces larves se filent une coque, s'y transforment en nymphes et en sont tirées par les ouvrières qui déchirent la coque quand le moment est venu; ce sont ces coques que l'on appelle improprement « œufs de fourmis. »

On trouvera dans le livre d'E. André, *Les Fourmis* (Bibliothèque des merveilles), d'amples et curieux détails sur la vie intime des fourmis, la construction de leurs nids, les combats qu'elles livrent, les expéditions qu'elles entreprennent pour se procurer des esclaves, leur amour

Les Fourmis. — Coupe d'une fourmillière.

pour les pucerons, etc... Nous verrons dans la suite que
le puceron est un de nos plus redoutables ennemis, tout
ce qui le concerne doit donc nous intéresser particulièrement, c'est pourquoi nous reproduirons en grande partie
le chapitre que l'auteur consacre à ce qu'on a appelé les
mœurs pastorales des fourmis et qui n'est autre chose que
l'élevage des pucerons pratiqué méthodiquement par les
fourmis.

Un spectacle bien fait pour détruire l'idée mesquine
qu'on se forme en général de la fourmi, c'est, dit-il, celui
de ses mœurs pastorales, décrites avec plus ou moins de
détails par tous les auteurs qui se sont occupés, de près
ou de loin, de son genre de vie. Si étrange que cela puisse
paraître, beaucoup de fourmis ont en effet leurs vaches à
lait qu'elles soignent et qu'elles traient, leurs troupeaux
qu'elles renferment dans des étables spéciales, qu'elles
considèrent comme leur propriété, qu'elles défendent
contre leurs ennemis et dont elles attendent en retour le
breuvage sucré qui fait partie de leur alimentation, quand
il ne la compose pas d'une façon exclusive.

Ce bétail précieux, approprié à leur taille et à leurs
besoins, consiste principalement en pucerons et en gallinsectes.

Tout le monde connaît les pucerons, et certaines espèces,
qui s'attaquent à nos plantes d'ornement, à nos arbres
fruitiers ou à nos vignobles, ont même acquis une trop
grande notoriété par les dégâts qu'ils occasionnent. On
sait aussi que leur nourriture est empruntée à la sève des
plantes, qu'ils sucent avec leur trompe acérée, et que ce
sont ces piqûres, multipliées par le nombre des buveurs
insatiables, qui épuisent le végétal et arrivent parfois à le
faire périr. De temps en temps, le liquide ingéré et trans-
formé par la digestion, sous l'influence des glandes intestinales, en un sirop clair et sucré, est expulsé par l'ouverture anale de l'insecte, sous forme de gouttelette que le
puceron lance au dehors par un mouvement ressemblant,
selon l'expression d'Huber, à une espèce de ruade. C'est

cette goutte sucrée qui constitue le lait des fourmis, et nous verrons tout à l'heure les manœuvres qu'elles emploient pour se la faire octroyer. La plupart des pucerons portent aussi, à l'extrémité de l'abdomen, deux espèces de cornes d'où sort, à certains intervalles, une gouttelette d'une liqueur particulière et visqueuse. La plupart des observateurs avaient cru voir dans cette matière le principal, sinon l'unique nectar recherché par les fourmis, mais les études plus précises du Dr Forel ont démontré que leur véritable aliment consiste dans les déjections anales des aphidiens, et que si elles lèchent parfois le liquide qui s'échappe des appendices abdominaux, c'est à titre accessoire et accidentel.

Les gallinsectes, qui appartiennent, ainsi que les pucerons, à l'ordre des hémiptères, offrent, comme leur nom l'indique, l'apparence de petites galles ou d'excroissances végétales, dues à la forme de leur carapace et à la manière dont elle est appliquée et, pour ainsi dire, soudée à la surface du tronc ou de la feuille qui les nourrit. Ces gallinsectes ou coccides sucent également la sève des plantes, et rejettent aussi par l'anus un résidu sucré que les fourmis recueillent avec délices.

Voilà donc deux catégories d'animaux domestiques utilisés par les fourmis dans une large mesure, et qui représentent chez elles les chèvres et les vaches de nos métairies. Mais, de même qu'il y a vache et vache, il y a puceron et puceron, et la variété en est encore plus grande que chez la race bovine, de sorte que les fourmis n'ont, à cet égard, que l'embarras du choix. Il est vrai que tous ne leur présenteraient pas les mêmes conditions d'utilité, et que nos petits pasteurs savent discerner les espèces les plus appropriées à leur taille, à leurs habitudes et à leur genre de vie. Le gros bétail est préféré par les fourmis d'une certaine stature ; les races naines garnissent les étables des plus petites espèces, sans cependant que le volume des animaux domestiques soit toujours en raison directe de la grandeur de leurs propriétaires. Les coureuses d'aventures s'accommodent des pucerons des troncs, des branches ou des feuilles, qu'elles vont souvent traire sur place, sans se donner la peine de leur construire des abris; les tribus casanières et lucifuges apprécient ceux des racines, et vont les chercher en creusant des galeries souterraines dans diverses directions. Chacun enfin consulte ses convenances, et la gent puceronne est assez variée pour satisfaire tous les goûts.

Si les fourmis étaient obligées d'attendre le bon plaisir des pucerons et de guetter la sortie naturelle de la goutte liquide, elles perdraient beaucoup de temps et leur impatience naturelle s'accommoderait mal de cet état de choses. Mais, quand je me suis servi tout à l'heure de l'expression de traire, j'ai employé le mot propre, avec cette restriction toutefois que, dans le cas qui nous occupe, c'est le puceron qui offre lui-même son lait, sur le désir manifesté par les solliciteuses.

Quand une fourmi éprouve le besoin de boire, elle choisit son puceron et lui fait comprendre, en lui touchant délicatement l'abdomen par des mouvements très vifs et alternatifs de ses deux antennes, qu'il ait à lui servir son repas. Le puceron aussitôt fait sortir la gouttelette désirée, et la fourmi, après l'avoir absorbée, va recommencer le même manège auprès d'une autre vache laitière, puis d'une troisième et ainsi de suite, jusqu'à ce qu'elle soit rassasiée. Il est rare que les pucerons refusent le nectar réclamé, et ce cas n'arrive guère que lorsqu'ils sont épuisés par des sollicitations trop fréquentes; il leur faut alors un certain temps de repos pour pouvoir se prêter à une nouvelle traite. On a remarqué que la sortie du liquide sucré ne se fait pas de la même manière quand il est offert aux fourmis ou quand il est rejeté naturellement. Dans le premier cas, la goutte est présentée délicatement, tandis que, dans le second, elle est expulsée par un mouvement brusque, et projetée assez loin sur les feuilles environnantes.

Il est probable que la visite des fourmis doit être

agréable aux pucerons, et que ce n'est pas seulement par soumission et par obéissance qu'ils se prêtent ainsi aux désirs de ces dernières. Cependant il est bien difficile de se prononcer à cet égard, et surtout de se rendre compte de la nature de la satisfaction qu'ils peuvent retirer de leurs rapports avec elles. Darwin, ayant essayé d'imiter les caresses antennales, en chatouillant très légèrement des pucerons de l'oseille avec un cheveu fin, n'obtint aucun résultat, tandis qu'une fourmi, qui vint immédiatement après, fut au contraire pleinement satisfaite. Le grand naturaliste n'avait probablement pas su faire vibrer la corde sensible, et le puceron était resté sourd à ses sollicitations.

Si toutes les fourmis se bornaient à aller traire leur bétail sur place, sans faire à son égard acte de propriétaires et de maîtres attentifs, elles ne mériteraient pas le nom de peuple pasteur que leur a donné Huber. Aussi, là ne se bornent pas leurs relations avec leurs vaches laitières, et beaucoup d'entre elles construisent, comme je l'ai déjà dit, des étables pour renfermer ces animaux précieux et s'en réserver complètement les produits. Mais l'internement des pucerons n'est pas aussi aisé à réaliser qu'on pourrait se le figurer tout d'abord. S'il ne se fût agi que de les prendre un à un pour les transporter dans l'une des cases de la fourmilière convertie en étable, la chose eût été facile ; mais comment nourrir celles de ces bestioles qui sucent la sève des plantes vivantes, en se fixant aux feuilles ou aux jeunes rameaux plus ou moins élevés. Il semblait y avoir, sous ce rapport, incompatibilité absolue entre le logis souterrain des fourmis et la demeure aérienne nécessaire aux pucerons. Le problème a été cependant résolu par nos intelligents pasteurs, experts à tourner les difficultés. Si un arbuste à pucerons existe à côté de la fourmilière, les architectes construisent le long de sa tige des galeries maçonnées, enfermant complètement les pucerons et communiquant par la base avec l'habitation souterraine. C'est ainsi qu'agissent souvent certains lasius et la plupart des myrmica.

Dans le cas où aucune plante à pucerons n'existerait dans le voisinage immédiat de la fourmilière, un tunnel ou un chemin couvert va rejoindre l'arbre le plus voisin et se continue par une galerie verticale surmontée ou non d'un pavillon. Parfois même les fourmis se contentent d'entourer leurs animaux préférés d'une case aérienne, sans galerie de communication avec le sol, et munie à sa base d'une petite ouverture pour l'entrée et la sortie des propriétaires. Ces pavillons, isolés ou non, placés souvent à 20 ou 30 centimètres au-dessus du sol, sont ordinairement traversés par la tige de la plante qui les supporte, et les feuilles voisines sont utilisées pour en constituer la charpente.

Le lasius brunneus, qui creuse ses galeries dans les troncs d'arbres, a adopté pour son usage de gros pucerons vivant sur l'écorce de sa demeure, et qu'il lui suffit d'enfermer sur place dans des loges formées de débris végétaux, pour les avoir constamment à sa disposition. Il a le plus grand soin de ses troupeaux et, dès que leur sécurité est menacée, on le voit se hâter de les transporter ou de les conduire à l'abri du danger. Mais ces pucerons ont une énorme trompe, souvent enfoncée profondément dans l'écorce de leur arbre nourricier, et rien n'est plus amusant que de voir, en cas d'alerte, les lasius tirer de toutes leurs forces les malheureuses bêtes, dont le suçoir engagé ne sort que difficilement de son trou et menace de se rompre sous les efforts trop brusques de leurs maîtres alarmés.

Le diplôme d'honneur pour l'élevage du bétail appartient de droit aux lasius jaunes, en raison des soins tout particuliers dont ils entourent leurs animaux nourriciers. Vivant en reclus, fuyant la lumière, et ne sortant presque jamais de leur nid, ces lasius, qui n'ont pas, comme leurs congénères, la ressource de la chasse ou de la maraude, se nourrissent uniquement du lait de leurs troupeaux. Encore leur fallait-il des animaux pouvant se contenter comme eux d'une existence souterraine, car leurs instincts casa-

LES PUCERONS ET LES FOURMIS. — Fourmi trayant un puceron (très-grossi).

niers se seraient mal accommodés d'une vacherie éloignée de leur demeure. Heureusement il existe des pucerons qui, pendant toute une partie de leur vie, s'attachent aux racines, à l'intérieur du sol, et c'est parmi cette population radicicole qu'ils choisissent leur bétail ordinaire. Creusant des canaux à droite et à gauche, les mineurs ont bientôt rencontré quelques-uns de ces habitants des ténèbres. Ils s'en emparent et, si la racine qui les nourrit est trop éloignée du centre de la fourmilière, ils les transportent délicatement sur celles qui traversent directement leurs galeries. Là, les pucerons trouvant à la fois la table et le logement, prospèrent et assurent ainsi à leurs propriétaires le liquide alimentaire qui leur est indispensable.

Mais ce n'est pas seulement aux pucerons eux-mêmes, pouvant leur procurer un bénéfice immédiat, que les lasius flavus prodiguent leurs soins ; les œufs et les pupes de ces êtres aimés sont aussi l'objet de leur sollicitude, et ils les lèchent, les nettoient et les transportent d'un lieu dans un autre, comme s'il s'agissait de leurs propres enfants (E. André.

Outre les fourmis jaunes dont il vient d'être longuement question, indiquons rapidement les autres espèces les plus répandues.

La première à citer est la fourmi noire ou brune, le lasius niger des naturalistes ; elle habite le bord des chemins, les champs et les jardins ; elle creuse à fleur de terre de petites galeries aboutissant à sa demeure ; le neutre (ou ouvrière) que l'on voit le plus communément est brun-noirâtre.

La fourmi échancrée habite les crevasses des murs, le pied des arbres ; elle pénètre dans nos maisons à la recherche de nos mets sucrés, des confitures surtout. Sa couleur est brun-marron, avec le corselet rougeâtre.

La fourmi fuligineuse ou fourmi noire des bois, plus grande que les précédentes, a le corps d'un noir luisant très foncé, elle s'établit dans les vieux troncs d'arbres.

D'autres espèces se rencontrent dans les bois ; ce sont :

la fourmi fauve, dont les larves servent à nourrir les faisans, elle construit des nids qui peuvent atteindre 80 centimètres de hauteur et qui prennent sous terre des dimensions encore plus considérables. Elle réunit pour cela, des petits morceaux de bois, de paille, des débris de feuilles, de la terre et du sable, en un mot tous les objets facilement transportables qu'elle rencontre. Les femelles et les mâles ont 1 centimètre de longueur et portent des ailes d'une couleur roussâtre, les neutres n'ont que 7 millimètres de long, le thorax est rouge-brun.

Ces fourmis n'ont pas d'aiguillon; pour se défendre, elles cherchent à pincer leur ennemi ou à l'éloigner en seringuant par le derrière, jusqu'à 50 centimètres de hauteur, un liquide acide et d'odeur pénétrante qui n'est autre que de l'acide formique.

La fourmi sanguine qui a la tête et les antennes d'un rouge sanguin, le thorax et les pattes fauves, l'abdomen d'un noir cendré.

La fourmi noir-cendré, très commune, plus petite que les deux dernières, est d'un noir cendré avec les pattes et la base des antennes rougeâtres.

Dégâts causés par les fourmis.

La plupart des auteurs considèrent les fourmis comme des animaux nuisibles, quelques-uns cependant prennent leur défense résolument :

Les plus grands dommages que les fourmis nous occasionnent, dit E. André, sont dus à leur amour exagéré pour les pucerons et les coccides. Ces insectes, en effet, sont très préjudiciables aux plantes, dont ils épuisent la sève, et leurs alliées, en les protégeant contre les ennemis qui pourraient les détruire, agissent donc contre nos intérêts. Il est certain aussi que les traites fréquentes qu'elles font subir à leurs troupeaux, en les déchargeant prématurément des produits de leur digestion, engagent les pucerons à absorber les sucs végétaux avec une nou-

velle activité, et de là une aggravation dans le mal causé
par leur présence. Il arrive aussi que les fourmis, plus
préoccupées de leur commodité que de notre agrément,
importent parfois des parasites sur des arbres qui en
étaient exempts ou qui en avaient été débarrassés par
leur propriétaire. Tous ces faits sont avérés, et on a
maintes fois remarqué que les arbres visités par les fourmis souffraient plus de la piqûre des pucerons que ceux
qui n'étaient pas hantés par ces amateurs de miellée. Je
n'essayerai certes pas de justifier les tribus pastorales de
cet excès d'égoïsme, bien que l'homme ne leur ait peut-
être pas donné l'exemple de beaucoup de désintéresse-
ment, mais je hasarderai timidement l'énoncé d'une
circonstance atténuante accordée aux fourmis par Lepe-
letier de Saint-Fargeau. Ce naturaliste autorisé prétend,
à juste titre, que lorsque les pucerons sont livrés à eux-
mêmes, ils rejettent leurs excréments sur les feuilles,
en les enduisant ainsi d'un vernis qui nuit d'une façon
sérieuse à leurs fonctions respiratoires et provoque le
dépérissement du végétal. Or, les fourmis, en soulageant
les pucerons du trop plein de leur corps, préviennent
le rejet de la liqueur visqueuse, en préservant les feuilles
de son contact préjudiciable. Je dois avouer, toutefois,
que ce service rendu ne compense pas l'aggravation du
mal, et qu'en somme, au point de vue de nos intérêts,
l'élevage et la traite des pucerons par les fourmis sont des
industries coupables, dont il convient de les punir en
débarrassant les arbres de ce bétail trop choyé.

Après cet aveu sincère qui soulage ma conscience, mais
a coûté beaucoup à mon admiration pour ce peuple indus-
trieux, je me sens plus à l'aise, car il ne me reste à enregistrer que des peccadilles sans importance.

On a fait beaucoup de bruit autour des prétendus dégâts
occasionnés aux fruits par les fourmis, qui choisiraient,
dit-on, les plus savoureux pour les ronger et en amener la
décomposition. Ce reproche est tout à fait sans fondement,
et si les jardiniers savaient, comme nous l'avons déjà dit,

que la bouche des fourmis est construite pour lécher les aliments et non pour les broyer, ils n'auraient pas porté sur elles ce jugement téméraire. Certes, si un fruit succulent se trouve entamé par le bec d'un oiseau, par la dent d'un rongeur, ou par une cause accidentelle, les fourmis ne poussent pas la discrétion jusqu'à se priver de quelques gouttes du liquide suintant de la plaie ouverte, mais jamais elles n'attaquent un fruit sain en lui faisant la première blessure (E. ANDRÉ). Elles ne s'attaquent pas davantage aux graines et ne font pas de provision pour l'hiver, du moins dans nos climats, comme nous l'avons expliqué plus haut.

Diverses fourmis pénètrent dans la corolle des fleurs pour lécher le liquide sucré qu'elle peut contenir, mais elles ne lui causent aucun tort, pas plus que les abeilles qui butinent sur les ombellifères.

Si les fourmis qui se nourrissent presque exclusivement des pucerons et des matières végétales, sont nuisibles ou tout au moins inutiles, d'autres nous rendent service en faisant la chasse à différents insectes ; c'est ainsi que plusieurs végétaux sont débarrassés des chenilles, des petites cigales et sauterelles qui se nourrissent à leurs dépens. On ne se doute pas, généralement, de l'énorme quantité de petits animaux malfaisants que détruisent les fourmis et en particulier la grande fourmi fauve.

Les fourmis jouent en outre un grand rôle dans la fertilisation du sol. En creusant leurs galeries souterraines, non seulement elles rendent la terre perméable aux eaux pluviales, mais elles divisent en outre cette terre en parcelles ténues qui, mises en contact avec l'air, subissent des modifications chimiques telles, que le renouvellement du sol s'opère d'une manière plus parfaite que celui qu'on obtiendrait par le plus savant labourage. Leur action, s'ajoutant à celle des vers de terre, dont nous parlerons plus loin, contribue à préparer le sol d'une façon merveilleuse pour la nourriture et le développement de tous les végétaux.

Dans les jardins, où l'espace est limité, on trouve le voisinage des fourmis souverainement incommode et cela pour plusieurs raisons : personne, en effet, ne supporte avec plaisir le chatouillement que produit sur les jambes une fourmi qui s'y promène. — Certaines fourmis, telle est la fourmi échancrée, communiquent aux fruits sur lesquels elles ont passé une mauvaise odeur : ils sentent la fourmi, dit-on, et sont peu appréciés. — Elles gênent, enfin, par les constructions qu'elles élèvent ou les galeries qu'elles établissent un peu partout. — Aussi cherche-t-on, par tous les moyens possibles, à les éloigner, ou plutôt à les faire périr ; d'autant plus qu'on redoute de leur voir envahir la maison elle-même qui, pour ces petits êtres, a toujours des portes ouvertes.

Le moyen de destruction le plus rapide consiste à placer un pot à fleur ou une de ces cloches en terre, qui servent à faire blanchir les chicorées, près des trous d'où l'on voit sortir des fourmis ; quelques jours après, vers deux ou trois heures de l'après-midi, on soulève la cloche, on est à peu près certain de trouver une grande quantité de larves ou de nymphes à la surface du sol et une foule d'ouvrières prêtes, au moindre danger, à rentrer dans le nid les œufs qui leur sont confiés (Nous avons vu plus haut ce que l'on devait entendre par œufs de fourmis). Si on n'apercevait ni fourmis, ni monticules de terre nouvellement remuée, on changerait la cloche de place. Si, au contraire, on a réussi à attirer ainsi beaucoup de ces insectes hors de leur nid, on s'empresse de les tuer en répandant sur la fourmilière de l'eau chaude ; il faut avoir l'eau chaude à sa disposition quand on soulève les cloches, car, si on tardait quelque peu, larves et nymphes disparaîtraient comme par enchantement, entraînées par les ouvrières dans la profondeur du nid. L'eau bouillante ne servirait plus qu'à tuer les quelques insectes restés à la surface, car en pénétrant dans le sol, elle se refroidit notablement. L'huile pourrait être employée avec plus de succès, car, mise en contact avec les fourmis, elle

adhère à leur corps et bouche ainsi les stigmates (petites
ouvertures situées à la face inférieure de l'abdomen et
qui servent à la respiration).

La fourmilière n'est pas détruite du premier coup ; on
recommence à placer sa cloche, deux ou trois jours après
●n l'enlève de nouveau, l'opération est répétée ainsi
quatre ou cinq fois jusqu'à l'entière destruction de la
colonie.

Pour préserver un arbre ou une plante qu'elles ont
envahie, on entoure son pied d'un bourrelet imprégné de
benzine, ou bien on dépose de la glu en forme d'anneau
autour du tronc. — Il faut savoir que les fourmis ne se
découragent pas facilement : pour franchir l'obstacle qu'on
a placé sur leur passage, elles transportent de la terre,
des débris de paille, et finissent par se créer un chemin
praticable.

Les ruses qu'elles emploient pour arriver, dans nos
maisons, aux friandises qu'elles convoitent, ne sont pas
moins ingénieuses.

CHAPITRE X

Hyménoptères (suite)

TENTHRÈDES. — CYNIPS.

La seconde section des hyménoptères, les térébrants, renferme les tenthrèdes et les cynips.

Tenthrèdes.

Les noms de ces insectes sont peu connus et cependant les petits animaux qu'ils servent à désigner sont très répandus dans nos jardins. Cela provient de ce que généralement on est peu curieux, du moins en ce qui concerne les petits évènements auxquels la nature nous fait assister tous les jours, et aussi de ce que les notions d'histoire naturelle pratique ne sont pas assez répandues. On s'aperçoit, par exemple, un jour qu'un beau rosier a ses feuilles entièrement rongées; on en est désolé, c'est tout naturel : toujours ces coquines de chenilles! s'écrie-t-on, quelle engeance! Vous maugréez, c'est votre droit, mais votre devoir serait de rechercher quel est le papillon qui fournit cette chenille, et, tout d'abord, est-ce bien une chenille vraie? car il y a de fausses chenilles qui ne sont que des larves. Pour les distinguer, il suffit de compter les pattes et de se rappeler que les vraies chenilles, celles des lépidoptères ou papillons, n'ont jamais plus de huit paires de pattes (toujours trois, écailleuses; et les autres, membraneuses); or, la prétendue chenille qui a si fort endommagé votre rosier, a bel et bien neuf paires de pattes, c'est donc une fausse chenille, une larve, en un mot, qui, dans quelques semaines, deviendra un insecte à quatre ailes auquel on a donné le nom d'

Hylotome des rosiers

et qui fait partie du groupe des tenthrèdes ou mouches à scie. En effet, les femelles de ces insectes ont l'abdomen pourvu d'une tarière dentelée comparable à une scie.

La tenthrède et ses larves.

L'hylotome des rosiers est long de 7 à 8 millimètres, le corps est d'un jaune roussâtre avec la tête et le thorax noirs. La femelle pratique des entailles en lignes sur la tige des rosiers; dans chacune de ces entailles elle dépose un œuf; il en sort des larves munies de dix-huit pattes de couleur jaune avec les flancs verts; elles sont en outre parsemées de nombreux tubercules noirs et luisants, surmontés de poils.

Il y a deux générations par an, l'adulte paraissant à la fin de juin, puis en août.

Lorsque les larves ont acquis toute leur croissance, elles descendent sur le sol et s'entourent de coques de soie ovoïdes, d'un jaune terreux. Celles de la seconde génération passent l'hiver et ce n'est qu'au printemps que la larve devient nymphe.

Quand un rosier est envahi par ces larves, les feuilles ne tardent pas à être complètement rongées ; il n'en reste souvent que les grosses nervures et en peu de temps, les plus beaux arbustes sont mis dans un état pitoyable.

D'autres tenthrèdes attaquent les rosiers, ce sont :

La Tenthrède difforme.

La mouche, qui est noire, a les pattes blanches ; la femelle fait des entailles sur la nervure médiane des feuilles.

La Tenthrède à pattes blanches,

ainsi nommée sans doute parce que ses pattes sont d'un blanc encore plus éclatant que dans l'espèce précédente.

La Tenthrède à triple ceinture.

Elle a trois bandes jaunes sur l'abdomen qui est noir ainsi que le thorax ; les pattes sont jaunes, de même que la base des ailes.

La Tenthrède à ceinture blanche

qui est très commune : la mouche est noire ; l'abdomen ceinturé de blanc ; les pattes sont rousses.

Tandis que les larves de toutes les espèces précédentes vivent sur les feuilles de rosier, la larve de la tenthrède à ceinture blanche, qui ressemble à un asticot, vit dans l'intérieur même des tiges. Elle décèle sa présence par ces déjections noirâtres qu'on aperçoit si souvent sur les rosiers à l'extrémité des rameaux qui ne tardent du reste pas à se flétrir, dès que la larve a détruit le canal médullaire sur une certaine étendue. Lorsqu'on aperçoit un rameau présentant cet aspect, on en casse l'extrémité aussi loin qu'il est nécessaire, de façon à faire disparaître la larve ou le ver qu'il renferme et à l'empêcher de continuer ses ravages.

Pour éloigner des rosiers les tenthrèdes, et surtout cette dernière espèce qui empêche tant de roses de s'épanouir, il faut dès le mois d'avril projeter sur ces arbustes, et à différentes reprises, soit de la poudre foudroyante Rozeau, soit une solution de jus de tabac. Du même coup, pucerons et autres insectes seront peut-être écartés.

A signaler encore l'athalie de la rose, espèce voisine à thorax entièrement noir dont les larves vivent sur les rosiers, les ronces et les ombellifères.

Nos arbres fruitiers, eux aussi, comme si déjà ils n'avaient pas assez d'ennemis, devaient être visités par d'autres tenthrèdes : l'une d'elles

La Tenthrède Ethiopienne

est assez commune sur les cerisiers et les poiriers. On l'appelle encore ver-limace du cerisier parce que sa larve, noirâtre, à pattes très courtes, recouverte d'un enduit visqueux, ressemble assez à une petite limace ; elle ronge les feuilles ou plutôt seulement les tissus compris entre les nervures qui subsistent sous la forme d'un filet délicat à mailles serrées. L'adulte ressemble à une mouche, sauf qu'il a quatre ailes.

La Normandie se plaint beaucoup des ravages de cette larve. Voici ce qu'en dit le colonel Goureau :

« Pendant les mois de septembre et octobre, on voit assez souvent sur les poiriers une larve noirâtre enduite d'une humeur visqueuse et luisante dont la partie antérieure est renflée, et l'extrémité opposée amincie et un peu relevée. Sa forme rappelle un peu celle des têtards que l'on voit dans les mares et qui produisent les crapauds. L'humeur visqueuse qui l'enveloppe est analogue à celle que secrètent les limaces, ce qui lui a valu le nom qu'elle porte. Elle est très paresseuse et paraît immobile, elle

broute les feuilles en-dessus et mange toute la substance
tendre comprise entre les nervures et les fibres qui en
forment comme la charpente; elle la réduit à une fine
dentelle. Lorsque cette larve est nombreuse, elle dépouille
les poiriers de toute leur verdure et rend les feuilles entièrement sèches; elle arrête ainsi la végétation et empêche
les fruits de prendre leur volume et d'acquérir leur
maturité. »

La Cèphe comprimée.

Une autre espèce, dont une partie du ventre est rouge,
perfore avec sa tarière les bourgeons herbacés du poirier
et y dépose ses œufs. La partie piquée se tuméfie et se
comporte à la façon des galles produites par le cynips dont
nous parlerons bientôt.

La Tenthrède noire du groseillier.

Nous en aurons fini avec les tenthrèdes quand nous
aurons mentionné la tenthrède noire qui ressemble beaucoup à une petite guêpe et dont la larve dévore les feuilles
des groseilliers. Cette larve a l'aspect d'une chenille couleur
jaune sale avec des mouchetures noirâtres saillantes.

Les adultes femelles pondent deux fois par an, au commencement du printemps et au milieu de l'été.

Une autre espèce de tenthrède,

L'Emphyte du groseillier,

fournit une larve qui vit communément sur les groseilliers
à maquereau.

Pour éloigner et détruire ces différentes larves de tenthrèdes, on peut projeter sur les feuillages envahis, à
l'aide d'une pompe à main, une solution de savon noir, à
raison de 500 gr. de savon noir par dix litres d'eau.

Les Cynips.

Les cynips sont de petites mouches légères, munies de deux paires d'ailes, qui semblent comme bossues, ayant la tête petite et le thorax gros et élevé.

Le Cynips du rosier

est assez petit, il n'a que 3 millimètres de long; il est noir avec les pieds et l'abdomen rouges.

La femelle, en été, pique de sa tarière une tige ou une feuille et dépose dans l'entaille pratiquée un seul œuf, d'où procède une larve. Autour de celle-ci se développe une excroissance végétale appelée galle, d'une forme ovale, quelquefois du volume d'un petit œuf, de couleur vert-rougeâtre, destinée à protéger la plante contre les déprédations de la larve et à nourrir en même temps cette dernière. Pendant l'hiver, la larve se développe, puis se transforme en nymphe au printemps suivant. L'insecte ailé doit trouer les parois de sa prison pour devenir libre.

Ces excroissances végétales velues portent le nom de bedegars. Jadis la bedeguar (pomme mousseuse, éponge d'églantier) était employée en médecine comme astringent. En ouvrant ces galles il n'est pas rare d'y trouver d'autres hyménoptères qui y vivent en parasites : les synergues et les aulax.

Ajoutons que la noix de galle qui nous fournit une couleur noire et sert à faire de l'encre, est produite par un autre cynips qui vit sur une espèce de chêne du Levant.

Il faut savoir que beaucoup d'autres insectes produisent des galles; tels sont, parmi les coléoptères, quelques saperdes et criocères; parmi les hyménoptères, les tenthrèdes; parmi les hémiptères, des spylles, des pucerons, des thrips; parmi les diptères, des tipules, des mouches et un grand nombre d'autres espèces que nous ne pouvons nommer ici.

Les galles se développent sous l'influence de la piqûre de ces insectes qui détermine une extravasion du suc végétal, produite elle-même par l'àcreté de la liqueur qu'y dépose l'insecte ou par l'irritation qui se manifeste autour de tout corps étranger introduit dans les tissus. Ce corps étranger ici est constitué par l'œuf que l'insecte, à l'aide d'une tarière longue et rigide, enfonce dans la plante au moment de la ponte.

On sait peu de chose sur les moyens que la nature emploie pour faire naître des galles si différentes les unes des autres.

C'est chose difficile que d'obtenir à l'état d'insectes parfaits les larves contenues dans la plupart des galles. Plusieurs meurent aussitôt que la galle est séparée de la plante mère ; d'autres fois leur conservation ou leur transformation exigent des conditions inconnues ou bien qu'on peut difficilement leur procurer.

Bien des points obscurs méritent de fixer l'attention des naturalistes. C'est pourquoi la station entomologique de Paris, 16, rue Claude-Bernard, reçoit avec reconnaissance les galles produites par les différents insectes, ainsi que, du reste, tous les matériaux ayant rapport à la biologie de ces animaux, tels que les nids et les différentes formes de la métamorphose (œufs, larves, nymphes, insectes parfaits d'une même espèce).

Son rôle est, entre autres, de fournir des renseignements gratuits sur les insectes nuisibles et sur les moyens employés pour les combattre.

CHAPITRE XI

Hyménoptères utiles

Nous trouvons, dans l'ordre des hyménoptères, plusieurs insectes qui doivent compter parmi les bienfaiteurs de l'agriculture, et dont les mœurs curieuses intéresseront certainement nos jeunes lecteurs. Nous empruntons les détails qui suivent à l'ouvrage si instructif et si attrayant de M. Mangin, *Nos Ennemis et nos Alliés.*

Il est arrivé à plus d'un collectionneur de papillons de prendre les larves de tenthrèdes pour de vraies chenilles et un beau matin de voir, tout désappointé, des mouches sortir des cocons filés par ces larves.

Bien plus grande encore doit être la stupéfaction de ceux qui, ayant recueilli une chenille de papillon bien authentique et ayant assisté à sa transformation en chrysalide, voient, eux aussi, une sorte de mouche sortir de cette chrysalide. Ici le phénomène est tout autre, et l'étonnement serait légitime, si l'on ne savait de quelles ruses perfides sont capables les insectes dont les larves doivent vivre aux dépens d'autres insectes.

Or, ces insectes à larves carnassières sont très nombreux dans l'ordre des hyménoptères. Ils y forment une tribu importante. Les espèces qui la composent sont toutes douées d'une activité prodigieuse et d'instincts tout à fait extraordinaires, et la plupart méritent au plus haut point nos égards et notre protection, pour le concours qu'elles nous prêtent dans la destruction des insectes nuisibles. Il en est cependant qui, désertant la bonne cause (la nôtre, bien entendu), s'en prennent à nos alliés, à nos auxiliaires, et perdent par conséquent, tout droit à notre bienveillance.

C'est le cas du philanthe apivore : un hyménoptère féroce
qui, comme son nom l'indique, dévore les abeilles, ou plutôt
les donne à dévorer à ses larves. Voici comment le crime
s'accomplit. La femelle creuse une loge souterraine communiquant avec le dehors par un soupirail qu'elle laisse
ouvert. Puis elle s'en va voltiger autour des fleurs, buti-
nant çà et là, de l'air le plus innocent du monde. Mais une
abeille survient. Le philanthe s'en approche en tapinois
et se jette sur elle. Une lutte s'engage : lutte inégale, dans
laquelle la pauvre abeille, prise par derrière, à l'improviste,
a presque toujours le dessous. Le philanthe lui enfonce son
dard dans le flanc et lui inocule son venin, dont l'action est
instantanée. Après quelques convulsions, l'abeille devient
immobile. Est-elle morte, ou seulement paralysée ? on ne
sait au juste (1). Le venin du philanthe, de même que celui
de plusieurs autres hyménoptères, paraît agir à peu près
à la façon du curare, et laisse à sa victime la vie organique
en lui ôtant toute faculté de se mouvoir. Le fait est que le
philanthe emporte l'abeille dans son antre, dépose un œuf
à côté, referme l'ouverture et s'en va. L'abeille morte ou
cataleptique se conserve sans plus d'altération que si elle
était bien vivante, et quand la larve vient à éclore, elle
trouve là sous sa dent de la viande fraîche en quantité
suffisante. Quand elle aura mangé son abeille, elle aura
atteint son entier développement, et il ne lui restera plus
qu'à se transformer en nymphe.

Heureusement pour les abeilles, le philanthe a un con-
current, un rival dangereux dans un autre insecte, la
tachine, dont les larves ont également besoin, à ce qu'il
paraît, d'être nourries d'abeilles, et non d'autre chose. La
tachine n'a point l'arme terrible du philanthe. Elle y supplée

(1) Nous sommes portés à croire que la léthargie dans laquelle tombent
les insectes qui doivent servir à la nourriture des larves est plutôt une
paralysie produite par une lésion des centres nerveux On a constaté, en
effet, que le coup d'aiguillon porté par l'hyménoptère frappe justement le
seul groupe de ganglions nerveux dont la lésion puisse déterminer cette
paralysie totale (*Note de l'Auteur*).

par la ruse, en faisant jouer à l'hyménoptère le rôle de raton, et cela sans se compromettre en aucune façon. Elle assiste en simple spectatrice au combat du philanthe contre l'abeille. Si le premier est vainqueur, elle le suit jusqu'à son terrier, le regarde mettre sa proie à couvert: puis, lorsqu'il a le dos tourné, elle pénètre dans le nid, dépose son œuf à côté de celui du philanthe, referme la porte et s'en va. Qu'arrive-t-il ensuite? La larve de la tachine éclôt bien avant l'autre; elle arrive la première au banquet de la vie, dévore la provision qui ne lui était pas destinée, et la retardataire, ne trouvant plus rien à manger, meurt de faim misérablement. Il n'y a pas là, dira-t-on peut-être, grand avantage pour la malheureuse abeille : dévorée par l'une, dévorée par l'autre, son sort n'en est pas moins funeste. Sans doute, mais la larve de philanthe qui succombe, c'est un ennemi de moins pour l'espèce. Il est permis de prévoir, dans un avenir plus ou moins éloigné, l'entière destruction des philanthes par les tachines ; après quoi celles-ci, n'ayant plus d'autres insectes qui chassent l'abeille à leur profit, périront à leur tour faute d'aliments, et ce sera bien fait.

« Il n'est pas, dit M. Em. Blanchard, d'insectes qui ne soient exposés aux attaques de plusieurs hyménoptères parasites. On voit souvent des chenilles lisses, de couleurs claires, ayant sur la peau un point noir : c'est la cicatrice de la petite plaie produite par la tarière de l'hyménoptère introduisant son œuf. Quand les entomologistes rencontrent de ces chenilles ainsi marquées, ils reconnaissent qu'elles ne subiront pas toutes leurs métamorphoses, car elles sont rongées par un parasite ; dans leur langage, ces chenilles sont ichneumonées. » Cela signifie piquées par un ichneumon. Ce nom d'ichneumon s'applique, parmi les mammifères, à un carnivore de l'ordre des viverridés, et, parmi les insectes, à toute une famille d'hyménoptères à larves carnassières, grands destructeurs de chenilles et d'autres larves malfaisantes. Les ichneumons (insectes), ou ichneumonidés, ont le corps allongé, les pattes grêles, les ailes

grandes. Ils sont, au vol et à la course, d'une extrême
agilité. Leurs antennes, toujours en mouvement, leur ont
fait donner le nom de mouches vibrantes. La femelle est
armée d'une tarière plus ou moins longue et plus ou
robuste, selon qu'elle doit s'en servir pour percer des larves
cachées dans la terre ou dans l'épaisseur du tissu des
plantes, ou simplement des larves vivant à découvert;

Ichneumon.

en sorte qu'on peut reconnaître, à la simple inspection de
cet instrument, quelle est la sorte de larves que l'insecte
qui le porte choisit pour victimes. Un des mieux armés
est la femelle de l'ephialte noir, qui va chercher dans les
troncs d'arbres les larves de gros scarabées, tels que le
bupreste et le capricorne.

Le microgaster glomeratus, au contraire, n'a qu'une
très petite tarière; il dépose ses œufs sur la chenille de la

piéride du chou. (Sans lui souvent on ne mangerait pas de choux !)

« Les ichneumonidés rendent tous, dit M. Boisduval, les plus grands services aux agriculteurs et aux horticulteurs, en faisant périr les neuf dixièmes des larves. Sans leur assistance, le produit des champs et des jardins serait souvent anéanti. Ce sont eux qui ont fait disparaître la pyrale de la vigne, dont nos vignobles ont eu tant à souffrir. »

On peut accorder les mêmes éloges à presque tous les hyménoptères fouisseurs et nidifiants : mutilles, scobès, sphex, crabrons, odynères. On n'a sur les mœurs des mutilles que des données imparfaites; mais on ne peut douter que ces hyménoptères ne soient de ceux qui creusent des nids souterrains et approvisionnent leurs larves d'insectes morts ou vivants, comme le font les autres fouisseurs. Les mœurs de ces animaux prévoyants, à la fois maçons, chasseurs et... embaumeurs, sont assurément un des plus curieux sujets d'observation que nous offre la Nature vivante.

Il n'y a, chez les fouisseurs, que deux sortes d'individus : des mâles et des femelles; et tout l'intérêt doit se porter sur ces dernières, qui, toujours solitaires, sans aucun secours étranger, dit M. Émile Blanchard, travaillent à l'édification du nid et à son approvisionnement.

« Une femelle, continue cet ingénieux observateur, fait choix d'un endroit déterminé. Chaque espèce a ses prédilections bien arrêtées : c'est le sol, c'est un terrain coupé verticalement, c'est une muraille, une tige d'arbuste. Souvent elle profite d'une cavité déjà formée, d'une fissure, si le travail doit être plus facile, et elle se met avec une ardeur incroyable à creuser un trou. Elle n'a d'autres instruments que ses mandibules pour détacher les particules terreuses, que ses jambes converties en râteaux pour gratter et rejeter au dehors les parcelles détachées. Mais le travail de l'insecte est si opiniâtre, sa patience si inébranlable, qu'une galerie se trouve pratiquée dans un

12

assez court espace de temps, et, au fond de la galerie, une
loge de forme ovalaire, quelquefois plusieurs loges ; à cet
égard encore, chaque espèce a ses habitudes. Une loge
étant construite, le fouisseur, sphex, pompile, crabron ou
odynère, doit s'occuper de l'approvisionnement ; c'est
alors qu'il va à la chasse, chaque espèce aussi ayant sa
chasse particulière. Pour celle-ci, ce sont les chenilles ;
pour celle-là, des larves de coléoptères ; pour celle-là
encore, des insectes adultes, des araignées. Le sphex, ou
le crabron, est doué d'un instinct comparable à celui de
l'ichneumon : s'il fournit à ses larves des insectes d'un gros
volume, il en met un seul dans chaque loge ; quelques-
uns, si leur dimension est médiocre ; beaucoup, si leur
taille est petite.

« Le fouisseur, pour saisir sa proie, la pique de son
aiguillon ; le venin plonge l'animal piqué dans un état de
léthargie indéfinissable, qui se prolongera fort longtemps,
et, dans tous les cas, sans que jamais l'individu piqué
puisse se réveiller, revenir à la vie. Il serait difficile de
rencontrer ailleurs un ensemble de phénomènes plus saisissant. Un besoin impérieux des larves de l'hyménoptère fouisseur est d'avoir pour aliments des tissus vivants ; ces larves périraient près d'un cadavre, près d'un
corps en décomposition ou desséché, et ces larves à peau
molle, sans défense, incapables de se déplacer, parvien-
draient-elles jamais à ronger un insecte plein de vie?
N'auraient-elles pas, au contraire, tout à redouter de sa
part? Dans l'admirable organisation de la Nature, les
difficultés qui nous sembleraient les plus insurmontables
s'aplanissent comme par enchantement. Ces larves n'ont
rien à craindre de leurs victimes ; victimes désormais ren-
dues inertes par le venin de l'hyménoptère, elles ne sauraient opposer la moindre résistance à une attaque quelconque ; condamnées à être rongées, elles semblent vivre,
car leur corps ne subit aucune décomposition ; sa dessiccation ne commence à se prononcer que bien au-delà du
temps où la larve du fouisseur est parvenue au terme de

sa croissance. Le venin semble avoir agi sur les tissus à la manière d'un agent conservateur.

« Un fouisseur a-t-il approvisionné sa cellule, il y dépose un œuf, et puis il la ferme complètement avec une partie du déblai, en faisant disparaître toute trace extérieure de son ouvrage..... Le fouisseur construit un grand nombre de loges, tantôt les unes près des autres, tantôt disséminées; il les approvisionne toutes de la même façon, et dans chacune dépose un seul œuf. Son travail fini, sa ponte achevée, il ne tardera pas à mourir. Ainsi cette mère a pris des peines infinies, a déployé une instinctive prévoyance, qui reste encore un sujet d'étonnement même chez ceux qui, mille fois, ont été les témoins des mêmes faits, pour des êtres qu'elle ne verra jamais, pour une progéniture qu'elle ne connaîtra pas, en un mot, pour des enfants posthumes! »

Ici, comme partout, à côté des travailleurs actifs, se trouvent les parasites fainéants, les exploiteurs, comme on dit aujourd'hui, qui ne cherchent qu'à profiter du travail des autres. Tels sont certains hyménoptères voisins des abeilles, et qu'on a réunis en une seule tribu : celle des nomadines. Leurs habitudes sont semblables à celles de la tachine. Ils pondent leurs œufs dans les nids des fouisseurs, afin que leurs larves, toujours précoces, relativement à celles de ces derniers, puissent consommer à l'aise les provisions de choix que la femelle prévoyante a recueillies pour sa progéniture.

Un insecte assez commun dans le centre et dans le nord de l'Europe, l'ammophile des sables, offre un curieux exemple de l'industrie meurtrière des fouisseurs. Les ammophiles ont le corps allongé, l'abdomen très délié, de couleur noire comme le reste du corps, sauf le quatrième anneau, le bord postérieur du troisième et le bord antérieur du cinquième, qui sont couleur de rouille. Leurs allures sont vives, leur vol est rapide. Ils creusent des terriers profonds, y apportent et y introduisent très adroitement de grosses chenilles préalablement plongées en léthargie par l'effet de leur venin, déposent un œuf à côté de chacune, puis ferment l'entrée de leurs galeries avec de petits cailloux et des grains de sable. Tous les ammophiles se livrent à un travail à peu près semblable, et tous prennent des chenilles pour nourrir leurs larves.

Dans nos climats, les cercéris et les odynères ramassent pour la consommation de leurs larves des quantités considérables de charançons. « La cercéris, dit M. Em. Blanchard, creuse des trous d'assez grande profondeur, et approvisionne ses cellules avec des coléoptères de la famille des charançons. Elle ne tient pas à l'espèce ; mais elle paraît tenir essentiellement aux charançons. Les investigateurs en ont compté de dix à douze espèces de genres très différents, dans les nids de la cercéris des sables. »

L'odynère des murailles est douée d'un merveilleux talent architectural. Ce n'est pas, à proprement parler, dans les murailles qu'elle creuse les loges de ses larves, c'est dans les talus et sur les parois des escarpements naturels ou artificiels de terrains argileux ou sablonneux. Et ces loges ne sont pas seulement des cavités disposées avec art : les odynères ajoutent à chacune un ouvrage extérieur qui est une sorte de cheminée, un tuyau faisant suite à la galerie souterraine. Ce tuyau est recourbé de telle sorte, que son orifice est tourné vers le sol ; il paraît avoir pour objet d'empêcher les eaux pluviales, qui s'écoulent le long du talus, de pénétrer dans la loge. Cependant, comme il est à jour et pétri avec de la terre friable, il ne saurait opposer, à l'invasion possible des eaux, un obstacle bien efficace ; d'autant qu'il est très fragile, et que le moindre choc suffit pour le faire tomber en poussière. Serait-ce donc un simple ornement, un ouvrage de fantaisie ?... Ce qu'il y a de plus singulier, c'est que l'insecte lui-même le détruit dès qu'il a déposé son œuf et emmagasiné ses provisions dans la loge, et qu'il mure soigneusement l'entrée au ras du talus, de manière à faire disparaître toute trace de son travail.
(A. MANGIN.)

CHAPITRE XII

Lépidoptères

CLASSIFICATION. — PIÉRIDE DU CHOU. — AUTRES PIÉRIDES.
— VANESSES. — BOMBYX. — NOCTUELLES. — PHALÈNES.
— TORDEUSES. — PYRALES. — CARPOCAPSE. — TEIGNES.

> Naître avec le printemps, mourir avec les roses,
> Tel est, du papillon, le destin enchanté.....

La vie des papillons est encore plus brève que ne semblent l'indiquer ces deux vers : plusieurs d'entre eux n'ont, en effet, qu'une existence de quelques jours. Leur légèreté, le capricieux de leur vol en ont fait l'emblème de l'Inconstance. Ils vont, irrésolus, au gré de leurs désirs, de rose en rose, « prenant et quittant les plus belles. » Aussi, font-ils souvent le désespoir des fleurs qu'ils ont abandonnées.

Ecoutons le poète :

> La pauvre fleur disait au papillon céleste :
> Ne fuis pas !
> Vois comme nos destins sont différents : je reste,
> Tu t'en vas !
>
> Tu pars, puis tu reviens, puis tu t'en vas encore
> Luire ailleurs...
> C'est pourquoi tu me vois toujours à chaque aurore,
> Tout en pleurs.
>
> Pourtant nous nous aimons, nous vivons sans les hommes
> Et loin d'eux.
> Et nous nous ressemblons... et l'on dit que nous sommes
> Fleurs tous deux !

Cette comparaison du papillon et de la fleur frappe spontanément l'imagination : tous les poètes (en prose comme en vers) qui ont chanté cet élégant insecte l'appellent une fleur ailée, une fleur vivante ; voient en lui, moins un animal à part que la floraison d'un autre animal.

N'oublions pas, tout en admirant ses couleurs éclatantes, l'agilité et la grâce de son plus léger mouvement, la fragilité et l'élégance de sa structure, qu'il n'est qu'une vulgaire chenille arrivée au terme de ses métamorphoses. C'est sous cette forme repoussante que nous vous le dénonçons comme l'un des ennemis les plus redoutables de nos cultures.

Avant d'énumérer les diverses espèces nuisibles qu'on peut rencontrer dans nos jardins, nous pensons être utile à nos lecteurs en leur indiquant à grands traits et bien simplement les caractères principaux des types les plus connus, ce qui leur permettra, nous l'espérons, de s'y reconnaître un peu au milieu de tant d'espèces qui, souvent, ne présentent pas de différence appréciable.

Vous avez dû remarquer que certains papillons, à l'état de repos, avaient les ailes relevées et accolées, et que d'autres, au contraire, avaient les ailes placées horizontalement au repos. Si vous arrivez à saisir un des premiers, le papillon blanc du chou, par exemple, et si vous examinez attentivement les antennes, vous constaterez qu'elles sont terminées en massue ou en bouton, tandis que les seconds, ceux qui ont les ailes horizontales, ont leurs antennes, tantôt filiformes, comme un fil de soie, tantôt barbelées, c'est-à-dire présentant l'aspect des barbes d'une plume d'oiseau.

Voilà des signes faciles à retenir et à l'aide desquels vous séparerez aisément les papillons en deux grandes catégories : ceux qui ont les ailes relevées sont des lépidoptères diurnes, ce sont tous ces papillons légers qu'on voit voler du matin au soir dans nos jardins et nos prairies ; les autres comprennent ceux qu'on a appelés crépusculaires et nocturnes, parce que, en général, ils fuient la lumière du jour ; cependant il faut savoir que certaines

Les papillons de France.

espèces, bravant les ardeurs du soleil, volent en plein midi dans les endroits les plus découverts. Aussi les auteurs modernes ont préféré les appeler hétérocères, tandis qu'ils ont donné le nom de ropalocères aux papillons diurnes, ceux qui ont les antennes en massue (*ropalon* veut dire massue en grec, et *eteros* signifie autre, différent).

On a réuni dans un troisième groupe les microlépidoptères reconnaissables à leur très petite taille. La pyrale de la vigne, par exemple, n'a guère que 2 centimètres d'envergure et les teignes de 15 à 20 millimètres.

Les papillons diurnes ont été divisés en un grand nombre de familles peu connues du vulgaire et que nous n'avons pas à citer.

Dans les papillons dits nocturnes, nous reconnaîtrons aisément :

1° Les bombyx et les espèces voisines appelées bombycides, à leur corps épais, massif, et surtout à leurs antennes pectinées (ce mot qui n'est pas dans vos dictionnaires vient du mot latin *pecten*, qui veut dire peigne), en effet, ces antennes ressemblent à des peignes doubles délicatement dentelés ou à des plumes, de plus elles sont souvent rameuses et panachées chez les mâles ;

2° Les sphinx qui ont des antennes épaisses, crénelées en dessous et terminées par une petite pointe ; leurs chenilles ont une petite corne sur le dernier anneau ;

3° Les zygènes dont les antennes sont épaissies vers l'extrémité et se retournent comme des cornes de bélier ;

4° Les noctuelles à antennes filiformes en forme de soie, simples ou finement dentelées ; ces lépidoptères sont de petite taille, au corps épais ;

5° Les phalènes dont les caractères distinctifs sont plus difficiles à indiquer sommairement, car leurs antennes sont tantôt pectinées, tantôt filiformes ; cependant leur corps est généralement grêle, bien que quelques espèces dites phalènes bombycoïdes aient des formes robustes.

D'ailleurs, les détails dans lesquels nous entrerons

bientôt à propos des diverses espèces que l'on a intérêt à bien connaître, achèveront de rendre ces caractères distinctifs plus saisissants.

Papillons diurnes.

Le plus connu est :
La Pièride du chou ou grand Papillon du chou.

Il a 6 centimètres et demi d'envergure; les ailes sont blanches en dessus, avec le sommet des ailes supérieures largement noir : en dessous, la surface des premières ailes est blanche avec un peu de jaune pâle au bout et deux taches noires arrondies, les ailes inférieures sont d'un jaune pâle. Les antennes sont annelées de noir et de blanc.

La femelle (qui a, en outre, deux grosses taches noires sur le dessus des premières ailes), pond, sur les feuilles des plantes qui nourriront la chenille, des amas d'œufs obtus, en petits tas perpendiculaires à la feuille ; il en sort des chenilles très voraces, qui, les unes près des autres, rongent les feuilles des capucines, de toutes les crucifères, et surtout des choux cultivés.

Cette chenille a la tête bleuâtre, le corps d'un jaune un peu verdâtre avec trois raies longitudinales jaunes, séparées par de petits tubercules noirs. Elle tapisse de soie la place où elle veut se fixer et se change en une chrysalide cendrée tachetée de noir et de jaunâtre. Cette chrysalide est attachée par des fils de soie à la queue et autour du corps ; au moment de se chrysalider, les chenilles se sont dispersées sur les échalas, les arbustes, les murs, souvent assez loin des choux qu'elles dévoraient.

Le papillon paraît deux fois : en mai et juin, puis en août et septembre. Il faut alors chercher à le prendre au filet. Quant aux chenilles vertes dont la voracité est telle qu'elles consomment par jour plus du double de leur poids, il est difficile de leur faire la chasse ; leur couleur qui se rapproche beaucoup de celle des feuilles, les rend presque invisibles. Le mieux est, dès qu'on s'aperçoit de leur présence, de sacrifier les feuilles inférieures qui sont le soir littéralement couvertes de ces chenilles. La suppression de ces feuilles inférieures n'empêche pas les choux de grossir.

On conseille aussi de mener, de grand matin, les canards dans la plantation attaquée ; ils arriveront à en détruire un grand nombre.

Piéride de la rave.

Elle est plus connue sous le nom de petit papillon blanc du chou et ressemble beaucoup au précédent. La chenille de cette piéride est encore plus commune que celle du grand papillon blanc à laquelle elle ressemble entièrement, excepté qu'elle est plus petite d'un tiers environ. Elle vit sur toutes les variétés de choux, de navets et sur les raves.

On confond parfois la chenille de la piéride avec une autre chenille verte qui pénètre dans l'intérieur du chou, ce qui la fait nommer ver du cœur. On la reconnaîtra à sa tête et à ses pattes thoraciques qui sont toujours d'un brun rouge.

Cette dernière produit un papillon de nuit appelé la noctuelle du chou.

Piéride du navet.

Il y a encore la piéride du navet dont la chenille vit aussi sur le réséda et quelquefois sur les choux. Elle est d'un vert foncé sur le dos, plus pâle sur les côtés et d'aspect velouté.

Le papillon est plus petit que le piéride du chou ; il s'en distingue par ses nervures saillantes, bordées en dessous de veines noir verdâtre.

Piéride de l'aubépine ou Piéride gazée ou le Gazé.

Ce papillon dont la chenille vit en société sur divers arbres fruitiers, a 65 millimètres d'envergure. Les ailes sont blanches, marquées de larges nervures noires, et presque dépourvues d'écailles, en sorte qu'elles ressemblent à de la gaze ; les antennes noires, presque de la longueur du corps, terminées par une massue allongée.

Les jeunes chenilles qui éclosent en automne, passent l'hiver sous une tente soyeuse. Au premier printemps, elles coupent cette toile, et, comme elles ne trouvent alors que des bourgeons, elles font parfois de très grands dégâts dans les vergers, ce qui les a fait nommer par Linné : peste des jardins.

Dans la première quinzaine de mai, elles sont ordinairement parvenues à toute leur taille. Elles sont velues ; le dos est noir avec deux bandes longitudinales assez larges de couleur rouille. La chrysalide s'attache aux branches par deux faisceaux de fils de soie.

Il y a plusieurs autres sortes de piérides que nous n'avons pas à mentionner.

Vanesse, grande Tortue.

Les vanesses font partie de ces papillons de jour à pattes dites palatines, parce que la première paire, très raccourcie et poilue, est comme enroulée autour du cou, de sorte que la marche s'effectue seulement par quatre pattes. Les ailes sont anguleuses ou festonnées, brillant des plus vives couleurs. On en voit diverses variétés déposer leurs œufs sur les orties. Ce sont : la vanesse petite tortue, le paon du jour, etc.

La plus grande espèce de France est la grande tortue, qui a 65 à 70 millimètres d'envergure ; sa chenille se trouve sur divers arbres fruitiers, elle est bleuâtre ou brunâtre avec une ligne fauve sur les côtés du corps et porte soixante-treize épines jaunâtres et branchues sur les anneaux, sauf le premier.

La chrysalide est d'un gris incarnat avec des taches dorées.

Citons encore :

Le Machaon,

beau papillon diurne commun dans toute l'Europe que l'on reconnaît à sa grande taille et à ses ailes jaunes rayées et tachetées de noir avec des taches bleu tendre sur les ailes postérieures.

La chenille, que l'on trouve parfois sur les carottes et qui, somme toute, commet peu de dégâts, est très belle : elle est verte avec des anneaux noirs et de gros points rouges. Sa longueur atteint 4 à 5 centimètres.

Et enfin,

Le Colias,

à ailes jaunes et à antennes courtes et roses dont les chenilles vivent sur les légumineuses.

Puisque nous venons de parler des vanesses, c'est peut-être ici le lieu de raconter en quoi consistaient ces pluies de sang qui, jadis, ont jeté l'épouvante dans bien des villes. On sait que les papillons, après avoir quitté leur enveloppe de chrysalide, rejettent un liquide contenu dans leur intestin ; c'est une sorte de méconium dont la coloration varie suivant les espèces. Chez certaines vanesses ces déjections affectent une teinte rouge et laquée analogue à celle du sang, et l'abondance fortuite de ces taches sanguinolentes le long des murs ou des pierres dans les campagnes a terrifié jadis les populations, qui attribuaient ces « pluies de sang » à la colère du ciel (MAINDRON, les Papillons).

« On ne croirait pas, dit Réaumur, que des excréments de papillons fussent capables de remplir de terreur l'esprit des peuples; ils l'ont pourtant fait quelquefois et peut-être le feront-ils encore. Les historiens nous rapportent les pluies de sang parmi les prodiges qui ont effrayé les nations, qui ont annoncé de grands évènements, des destructions de villes considérables, des renversements d'empires. Vers le commencement de juillet de l'année 1608, une de ces prétendues pluies de sang tomba dans les faubourgs d'Aix, et à plusieurs milles des environs. Elle nous eût été apparemment transmise pour être réelle et pour un grand prodige, si Aix n'eût eu alors un philosophe qui, embrassant tous les genres de connaissances, ne négligeait pas d'observer les insectes, M. de Peiresc.

« Le bruit de cette pluie se répandit à Aix vers le commencement de juillet, les murs d'un cimetière voisin de ceux de la ville, et surtout les murs des villages et des petites villes des environs étaient tachés de larges gouttes couleur de sang. Le peuple et quelques théologiens les regardèrent comme l'ouvrage des sorciers ou du diable même. Des physiciens, qui attribuèrent cette prétendue pluie à des vapeurs qui s'étaient élevées d'une terre rouge, en donnaient une cause plus naturelle, mais qui ne fut pas encore du goût de M. de Peiresc. Une chrysalide, que la grandeur et la beauté de sa forme l'avaient engagé à renfermer dans une boîte, lui en fournit une meilleure cause. Le bruit qu'il entendit dans la boîte, l'avertit que le papillon y était éclos. Il l'ouvrit, le papillon s'envole après avoir laissé sur le fond de cette même boîte une tache rouge de la grandeur d'un sol marqué. Les taches rouges qui se trouvaient sur les pierres soit à la ville, soit à la campagne, parurent à M. de Peiresc semblables à celles du fond de la boîte, et il pensa qu'elles pouvaient de même y avoir été laissées par des papillons. La multitude prodigieuse des papillons qu'il vit voler en l'air dans le même temps, le confirma dans cette idée ; un examen plus suivi acheva de lui en montrer la vérité. Il observa que les gouttes de la pluie miraculeuse ne se trouvaient nulle part dans le milieu de la ville, qu'il n'y en avait que dans les endroits voisins de la campagne ; que ces gouttes n'étaient point tombées sur les toits, et, ce qui était encore plus décisif, qu'on n'en trouvait pas même sur les surfaces des pierres qui étaient tournées vers le ciel ; que la plupart des taches rouges étaient dans les cavités contre la surface intérieure de leur espèce de voûte, qu'on n'en trouvait point sur les murs plus élevés que les hauteurs auxquelles les papillons volent ordinairement.

« Ce qu'il vit, il le fit voir à plusieurs curieux, et il établit incontestablement que les prétendues gouttes de sang étaient des gouttes de liqueur déposées par des papillons. C'est à cette même cause qu'il a attribué quelques autres pluies de sang rapportées par les historiens et arrivées à peu près dans la même saison ; entre autres une pluie dont parle Grégoire de Tours, tombée du temps de Childebert dans différents endroits de Paris et dans une certaine maison du territoire de Senlis ; et aussi une autre pluie de sang tombée vers la fin de juin, sous le règne du roy Robert. »

Papillons dits Nocturnes.

1° Bombyx.

Les bombyciens ou bombycides présentent des papillons à corps très velu, à ailes assez robustes et bien charpentées, à antennes bien pectinées, c'est-à-dire munies de larges barbules. On ne voit jamais ces papillons se poser sur les fleurs, car ils manquent de la trompe destinée à sucer le nectar, et, ne prenant point de nourriture, ne vivent par conséquent que le temps juste nécessaire à la reproduction de leur espèce.

Au repos, les ailes supérieures recouvrent plus ou moins complètement les inférieures.

Une espèce commune et très nuisible est

Le Bombyx Neustrien.

Il est de couleur jaune terne, avec les ailes supérieures traversées par deux lignes brunâtres ; les franges des ailes sont blanchâtres, entrecoupées de brun. La femelle pond au mois de juillet, sur une branche, une spirale très serrée d'œufs gris, collés sur une couche d'enduit brunâtre, formant comme un collier autour de la branche. Ces œufs passent l'hiver et donnent naissance au printemps à de petites chenilles, qui vivent en commun sous une tente de soie. Parvenues en juin à toute leur taille, elles se dispersent sur les feuilles. On a appelé cette chenille *la livrée des jardins*, à cause de ses bandes qui ressemblent à des galons de laquais. Sur le dos règne une ligne blanche et de chaque côté sont trois bandes d'un fauve rouge séparées, la première de la seconde par une bande noire, et la seconde de la troisième par une large bande bleue.

Elle file un cocon ovale, d'une soie blanche et claire et y devient chrysalide entourée d'une poussière jaune comme de la fleur de soufre.

Il faut écheniller au moment où les larves sont encore réunies en famille dans leurs abris soyeux ; enduire les anneaux d'œufs d'une couche de goudron minéral, ou bien couper les brindilles qui portent ces œufs et les brûler.

Le Bombyx à cul brun

a les ailes blanches, le ventre roux terminé par un pinceau de poils dorés.

La femelle pond ses œufs en tas, sur les feuilles du poirier et du pommier ; puis elle les recouvre des poils qu'elle s'est arrachés du ventre. Les chenilles éclosent en août et septembre ; couvertes de poils, elles sont d'un brun foncé avec plusieurs raies longitudinales.

Une autre espèce, non moins nuisible, est

Le Bombyx disparate ou le Zigzag.

Le nom de disparate lui a été donné à cause de la grande différence qui existe entre les deux sexes.

Le mâle, qui a 42 millimètres d'envergure, est brun varié de jaune d'ocre. La femelle, beaucoup plus grande, à abdomen énorme, a les ailes d'un blanc jaunâtre, les supérieures avec de fines lignes brunes en zigzag. Il est très commun en juillet et août.

La chenille, très grosse chez la femelle, est grise, couverte de touffes de poils sortant de tubercules rouges et noirâtres ; elle cause de grands ravages sur les arbres fruitiers.

D'autres espèces voisines, que nous ne ferons que citer rapidement, causent plus ou moins de tort aux arbres fruitiers, ce sont :

Le Bombyx feuille morte ou feuille de chêne.
Le Bombyx grand paon. — Les Orgya.

Pour donner une idée des dégâts que peuvent causer ces insectes, il suffit de rappeler qu'en 1848, 1,500 hectares de forêts furent dévastés, aux environs de Phalsbourg, par des chenilles d'orgya qui dépouillèrent complètement les arbres de leurs feuilles. La quantité de ces chenilles était incroyable, à tel point que le sol en était couvert par endroit jusqu'à une hauteur de 12 centimètres. Les habitants du pays gardèrent le souvenir de cette invasion, et baptisèrent les chenilles du nom de chenilles de la république. (MAINDRON.)

A côté des bombyx on peut placer :

La Zeuzère du marronnier ou la Coquette.

Le papillon a les quatre ailes blanches pointillées de bleu noirâtre, 50 millimètres d'envergure ; la chenille est blanc jaunâtre piquetée de noir, elle vit à l'intérieur du tronc du marronnier et de beaucoup d'arbres fruitiers.

La femelle de la zeuzère a une tarière qui lui permet de pondre dans les fentes des écorces. Les chenilles, armées de mandibules puissantes, pénètrent dans le cœur même des branches et des troncs d'arbres, d'où elles creusent une galerie parallèle aux fibres du bois et généralement descendante. — Aussi, quand on rencontrera une galerie de larve dans une branche ou un tronc d'arbre,

Sphinx tête de mort.

on fouillera cette galerie avec une tige d'acier ou de fer recourbée en hameçon à son extrémité pour atteindre cette larve.

2° SPHINX. — 3° SÉSIES.

Dans le groupe des sphinx, à côté des sphinx proprement dits qui ne fournissent aucune espèce à signaler,

13

nous trouvons les sésies dont nous devons dire quelques mots.

Les plus connues sont :

1° *La Sésie en forme de Mutille.*

Le papillon a les ailes transparentes, bordées de brun avec une tache brune sur le disque des supérieures, il a de 20 à 22 millimètres d'envergure. L'abdomen noir, avec une bande rouge au milieu, est terminé par une houppe de poils. La chenille vit à l'intérieur des pommiers et des poiriers, renfermée dans les troncs ou les grosses branches et y creuse de longues galeries sinueuses, parfois presque dans les racines ; elle se chrysalide dans cet abri en se rapprochant de la surface extérieure de la plante qui l'a nourrie.

2° *La Sésie tipuliforme,*

dont la chenille vit dans les branches des groseilliers et y creuse des galeries qui mettent la vie de ces arbustes en danger.

Les sésies volent en général au milieu du jour.

4° NOCTUELLES.

Les noctuelles sont très nombreuses en France, puisqu'on en compte plus de 500 espèces. Plusieurs sont très nuisibles aux plantes potagères et aux céréales.

Deux surtout sont particulièrement malfaisantes, car leurs chenilles souterraines rongent les racines, et les plantes ainsi attaquées ne tardent pas à mourir. Ce sont les vers gris des agriculteurs. Les papillons dont ils proviennent sont : la noctuelle des moissons et la noctuelle point d'exclamation.

Noctuelle des Moissons.

La première, appelée aussi : la moissonneuse, a 40 millimètres d'envergure ; les ailes supérieures sont roussâtres ou brun grisâtre avec des taches cerclées de noir. Rappelons, en passant, que chez les noctuelles, les ailes supérieures sont presque toujours marquées, vers le milieu, de deux taches constantes et caractéristiques nommées, d'après leur aspect, l'orbiculaire et la réniforme (en forme de rein) ; il en existe parfois une troisième, moins constante, la tache en zig-zag. Les ailes inférieures, cachées sous les précédentes, sont gris blanchâtre, avec une fine bordure noire ; elles sont plus enfumées chez la femelle.

La chenille cylindrique et épaisse est d'un gris plus ou moins brunâtre. Dans sa jeunesse, elle est d'un gris pâle avec deux lignes blanchâtres, latérales, parallèles et une ligne dorsale. A la suite des mues, ces lignes s'effacent, la couleur générale s'assombrit et on voit de nombreux petits points d'un noir luisant surmontés chacun d'un petit poil. Elle s'enfonce, quand elle a toute sa croissance, dans une cavité terreuse, ovale, et y devient chrysalide d'un brun rougeâtre ayant l'aspect d'une fève. On trouve souvent cette chenille et sa chrysalide en bêchant ou labourant la terre. Dans les champs, elle ronge les racines des raves, des choux, des betteraves. Il y a quelques années elle a commis des dégâts considérables dans les cultures betteravières du Nord. Elle perfore encore les pommes de terre qu'elle ronge jusqu'à les évider entièrement. Dans les jardins, pour être moins nuisible, elle n'en est pas moins importune ; s'en prenant aux racines des dahlias, des balsamines, des reines-marguerites, elle procure aux jardiniers les plus tristes surprises. Non seulement elle mange les racines, mais comme elle ne peut grimper bien haut, elle sort son corps à moitié de terre, et elle coupe les plantes au collet ; chaque plante attaquée est une plante perdue.

L'autre espèce,

La Noctuelle point d'exclamation (agrotis exclamationis),

mérite la même réprobation.

Les ailes supérieures sont brun roussâtre avec trois taches, dont l'une a été comparée à un point d'exclamation. Les ailes inférieures sont d'un blanc sale chez le mâle, d'un gris bleu chez la femelle. Le papillon est encore plus abondant que le précédent ; on le prend pendant toute la belle saison dans les jardins, les champs, les prairies, où il vole même en plein jour.

La chenille ressemblant beaucoup à celle de la moissonneuse, attaque les mêmes plantes et se plaît à ronger les racines des laitues, des chicorées, des fraisiers, des artichauts ; aussi est-elle peu aimée des maraîchers qui l'enveloppent avec la précédente dans la même aversion, sous les noms de ver court, ver gris.

« A la fin de juillet, dit le docteur Boisduval, elle est encore toute petite, et ses pattes membraneuses, pourvues encore de leur demi-couronne de crochets, lui permettent de monter un peu sur les tiges de plantes, elle est alors d'une couleur roussâtre avec des lignes parallèles plus pâles ; après la troisième mue, elle devient d'un gris verdâtre sale, avec une double ligne médiane plus foncée. A l'entrée de l'hiver, elle a atteint sa grosseur : elle passe toute la mauvaise saison cachée sous la terre. Dès que le soleil a légèrement réchauffé le sol, en avril ou mai, suivant les années, la chenille se réveille, mange encore pendant quelque temps, puis, dans le courant de mai, elle se change en chrysalide. »

Pour arrêter la multiplication de ces espèces malfaisantes, il faut faire la chasse aux papillons ; et, en outre, lorsqu'on aperçoit une plante qui se fane, découvrir le pied et chercher la chenille qui la ronge : neuf fois sur dix on la trouve à quelques centimètres de profondeur ; de plus, en la tuant, on évite qu'elle attaque une autre plante.

La Noctuelle du chou

exerce ses ravages d'une autre façon ; elle pénètre dans l'intérieur des choux et la tête des choux-fleurs et leur ôte ainsi toute valeur.

Le papillon, de 40 à 45 millimètres d'envergure, a les ailes supérieures de couleur brun jaunâtre, couvertes de taches et de lignes nébuleuses, mais néanmoins assez distinctes; les ailes inférieures grises avec une marque brune.

Noctuelle du chou.

Les chenilles, que l'on rencontre trop souvent dans les choux et appelées par les jardiniers vers de cœur, sont d'un gris plus ou moins jaune ou même bronzé, avec une bande longitudinale jaune sur chaque flanc, chaque anneau portant aussi un trait oblique noir. La tête et les pattes thoraciques sont toujours d'un brun rouge. Ces larves nuisibles s'installent à plusieurs dans l'intérieur des choux et ont bientôt fait de les percer et de les ronger. Quand elles ont bien satisfait leur appétit et que le moment de la nymphose est arrivé, elles quittent la plante nourricière, s'enterrent au pied et passent l'hiver à l'état de chrysalide pour éclore en mai.

La Noctuelle fiancée

fournit aussi une chenille très nuisible dans les potagers, attaquant le cœur, le collet et les feuilles des choux, rongeant l'oseille, la laitue, etc.

Le papillon, de grande taille, 60 millimètres d'envergure, aux ailes supérieures d'un brun mêlé de gris jaunâtre, aux ailes inférieures jaunes bordées largement de noir, est très commun pendant tout l'été et l'automne dans les lieux frais.

Parmi les nombreuses espèces que nous devrions encore signaler, mentionnons seulement :

La Noctuelle Gamma

qui porte sur le disque comme trait caractéristique un signe, d'une couleur d'or pâle, ayant la forme de la lettre grecque *gamma* couchée (sorte d'*y*), placé sur un espace noirâtre.

Et enfin,

La Noctuelle Psi,

espèce commune dans toute la France, paraissant à l'état de papillon depuis la fin de mai jusqu'au mois d'août. On la trouve souvent appliquée contre le tronc ou les branches des arbres.

Les ailes supérieures et inférieures sont d'un gris blanchâtre, les supérieures marquées de lignes noires très anguleuses.

La chenille a une éminence conique sur le quatrième anneau et une bosse pyramidale sur le onzième. Elle est noirâtre en dessus avec une bande supérieure d'un jaune citron.

5° Phalènes.

Les phalènes nous offrent des formes grêles et allongées, munies de grandes ailes développées. Les grandes rames aériennes de ces insectes, d'une étendue, la plupart du temps, démesurée par rapport au volume de leur corps, leur donnent ce vol tremblotant et vacillant qui suffit pour les faire reconnaître à une grande distance.

Les phaléniens portent aussi le nom de géomètres, à cause de la singulière façon de marcher de leurs chenilles, qui paraissent mesurer avec leur corps les espaces successifs qu'elles parcourent sur le sol ou sur les branches.

La grande majorité des chenilles géomètres ou arpenteuses est d'une couleur grise ou verdâtre et leur corps lisse et satiné, ou rugueux et imitant les écorces, leur permet de passer inaperçues sur les plantes où elles vivent. Tout le monde a vu ces singulières chenilles restant souvent des heures entières fixées sur une branche, dans un état d'immobilité complète. L'attitude verticale ou oblique qu'elles affectent dans cette position leur donne tout à fait l'apparence d'une brindille sèche et les rend absolument inappréciables à l'œil dans les buissons dépouillés qu'elles fréquentent à l'automne.

La marche de ces géomètres est tout aussi singulière. La plupart d'entre elles sont obligées, par l'absence de pattes à leurs anneaux intermédiaires, de plier leur corps en une boucle, puis elles se détendent ensuite, ressemblant à un compas s'ouvrant et se fermant pour prendre des mesures successives. (MAINDRON, *les Papillons.*)

Les phalènes les plus communes sont :

La Phalène du groseillier,

appelée la mouchetée par Geoffroy.

Le papillon qui éclot au mois de juillet a la tête et les antennes noires, les ailes arrondies blanches avec beaucoup de taches noires dont la principale série borde le contour des quatre ailes. Les ailes supérieures ont, en outre, deux lignes d'un jaune fauve. Le thorax et l'abdomen sont jaunes tachetés de noir.

La chenille se laisse souvent tomber des arbustes au

moyen d'un fil de soie qui lui sert à remonter. Elle se
nourrit principalement des groseilliers, parfois des
pêchers et abricotiers; elle est d'un blanc verdâtre, avec
une bande jaune rouge le long des flancs, le dessus des
trois premiers anneaux, jaune, et des trois derniers, verdâtre, et des taches noires en lignes sur tous les anneaux.

Elle sort de l'œuf en septembre, passe l'hiver engourdie
dans les feuilles sèches sur le sol et devient chrysalide au
mois de juin, entre quelques fils de soie attachés aux
feuilles. Il faut, en hiver, ramasser les feuilles sèches,
pleines de petites chenilles et les brûler.

L'Hibernia defoliaria.

Les ailes du mâle sont d'un jaune d'ocre clair avec un
point foncé en leur milieu, les supérieures ont le disque
largement bordé de roussâtre, la femelle est jaune tachetée
de noir.

La chenille, brun rougeâtre en dessus, jaune en dessous,
vit sur les arbres fruitiers, auxquels elle fait parfois beaucoup de tort en dévorant leurs bourgeons dès le mois
d'avril. Elle s'enterre à l'automne et passe l'hiver en
chrysalide.

Chez plusieurs phalènes, les femelles sont aptères ou
ne possèdent que de courts moignons d'ailes; aussi, pour
aller pondre sur les rameaux des arbres qu'elles affectionnent, elles sont obligées de grimper le long du tronc,
puisqu'elles ne peuvent s'y rendre en volant. C'est en les
arrêtant dans leur marche, qu'on parvient à diminuer
leurs ravages; pour cela on entoure les troncs d'arbres
à une certaine hauteur d'un manchon de papier épais
recouvert de goudron : les insectes ne peuvent franchir
cette barrière; ceux qui essayent avec trop d'obstination
y restent embourbés.

Ce procédé excellent a donné en Suède les meilleurs
résultats : dans un petit espace on est arrivé à détruire
vingt-huit mille femelles d'une espèce très nuisible aux
arbres fruitiers,

La Cheimatobia brumata ou Phalène hyémale,

dont la chenille vit sous des feuilles rabattues et réunies par leurs bords avec des fils de soie. Cette chenille se trouve au printemps sur tous les arbres des vergers; on la reconnaît à sa tête brune et luisante, à sa robe verdâtre avec une bande brune bordée de blanc le long du dos et une ligne claire le long des flancs. Elle se métamorphose en juillet dans une petite coque enterrée; les papillons sortent vers novembre.

Le mâle a 30 millimètres d'envergure; ses ailes supérieures sont brun sale, chargées de nombreuses lignes brunâtres, — les quatre ailes portent en dessous, sur un fond gris brun, une bande plus claire. Les ailes rudimentaires de la femelle sont brunâtres avec une ligne noire. Espèce très commune en novembre et décembre, — dans les villes on la voit quelquefois voltiger en plein hiver autour des réverbères.

Microlépidoptères.

Dans ce groupe on trouve d'abord la famille des

TORDEUSES

qui doit son nom à l'habitude qu'ont les chenilles de rouler les feuilles en un tube ou un cornet retenu par de la soie et dans lequel elles habitent, vivent toute leur vie de larve, et se chrysalident.

Les papillons ont la côte de l'aile antérieure arquée à la base, ce qui leur donne un aspect spécial. Ils ont l'habitude de se tenir au repos les ailes disposées en toit aplati. Les uns ont des couleurs brillantes qui les font facilement distinguer sur les feuilles où ils aiment à se reposer dans le jour. Les autres se tiennent sur les troncs d'arbres où leur teinte grisâtre dissimule très bien leur présence. D'autres enfin, vivent de préférence sur les feuilles auxquelles ils ressemblent par leur couleur verte.

La Tordeuse de Bergmann

fait partie de ces dernières.

C'est un ennemi redoutable que connaissent bien les amateurs de rosiers. Sa chenille vit sur toutes les variétés de ces arbustes et nuit beaucoup à leur floraison. Elle se tient à l'extrémité des jeunes pousses entre les feuilles roulées et liées avec des fils de soie, rongeant tranquillement les feuilles tendres et les boutons qui commencent à se former. A toute sa taille à la fin de mai, elle est d'un vert clair un peu jaunâtre, la tête et les pattes écailleuses un peu noires, le dos du premier anneau portant un écusson noir. Munie de seize pattes courtes, elle se tortille quand on la touche, comme un petit serpent, et marche en arrière comme en avant. Elle devient chrysalide brune à l'intérieur d'une feuille tapissée de fils de soie. A la fin de juin, le papillon sort : il a 15 millimètres d'envergure. Ses ailes supérieures sont jaunes avec trois raies transversales de couleur plombée ou argentée ; les ailes inférieures sont noirâtres. On le voit voltiger le soir dans tous les jardins.

Il faut écraser les petites chenilles en pressant les feuilles entre les doigts.

Les arbres fruitiers ont particulièrement à souffrir des ravages de

La Tortrix Holmania (tordeuse de Holm)

qui attaque particulièrement les pommiers et les poiriers. Si on touche à leurs feuilles roulées on en voit sortir à reculons une petite chenille fort agile, jaune clair avec la tête noire, qui se laisse immédiatement tomber en restant suspendue par un fil.

La Pyrale de la vigne.

Dans cette famille vient se ranger ce microlépidoptère qui a acquis une si fâcheuse célébrité. C'est à la fin de juillet qu'éclosent les papillons de la pyrale de la vigne, volant au lever et au coucher du soleil d'un cep à l'autre, en s'élevant peu au-dessus du sol. Les papillons posés sur les feuilles ont l'aspect de longs triangles, les ailes supérieures recouvrant les inférieures, la tête pointue avec de gros yeux noirs — ils ont 2 centimètres d'envergure — les ailes supérieures sont jaune fauve avec des reflets dorés, traversées par trois bandes brunes; les inférieures d'un gris violâtre.

Au commencement d'août, les femelles pondent, sur le dessus des feuilles, des plaques d'œufs ovalaires, agglutinés par un enduit visqueux. A la fin d'août, il en sort de très petites chenilles qui, au lieu de se mettre à manger, descendent au pied des ceps, pendues à des fils de soie. Elles se filent de petits cocons grisâtres et ovoïdes et y passent tout le temps des froids.

Au commencement de mai, c'est-à-dire aux premières chaleurs, les chenilles sortent de leur sommeil léthargique et sont aussitôt sollicitées par la faim. Elles entourent de soie les petites feuilles et grappes qui constituent les bourgeons et commencent à manger dans ces premiers abris. Quand elles ont atteint environ un centimètre et que les feuilles sont plus développées, elles quittent l'extrémité des pousses et descendent au milieu des tiges, gagnant les grandes feuilles et les grappes.

Une fois posée sur une des feuilles qui doit faire partie de son nouvel abri, la chenille jette de part et d'autre des fils de soie entrecroisés et se forme ainsi une loge soyeuse sous laquelle elle ronge les feuilles qui sont à sa portée. Ces fils innombrables entrecroisés dans toutes les directions, entravent la végétation, arrêtent complètement la floraison et la fructification des grappes qui s'y trouvent mêlées, et de cet enchevêtrement des grappes, des feuilles et des vrilles, résulte cet aspect de désolation que présentent les vignobles envahis par la pyrale. Tant que les chenilles sont jeunes, elles se bornent à manger les feuilles, mais lorsqu'elles ont acquis plus de force, elles attaquent les grains en les coupant et en les rongeant, préférant toutefois les feuilles aux fruits. Elles arrivent finalement à anéantir en quelques jours les espérances des plus belles récoltes.

Vers la fin de juin, elles ont acquis tout leur développement et sont longues de 2 centimètres; de couleur verte, avec la tête et le premier anneau bruns, elles marchent avec vitesse, même à reculons. Elles se forment en chrysalides, là où elles ont vécu.

Un autre papillon a été appelé :

Pyrale de la Grappe ou plus communément *Teigne de la Grappe.*

Ce n'est point pourtant une vraie teigne, mais une tordeuse (le nom scientifique est *cochylis*).

C'est un petit papillon de 12 millimètres d'envergure, à ailes supérieures jaunâtres rayées de bandes brunes, à ailes inférieures d'un gris perle.

La chenille, souvent appelée ver rouge, ver de la vendange, a 8 millimètres de long, la tête et le premier anneau d'un brun rougeâtre, les autres segments grisâtres. La chrysalide, d'un brun clair, est entourée d'un faisceau lâche de fils de soie blanche.

Il y a deux générations de papillons par an. Les premiers paraissent au mois d'avril et pondent leurs œufs sur les bourgeons. Les chenilles éclosent en mai et entourent d'un lacis de fils de soie les fleurs et les très jeunes grappes qu'elles dévorent. Les chrysalides, formées en juillet, donnent de nouveaux papillons quelques semaines après.

Les femelles pondent leurs œufs sur les grains de raisin déjà bien formés; les chenillettes perforent ces grains, se nourrissent de la pulpe et même des pépins. Vers la fin de septembre, elles se transforment en chrysalides qui passent l'hiver dans les fentes de l'écorce du cep.

Les autres pyrales qu'on peut rencontrer dans les jardins sont :

La Pyrale contaminée,

papillon de couleur brune à ailes postérieures grises; la chenille est petite, d'un vert foncé, à tête brune; elle apparaît au mois de mai, ronge les feuilles de l'abricotier et d'autres arbres fruitiers, puis choisit une feuille pour se constituer un abri et se métamorphoser.

La Pyrale du prunier.

Petit papillon brun foncé à ailes supérieures tachées de blanc à leur extrémité. A deux générations par an vivant chacune d'une façon particulière. Les premières chenilles se montrent au moment de l'apparition des fleurs, se logent au milieu des bouquets, les dévorent ; puis, liant ensemble plusieurs feuilles, se métamorphosent pour éclore en juin, juillet.

En août, les chenilles de la seconde génération apparaissent : elles rongent les feuilles et se chrysalident à terre sous la mousse ou dans l'herbe pour y passer l'hiver.

Elles commettent des dégâts importants sur les cerisiers et les pruniers.

La Pyrale des pois.

La chenille de cette espèce éclot en juillet, elle vit sur le pois, perce une cosse, en dévore les graines et passe à une autre. Elle se chrysalide en terre dans une coque soyeuse. Le papillon paraît en juin, il est de couleur terne, gris jaunâtre.

Une autre pyrale,

La Pyrale de Weber,

fournit une chenille qui, au lieu de s'attaquer aux feuilles,
se tient cachée sous l'écorce, près de l'aubier, chez tous les
arbres à fruits à noyau. Elle y creuse des galeries qui ne
peuvent que causer du tort à l'arbre.

Les chenilles des

Carpocapses

ont d'autres mœurs ; elles vivent à l'intérieur des fruits et
les rendent véreux, en creusant dans leur chair ces longs
canaux remplis de leurs déjections noirâtres semblables à
des grains de poivre.

Les papillons pondent leurs œufs sur l'œil du jeune fruit
qui a noué. La petite chenille qui en sort perce un trou par
lequel elle pénètre à l'intérieur jusque vers le cœur du
fruit, se creusant une galerie qui s'élargit à mesure que
l'animal grandit.

Désormais, le fruit grossit tout comme s'il était sain et
ce n'est qu'en le coupant qu'on reconnaît la présence du
fâcheux parasite.

Cette chenille est d'un blanc rosé, à tête brunâtre, par-
semée de petits points rouges sur les anneaux. Tout le
monde l'appelle le ver des pommes. Elle passe d'un fruit
à l'autre, dans les bouquets de fruits qui se touchent, et
parfois, suspendue à un fil, va attaquer un fruit sain placé
au-dessous. Ces fruits tombent avant les autres ; après
leur chute, les chenilles sortent et se réfugient sous les
écorces ou sur le sol entre les herbes et les feuilles sèches
et se filent de petits cocons de soie pour passer l'hiver.
Elles se chrysalident en mai, juin et deviennent papillons
en juillet.

Le carpocapse des pommes et des poires a les ailes
supérieures grises variées de brun ; les ailes inférieures
brunes, envergure : 18 millimètres.

Les abricots et les prunes nourrissent une autre espèce
qui creuse des galeries qu'elle emplit derrière elle de ses
excréments pulpeux et bruns.

Quels soins donner à nos arbres pour qu'ils soient moins exposés aux atteintes des diverses pyrales ?

Tout d'abord, il faut entretenir le tronc et les branches dans un strict état de propreté, enlever les écorces mortes et visiter toutes les fissures. Chaque année, en hiver, badigeonner les plantations avec du lait de chaux phéniqué, arroser à l'eau bouillante les pieds des arbres et le sol des vergers qui renferme les chrysalides hivernant ou les chenilles engourdies dans leurs cocons. On peut aussi se servir d'une solution de sulfo-carbonate de potasse. Plus tard, couper les feuilles tordues et les brûler ; enfin, à la saison où paraissent les adultes, des feux allumés le soir, dans les vergers, pourront attirer quelques papillons qui viendront se brûler naturellement. On peut encore suspendre à l'intérieur de l'arbre un flacon contenant du sulfure de carbone (un verre environ) dont les vapeurs paraissent incommoder sérieusement chenilles et papillons.

Les Teignes.

Chacun de nous a éprouvé plus d'une fois la désagréable surprise de trouver un jour ses vêtements mangés aux mites ou aux vers, c'est l'expression consacrée. Or, c'est une petite chenille qui ronge ainsi nos étoffes de laine et se fait un fourreau avec les poils détachés ; d'autres s'attaquent aux fourrures ; d'autres, enfin, non moins funestes, aux arbres fruitiers. Les petits papillons qui les produisent ont été appelés teignes.

C'est une teigne, *la repticule du rosier,* à envergure de 5 à 6 millimètres, qui dessine sur les feuilles de cet arbuste ces lignes brunes, larges, sinueuses, que les amateurs de roses ont certainement remarquées. Ces lignes figurent les galeries creusées par la chenille de la repticule.

Parmi les teignes les plus nuisibles, nous citerons :

Les Hyponomeutes.

Ce sont de jolies petites teignes dont les ailes supérieures d'un beau blanc, piquetées de noir, recouvrent au repos, en un toit allongé, les ailes inférieures gris soyeux, largement frangées. Plusieurs d'entre elles font beaucoup de tort aux arbres fruitiers, car leurs chenilles vivent fréquemment en commun sous une toile soyeuse entourant des bouquets entiers de feuilles et de fruits, et faisant ainsi périr les feuilles qu'elles ne dévorent pas.

Lorsque ces funestes chenilles ont dépouillé complètement un arbre de ses feuilles, elles l'abandonnent pour passer sur un autre, laissant derrière elles les rameaux chargés de leurs tentes soyeuses, tristes vestiges du séjour de cette engeance dévastatrice.

Nous ne décrirons pas les diverses espèces répandues dans nos vergers. Elles diffèrent peu du reste les unes des autres.

Pour les combattre, il faut écheniller avec soin et brûler tous les nids. Si cette opération ne pouvait se pratiquer aisément à cause de la généralisation du mal, on projetterait sur l'arbre, avec une pompe à main, une solution de savon noir au 1/20, soit 1 kilogr. de savon noir pour 20 litres d'eau.

Les légumes eux-mêmes ne sont pas épargnés. Ainsi il n'est pas rare de trouver sur l'ail et le poireau une petite chenille vivant en mineuse, c'est-à-dire logée dans l'intérieur des feuilles, où elle creuse de longues galeries, sans entamer l'épiderme. Elle est blanchâtre, avec la tête et le dessus du premier segment jaunâtres. Elle pénètre même dans les tuniques charnues, souillant les feuilles de ses déjections verdâtres.

Les ailes du papillon sont noirâtres avec une tache blanche sur les supérieures. Au repos, les ailes s'enroulent autour du corps pour se redresser au bout en queue de coq.

Ajoutons, pour en finir avec ces microlépidoptères que : la tache noire du poirier est produite par un très petit papillon de couleur gris-perle, avec deux raies jaunes et

quelques points noirs et blancs. Il a 6 millimètres d'envergure. La chenille, qui ressemble à un petit asticot, n'a que
2 à 3 millimètres de long. Elle vit à l'intérieur des feuilles,
sous l'épiderme, en produisant de petites taches noires qui
vont s'agrandissant à mesure que la chenille dévore les
tissus.

Il faut brûler les feuilles attaquées et employer le sulfure de carbone, comme on l'a indiqué plus haut.

14

CHAPITRE XIII

Hémiptères

On a donné le nom d'hémiptères aux insectes dont la première paire d'ailes est partagée en deux parties de consistance inégale, l'une plus ou moins coriace (c'est la portion qui est la plus rapprochée du point d'insertion de l'aile sur le thorax), l'autre membraneuse. Ce sont donc des demi-élytres.

On a rangé cependant dans les hémiptères des insectes dont les ailes n'offrent pas la particularité que nous venons de signaler.

Les uns, en effet, n'ont que des élytres rudimentaires, comme les punaises des lits ; d'autres ont les ailes antérieures de même consistance dans toute leur étendue, telle est la cigale ; d'autres enfin, les pucerons par exemple, dont les mâles n'ont que deux ailes, comme nos mouches, tandis que les femelles, qui n'ont pas d'ailes, sont dites aptères.

Après avoir dit quelques mots sur les diverses espèces de punaises et sur les cochenilles, nous entrerons dans plus de détails au sujet des pucerons, dont tant de plantes ont à souffrir.

Les Punaises,

dont chacun connaît l'odeur désagréable, sont très répandues partout dans les jardins et les bois.

Deux espèces sont marquées de rouge, ce sont : la

punaise rouge du chou et la lygée aptère ou punaise des bois et des jardins.

On les distingue aisément l'une de l'autre : toutes deux ont l'écusson noir. On observe chez plusieurs insectes une petite pièce triangulaire qui prolonge la partie postérieure du corselet et recouvre plus ou moins l'abdomen : c'est

Punaises.

l'écusson. Or, chez la punaise du chou, l'écusson noir porte une tache rouge en forme de fourche, tandis que dans la lygée l'écusson est uniformément noir ; de plus, chez cette dernière, les ailes antérieures rouges portent chacune une tache noire ronde.

La Punaise du chou (Pentatome ornée).

a un centimètre de long, la tête est noire, le corselet noir bordé de rouge, l'écusson grand et triangulaire avec une fourche rouge, les ailes antérieures rouges, avec quelques taches noires disséminées.

Cette punaise ne répand pas d'odeur infecte, bien qu'elle possède, comme les autres, une glande située dans la région thoracique dont le canal excréteur aboutit entre les pattes postérieures; cette glande sécrète le liquide auquel la punaise doit son odeur forte et repoussante, odeur qui se fait surtout sentir quand on irrite ou quand on écrase l'animal.

La femelle pond ses œufs à la face inférieure des feuilles; d'aspect plutôt cylindrique qu'ovalaire, ils sont gris au milieu et bruns aux deux bouts, une des extrémités se soulève comme un couvercle pour donner passage à la jeune larve dès qu'elle est capable d'aller chercher sa nourriture sur les feuilles de chou qu'elle pique de son rostre. Elle est rouge et noire comme l'adulte, mais dépourvue d'ailes. Lorsque les larves sont nombreuses, elles finissent par nuire beaucoup, car les feuilles de choux ou de navets qu'elles ont criblées de piqûres pour en aspirer la sève, ne tardent pas à se dessécher.

Il faut faire la chasse à ces punaises, très visibles à cause de leur couleur rouge, et rechercher les œufs sur le revers des feuilles.

L'autre :

Punaise rouge des jardins,

cause peu de dommages, souvent même elle ne répand pas d'odeur; on la rencontre au bas des murs exposés au soleil ou sur la base des troncs d'arbres. Souvent on les trouve réunies en assez grand nombre (30 ou 40). On l'appelait autrefois suisse, parce que sa couleur rouge rappelait l'uniforme des troupes suisses que les anciens rois de France prenaient à leur service.

Les ailes postérieures manquent. C'est à cause de cela qu'on l'a nommée lygée aptère ou aussi lygée demi-ailée (quelques auteurs font lygée du genre masculin).

La punaise la plus commune est :

La Punaise grise des jardins,

qui cause peu de dommages aux plantes qu'elle habite, mais communique aux fruits qu'elle a touchés une odeur infecte. C'est surtout désagréable lorsque les fruits qu'elle a visités sont de ceux que l'on mange sans être pelés, tels sont : la framboise, la groseille, etc.

Le liquide nauséabond que sécrètent les glandes de ces insectes est pour eux un moyen de défense quand on les inquiète. J'aperçus un jour, contre la lucarne d'un grenier, une punaise grise ; j'étais monté pour rouvrir cette fenêtre qu'on avait fermée pendant un orage et qui se trouvait à l'ouest ; c'était vers le soir, un beau soleil couchant l'éclairait en plein.

Me méfiant de l'odeur que répand un pareil insecte et ne me souciant pas de mettre mes doigts en contact avec lui, je pris un chiffon de papier qui me parut un préservatif suffisant pour le saisir, mais au moment où le papier toucha l'animal, celui-ci lança des gouttelettes de liquide odorant qui furent projetées en l'air et retombèrent sur ma main et jusque sur ma manche. J'enveloppai la punaise pour la brûler, et, en descendant, je demandai à la première personne que j'aperçus quelle odeur elle trouvait à ma main et à ma manche (je tenais le papier enveloppant la punaise de l'autre main), et je me souviens encore de l'effroi manifesté en reconnaissant l'odeur de punaise, car, dans l'intérieur d'une maison, on craignait que ce ne fût une espèce autrement désagréable dont je venais de constater l'intrusion chez nous.

Il existe bien d'autres espèces de punaises, telles sont : la punaise verte des bois, la punaise des groseilliers qui a la forme de la punaise grise, mais qui en diffère par sa coloration rouge terne, la punaise à cornes noires, qui pique les jeunes pousses des arbres fruitiers pour en sucer la sève et dont la couleur tire sur le jaune clair.

Une dernière espèce mérite une mention, c'est :

Le Tingis ou Tigre du Poirier.

On l'appelle tigre à cause de l'aspect bariolé que présentent ses téguments et qui rappelle de loin la robe mouchetée du plus terrible des carnassiers.

Le tingis du poirier est très petit, puisqu'il n'a guère que 3 ou 4 millimètres de long; il est remarquable par l'espèce de fraise qui existe autour de son cou, c'est ce qui lui a fait donner, par Geoffroy, le nom de punaise à fraise antique (on appelle fraise cette sorte de collet double et à plis que l'on portait au xvi⁰ siècle).

On découvre l'insecte sous les feuilles de poirier, au milieu des taches jaunes dont souvent elles sont criblées; en regardant ces taches à la loupe, on reconnaît qu'elles ne sont pas toutes semblables : les unes, noires, sont de petits cratères au fond desquels est un œuf; les autres, très petites, brunes, simples piqûres produites par le rostre de l'insecte; d'autres enfin, bombées, sortes de fausses galles.

Les arbres atteints seront arrosés à plusieurs reprises avec de l'eau additionnée de **jus** de tabac ou tenant en dissolution du savon **noir**.

La Psylle du Poirier.

Avant de parler des cochenilles et des pucerons, nous devons ranger à part la psylle du poirier qui est un faux puceron. On la nomme familièrement puce des feuilles (*psulla* veut dire puce), à cause de la faculté qu'elle a de sauter. En effet, bien que les ailes existent chez les deux sexes, ces insectes, grâce à la disposition de leurs pattes postérieures, se déplacent plus volontiers en sautant.

Ils se nourrissent des sucs de l'arbre; souvent même l'irritation causée par leur piqûre détermine des nodosités ou malformations.

Le pommier a aussi sa psylle: on la voit à l'automne à

l'état adulte, sur les feuilles du pommier, où elle a, sous la forme larvaire, sucé les bourgeons et les extrémités florales.

Coccides ou Cochenilles.

Ce sont de très petits insectes qui constituent ces petits corps, généralement arrondis, ressemblant parfois à de minuscules coquillages que l'on trouve souvent en abondance fixés vers la face inférieure des feuilles ou sur les rameaux de certains arbres ou arbustes.

Ils sont tous très nuisibles à la végétation et les poiriers, pêchers, oliviers et orangers sont souvent épuisés par ces terribles suceurs.

Quelques-uns, comme la cochenille proprement dite, fournissent des matières tinctoriales qui ne sont plus guère employées depuis la découverte des couleurs d'aniline.

Nous trouvons dans le Brehm quelques particularités intéressantes, concernant un certain nombre d'espèces malfaisantes, nous allons les reproduire.

Plusieurs espèces, et ce ne sont point les moins curieuses, se recouvrent d'une enveloppe composée des dépouilles provenant de leurs mues successives, agglutinées par une sécrétion spéciale de manière à recouvrir l'animal d'un bouclier.

Parmi elles on trouve cette coccide *(Aspidiote)* que les jardiniers, dans leur langage imagé, nomment le pou ou la punaise du laurier rose et qui est le fléau de ces arbustes cultivés en pot ou en caisse; elle se fixe en famille à la face inférieure des feuilles le long des nervures. Elle se plaît également sur une foule d'autres plantes qui poussent dans son voisinage, soit en liberté, soit dans les serres.

Le bouclier est lenticulaire, un peu bombé, de couleur blanchâtre avec le centre jaunâtre.

Chez les diaspis le bouclier des femelles est arrondi ; celui des mâles, allongé et caréné.

Le pou ou la punaise blanche des rosiers (appelé aussi kermès) n'est autre chose qu'un diaspis.

Les branches envahies sont couvertes d'une croûte pulvérulente, écailleuse, agglomération des boucliers des générations passées et des générations actuelles.

Le bouclier de couleur crayeuse cache la larve en été, les œufs en hiver.

Boisduval recommande, pour se débarrasser de cette vermine, d'effectuer la taille de bonne heure pour supprimer les branches infestées et de procéder ensuite au brossage. On sera plus certain de la réussite en trempant la brosse dure, dont on se sert, dans une dissolution de tabac et de savon mou noir.

Les poiriers et leurs fruits sont souvent couverts de diaspis dont les boucliers ont une forme qui rappelle des coquilles d'huître. Leur multiplication est quelquefois si rapide qu'ils envahissent complètement les arbres et les font périr. M. le docteur Signoret indique un procédé radical pour sauver les arbres et les régénérer, c'est de les couper au ras du sol, un peu au-dessus de la greffe : en trois ans, un espalier peut être reconstitué ; c'est après avoir essayé infructueusement la chaux, le tabac, le savon, etc., qui nuisaient autant à l'arbre qu'aux insectes, qu'il s'est résigné à recourir à la chirurgie végétale.

Les orangers, les citronniers ont assez fréquemment les rameaux et les fruits couverts d'une cochenille au bouclier noir. Les mandarines, qui arrivent à Paris aujourd'hui en immense quantité, sont souvent couvertes de ce diaspide.

Une autre cochenille s'établit sur les pommiers et poiriers et s'installe même sur leurs fruits. Elle est reconnaissable à la forme de son bouclier qui est allongé, légèrement arqué, et ressemble à une coquille de moule.

D'autres espèces se recouvrent d'une épaisse couche de matière cireuse n'adhérant pas à l'animal, ce sont :

Le Ceroplaste du Figuier,

l'ennemi le plus acharné de nos figuiers de Provence. Cette cochenille s'installe sur les feuilles, sur les rameaux et même sur les fruits, et ne tarde pas à épuiser les branches les plus robustes qui se dessèchent et perdent leurs feuilles, ainsi qu'une partie de leurs fruits. Les figues qui atteignent leur maturité sont souvent couvertes de coccides et fortement dépréciées. Il faut, comme le dit le docteur Boisduval, toute l'adresse des commerçants marseillais, pour changer leur aspect en les enfarinant un peu, afin de simuler une efflorescence saccharine.

Laissant de côté la cochenille, proprement dite, qui donne le carmin, ainsi que le kermès des teinturiers, qui fournit la couleur rouge dont on teint ou plutôt dont on teignait les calottes ou fez des Grecs et des Turcs, nous citerons pour terminer :

La Cochenille des Serres,

connue sous le nom de pou blanc des serres, puceron cotonneux des serres.

Elle est répandue sur toutes les plantes de serres qui prennent, sous ses attaques, le plus triste aspect. La femelle est d'un blanc jaunâtre, saupoudrée d'une matière cireuse blanche ; le mâle est brun avec de longues ailes grises.

On conseille, pour s'en débarrasser, des badigeonnages d'alcool à 35° appliqué au pinceau.

Une autre espèce,

La Cochenille des Orangers,

ressemble beaucoup à la précédente.

Elle est d'un brun clair rougeâtre, saupoudrée d'une poussière cireuse blanche. C'est un des grands ennemis des orangers et des citronniers dans le Var et les Alpes-Maritimes ; elle couvre branches, feuilles et fruits de son vêtement cotonneux et anéantit les trois quarts de la récolte.

A côté de ces espèces, recouvertes de matières cireuses ou calcaires, on a établi un groupe de coccides :

Les Lécaniums,

qui ne comprend que des espèces nues.

La plus connue est la punaise ou pou de l'oranger, qui se multiplie à outrance et dont les jeunes, fort agiles, se disséminent partout pour sucer la sève.

On a décrit aussi :

Le Lécanium de l'Olivier,

le pou de l'olivier, ainsi que le nomment les Provençaux ;

Le Lécanium des Pêchers,

qui a causé de grands ravages dans les cultures de pêchers de Montreuil ;

Et enfin,

Le Lécanium de la Vigne,

qui se remarque sur les vieilles vignes, sur les ceps languissants et mal exposés. C'est le pou de Strabon.

CHAPITRE XIV

Hémiptères (suite)

PHYLLOXERA. — PUCERONS.

Entre les coccides ou pucerons à carapace dont nous venons de parler et les pucerons des feuilles ou pucerons proprement dits, les naturalistes ont groupé en une famille spéciale, sous le nom de pucerons des écorces ou chermésides, un petit nombre de genres qu'on tend à rattacher aux pucerons vrais et dont les phylloxeras font partie.

Le Phylloxera.

On distingue plusieurs espèces de phylloxeras ; celui de la vigne, dit phylloxera vastatrix, qui fait **tant parler de lui** depuis une trentaine d'années, doit particulièrement attirer notre attention.

C'est dans le sud-est de la France et dans le Bordelais que le phylloxera fit sa première apparition en France vers 1865.

Pendant plusieurs années on ignora de quelle nature était la maladie nouvelle qui frappait des vignes jusque-là vigoureuses et luxuriantes et les rendait en peu de temps complètement improductives. Ce n'est que le 3 août 1868 que la cause du mal est dénoncée à l'Académie des sciences. M. Planchon avait découvert, sur les racines des vignes malades, le puceron dévastateur.

On ne tardait pas, du reste, à constater que partout où l'insecte avait fait son apparition c'était au voisinage de ceps américains introduits dans le vignoble quelque temps auparavant.

L'extension du fléau a été rapide.

Dès 1868 tout le cours du Rhône est envahi; en 1873, les Charentes sont menacées, et, trois ans après, ruinées; en 1876, le mal a gagné Montpellier; en 1878, il est descendu jusque dans les Pyrénées-Orientales; en 1880, le fléau gagne la Bourgogne, le département de Saône-et-Loire est aux trois quarts pris; en 1881, le Midi est à peu près complètement détruit. Depuis, la présence du phylloxera est signalée un peu partout, en Champagne, dans les départements qui environnent Paris, et dans les contrées voisines, l'Espagne, l'Italie, etc.

Avant de faire connaître les mesures que l'on a prises pour le combattre, étudions rapidement les mœurs de ce puceron et les différentes formes qu'il revêt.

Une femelle, dite sexuée, pour la distinguer des autres femelles dont il sera parlé plus loin, qui ne possède ni suçoir, ni tube digestif, et ne vit, par conséquent, que quelques jours, pond, à l'automne, sur le cep, entre les exfoliations de l'écorce, un œuf unique, destiné à passer l'hiver et appelé, pour cette raison, œuf d'hiver. La mère meurt bientôt près de son œuf.

De cet œuf d'hiver sort au printemps une femelle sans ailes, munie d'un long suçoir, qui gagne tout de suite les racines et pond (sans fécondation préalable; on donne le nom de parthénogénèse à ce mode de reproduction) une multitude d'ovules (improprement appelés œufs). De ces œufs, au nombre de 25 à 30, proviennent des femelles aptères qui produisent d'autres femelles aptères et ainsi de suite pendant tout l'été. Ces générations successives sont toutes parthénogénésiques, elles forment les colonies dévastatrices des femelles souterraines. Au commencement des chaleurs, certaines femelles des racines se transforment par des mues successives en femelles, mesurant 1 millimètre et pourvues de longues ailes. Elles sortent au dehors, par essaims, pour aller, souvent au loin, vivre dans les feuilles où elles pondent, à l'automne, quatre ou cinq ovules de deux grosseurs différentes. Les petits donnent les individus mâles, les gros produisent des individus femelles. Mâles et femelles sont aptères, très petits, et sans tube digestif. Ils ne peuvent vivre que quelques jours et sont destinés uniquement à la reproduction. C'est cette dernière femelle qui pond sous l'écorce un seul gros œuf d'hiver qui sera, l'année suivante, la souche des nouvelles générations.

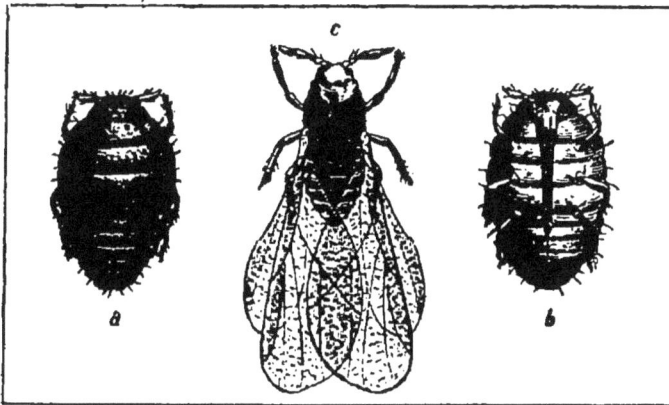

LE PHYLLOXERA.
a. Vue dessus. — *b.* Vue dessous. — *c.* Phylloxera ailé (très-grossis .

Toutes les femelles, nées des œufs d'hiver, ne gagnent pas les racines; quelques-unes se portent sur les feuilles et font naître, en dessous, des galles en cupule, dans chacune desquelles est logée une mère pondeuse entourée de ses œufs. Ces phylloxeras, dits gallicoles, donnent sur les feuilles plusieurs générations aptères ; chaque ponte comprend 200 ou 300 œufs. Ces phylloxeras aptères des galles correspondent aux phylloxeras aptères des racines et, comme eux, se multiplient par parthénogénèse. A un moment donné, quelques-uns se métamorphosent en nymphes, puis en insectes ailés qui donnent naissance à la génération sexuée.

Toutes les mères pondeuses meurent à l'automne. Seules, de jeunes larves, sortes de nymphes, demeurent vivantes ; elles passent l'hiver en léthargie, immobiles, fixées aux radicelles, ne prenant aucune nourriture. Elles peuvent supporter ainsi des froids de — 15° pendant plusieurs jours ; au printemps, elles muent de nouveau et se transforment en insectes ailés.

Dégâts. — Les taches phylloxeriques (c'est ainsi qu'on a appelé les emplacements ravagés par le puceron) sont faciles à reconnaître : au centre, là où l'insecte est implanté depuis plusieurs années, les ceps sont morts, les sarments rabougris ne portent plus de feuilles ; tout autour, comme une ceinture plus ou moins étendue, apparaissent les ceps malades mais non encore frappés mortellement, le feuillage est jaunâtre, le bourgeon terminal des pousses se dessèche, les feuilles tombent avant l'époque habituelle ; au-delà, enfin, on retrouve la végétation normale.

Lorsqu'un cep est attaqué, les feuilles prennent, dès la seconde année, un aspect particulier : elles jaunissent prématurément et tombent ; au printemps suivant, les vignes malades sont en retard sur les vignes saines, les pousses sont plus courtes, les grappes plus petites, les grains qui mûrissent mal n'acquièrent pas la saveur qu'on leur connaît. Si on examine les racines d'un plant ainsi frappé, au lieu de trouver un chevelu dont les radicelles vont en s'amincissant de plus en plus, on remarque que ces radicelles, tout en s'allongeant, présentent çà et là des renflements en fuseau très caractéristiques ; on découvre, de plus, les phylloxeras attachés à ces filaments sur lesquels ils ont déterminé par leur succion ces déformations en forme de nodosités. Les renflements, d'abord jaunes, puis bruns, deviennent flasques, noirâtres, et tombent en pourriture. L'insecte, pour se nourrir, gagne les petites racines, puis les grosses. La surface de ces racines devient elle-même raboteuse et noueuse, radicelles et racines finissent par pourrir également. A ce moment, les alentours ont déjà été explorés en tous sens par le parasite en quête de racines encore saines. C'est de cette façon que le fléau arrive à s'étendre en cercles toujours grandissants autour d'un point primitivement infesté.

Il faut avoir visité le Midi pour se rendre compte de tout le mal causé par le phylloxera. Ecoutons M. Barral : « La ruine et la misère, dit-il dans une conférence en 1882, atteignent la masse de la nation. Dans des villages où tout le monde était à l'aise, où l'on rencontrait une population très dense, aujourd'hui la gène est partout, et les habitants émigrent ; on n'a plus d'ouvrage, on va chercher fortune dans le nouveau monde, un peu en Algérie, pour ne pas mourir de faim en France. Je me souviens d'être passé, il y a quelques années, au mois de septembre, dans l'arrondissement de Montpellier ; c'était le moment de la vendange, tout le monde chantait dans les villages ; une foule énorme de vendangeurs était descendue des montagnes des Cévennes ; partout de nombreuses voitures chargées de raisins : les hommes travaillaient quelques heures et gagnaient de dix à douze francs ; j'y suis retourné, il y a deux ans, à la même saison ; les maisons étaient fermées ; rien dans les rues, pas un ouvrier ; la désolation la plus complète ; pas un homme n'était descendu des montagnes, non seulement à l'époque de la vendange, mais au moment où l'on donne ordinairement des façons à la vigne. C'est une perte incalculable, d'abord pour le département, puis pour toutes les régions voisines.

« Et quand je considère les familles de propriétaires, combien en ai-je vu de riches, de millionnaires et qui n'ont plus absolument rien ! J'ai connu une veuve qui avait perdu son mari de bonne heure et qui avait admirablement élevé ses filles. Elle avait un grand domaine en vignes qu'elle avait voulu agrandir ; elle avait voulu créer un vaste cellier, des pressoirs perfectionnés ; elle n'avait pas tout l'argent nécessaire, elle se disait : C'est si beau ! Je vais gagner en quelques années la fortune de mes filles ! Et elle avait emprunté 100,000 francs pour construire. Le phylloxera est apparu ; la vigne a décliné ; les échéances sont arrivées, fatales; son domaine qui valait 600,000 francs n'a pas été vendu 100,000; non seulement elle n'a rien eu, mais elle est restée avec des dettes. Lorsqu'on voit ces familles qui viennent vous raconter leurs douleurs, qui vous disent dans quel état elles sont réduites, on trouve qu'il y a quelque chose à faire pour les viticulteurs qu'a frappés cette misère imméritée due à un fléau inattendu. »

Les procédés proposés pour combattre le phylloxera sont nombreux, on en compte plus de 3,000. Pour exciter le zèle des expérimentateurs, un prix de 300,000 francs a été proposé — il est encore à gagner.

Les tentatives qui ont donné de sérieux résultats sont :

L'introduction en France des cépages américains;

La submersion des vignes;

Le sulfure de carbone et le sulfo-carbonate de potassium comme agents insecticides.

On a reconnu par l'expérience que les vignes américaines fournissaient plusieurs cépages vraiment résistants.

Malheureusement, ces plants cultivés directement donnent un vin peu agréable et dont la vente est difficile.

On a songé alors à greffer nos vignes françaises sur ces cépages américains — le vin, sans être aussi bon que celui qu'on récoltait auparavant était cependant bien préférable à celui des vignes américaines.

Plusieurs viticulteurs n'hésitent pas à déclarer que les résultats obtenus sont splendides. Aussi, en 1884, sur 600,000 hectares de vignes atteintes par le phylloxera on constatait que 60,000 hectares étaient reconstitués en vignes américaines.

La submersion proposée par M. Faucon a fait ses preuves; malheureusement ce traitement ne peut être appliqué que dans les plaines basses.

Pour les vignes plantées sur les coteaux (et elles sont nombreuses), qui ne sont pas submersibles, M. Paul Thénard a proposé l'emploi du sulfure de carbone. On fait autour de chaque pied 2 à 3 trous avec une espèce de

seringue à long bec (c'est le pal de M. Gastine) qui permet
en même temps d'injecter de 10 à 25 grammes de sulfure
de carbone.

Le sulfo-carbonate de potassium a été proposé par
M. Dumas. On verse la solution à l'aide d'arrosoirs au
pied des ceps.

Le docteur Mandon, professeur à l'école de Limoges
cherche à empoisonner par succion les phylloxeras. Il fait
pénétrer de l'acide phénique au centième par une petite
ouverture pratiquée avec une vrille dans le cep.

Enfin M. Balbiani, dans un rapport adressé au ministre
de l'agriculture, fait ressortir l'intérêt qu'il y aurait à
détruire l'œuf d'hiver. — Pour y parvenir autant que
possible, on propose la décortication superficielle des
souches — les aspersions d'eau bouillante qui réussissent
fréquemment et le badigeonnage avec des substances
insecticides, tel qu'un mélange d'eau, d'huile lourde de
houille, de naphtaline et de chaux.

Une dernière question se pose : dans les vignes phylloxérées, le puceron est-il la cause unique du dépérissement de la vigne? Oui, disent la plupart des observateurs.
Quelques autres prétendent que les bacilles jouent un
grand rôle dans les ravages attribués au phylloxera. Pour
eux, cet insecte n'est que le propagateur ou l'inoculateur
d'un virus spécial dont la pénétration dans les tissus
engendre la maladie. M. Rivière donne l'analyse suivante
d'une communication faite dans ce sens le 3 août 1885 à
l'académie des sciences par M. Luiz de Andrade-Corvo.
Il avait constaté que des vignes, entièrement débarrassées
du phylloxera, continuaient à dépérir et que des ceps
entièrement sains semblaient, au bout d'un certain temps,
atteints de la même maladie que leurs voisins, et, à cette
maladie produite en dehors de l'action de l'insecte, il avait
cru devoir donner le nom de tuberculose. D'où il avait
conclu qu'en cherchant uniquement à détruire le phylloxera, on n'apporterait pas aux viticulteurs le remède
qu'ils réclament, mais qu'il fallait, tout en faisant dispa-

15

raître les insectes, attaquer directement la maladie. Il a donc étudié les ravages causés par la tuberculose sur des plants phylloxérés, en même temps qu'il mettait en observation d'autres plants, auxquels il avait inoculé la maladie en introduisant, à l'aide d'un canif, un peu du liquide jaune et huileux qu'on trouve en abondance dans les tissus altérés des vignes malades.

Les phénomènes morbides ont été exactement les mêmes de part et d'autre. L'auteur s'est donc cru autorisé à conclure, d'après ce fait et aussi par l'ensemble des faits mentionnés, que la tuberculose était la maladie réelle des vignes dites phylloxérées et que le phylloxera n'avait joué que le rôle important, mais secondaire, de propagateur de la tuberculose, par inoculation opérée à l'extrémité des radicelles.

Les Pucerons.

Tout le monde a vu sur les jeunes pousses de divers végétaux tels que le sureau, le rosier, le pommier, etc., ces familles innombrables de petits animaux de couleur verte, noire ou bronzée, serrés les uns contre les autres, immobiles ou peu s'en faut, relevant seulement de temps en temps leur abdomen comme pour mieux reprendre haleine dans leur œuvre mystérieuse.

Ce sont des larves de diverses espèces de pucerons; fixées à la plante par leur bec, qui est plongé dans l'écorce, elles sucent activement la sève, s'en nourrissent et en extraient en même temps une matière sucrée qui suinte en gouttelettes, transparentes et pures comme du cristal, par deux tuyaux, ou cornicules, placés sur l'extrémité de leur abdomen. Cette miellée si recherchée des fourmis se retrouve en un enduit gluant sur les feuilles et la tige du végétal que les pucerons ravagent. Selon un observateur, M. Morren, elle serait destinée, comme une sorte de lait, à nourrir les jeunes pucerons jusqu'au moment où ils sont assez forts pour plonger à leur tour leur bec dans l'écorce du végétal où vivent leurs parents. Ces piqûres nombreuses et l'épuisement qui résulte de l'absorption de la sève, peut-être aussi l'infusion d'une salive irritante, déterminent sur le végétal attaqué des nodosités, des déformations, soit sur les parties vertes, soit même sur le bois; souvent les jeunes pousses avortent, et dans tous les cas la plante souffre gravement de ces nombreux parasites. A leur développement complet, les pucerons sont de petits insectes assez élégants, munis de 4 ailes diaphanes très grandes, maintenues dans le repos verticalement au-dessus du corps et marquées d'un certain nombre de nervures. Leurs antennes sont longues et effilées; on y compte sept articles, dont le troisième très long; leurs yeux sont sans échancrure et les cornicules, existent toujours à l'extrémité de leur abdomen. Malgré leur nom, qui rappelle celui des puces, les pucerons marchent lentement et ne sautent jamais; ils vivent toujours en sociétés nombreuses et chaque espèce, de préférence, sur une espèce de plante, sans lui être toujours exclusivement fidèle.

L'histoire des pucerons offre surtout deux points intéressants : leur mode de reproduction et les dégâts qu'ils font subir aux plantes que nous cultivons.

Les faits relatifs à la génération des pucerons, quelque singuliers qu'ils puissent paraître, sont aujourd'hui hors de doute. Voici ce qui résulte des observations des divers naturalistes qui se sont occupés de la question, tels que Bonnet dès 1747, Réaumur, Morren et beaucoup d'autres :

« L'hiver, chaque colonie de pucerons n'est plus représentée que par des œufs pondus en automne et que les mères ont soigneusement collés aux rameaux des plantes qu'elles habitaient. Aux premiers beaux jours du printemps, ces œufs éclosent et donnent naissance à des pucerons femelles qui, sans mâles, durant toute la belle saison et grâce à la chaleur, mettent au monde, non plus des œufs, mais des petits vivants. On peut prendre un de ces petits au moment même de sa naissance, l'isoler absolument de tout autre individu de son espèce, et, huit à douze jours plus tard, après avoir changé de peau trois ou quatre fois, ce jeune puceron devient mère de nouveaux individus vivants. Cette singulière fécondité de mères toujours isolées, que l'on a désignée sous le nom de *parthénogénèse*, a été suivie par les observateurs jusque pendant sept mois de la belle saison. Enfin, à l'automne, la température baisse et suspend la viviparité ; on voit apparaître les mâles au milieu des femelles, et de l'union d'un père et d'une mère proviennent les œufs destinés à passer l'hiver pour éclore au printemps suivant. Un observateur allemand, nommé Kyber, a fait, en 1812, une expérience curieuse sur le puceron de l'œillet ; plaçant cette plante dans une chambre chaude, il l'affranchit de l'influence du froid, et pendant quatre années, les pucerons, poursuivant sans interruption leur viviparité, se reproduisirent sans mâles et sans pondre d'œufs, ainsi qu'ils le font naturellement dans la belle saison. En un mot, les pucerons femelles produisent spontanément des petits vivants à la température des étés de nos régions tempérées ; à une température plus basse, ces mêmes femelles sont stériles en l'absence des mâles, et avec leur concours elles pondent des œufs comme les autres insectes. La fécondité des pucerons est grande, comme on peut le penser ; une seule femelle éclose au printemps peut produire quatre-vingt-dix individus, qui produisent à leur tour au bout d'une dizaine de jours en moyenne ; suivant M. Morren, dont on peut vérifier le calcul, après les onze générations d'une même année, une seule femelle a pu être la souche d'un quintillion d'individus ! Aussi que d'ennemis vivent aux dépens de ces races si fécondes ! les coccinelles ou bêtes à bon Dieu et surtout leurs larves, ainsi que celles de beaucoup de chalcidites, des syrphes, des hémérobes ; et nous pouvons regretter que le Créateur n'ait pas mis de plus nombreux obstacles à la multiplication des pucerons. » (FOCILLON).

Tous les pucerons ne sont pas également nuisibles; il est certain que les dégâts causés par le puceron du sureau sont insignifiants en regard de ceux que produit le puceron lanigère du pommier, et cela, non seulement parce que nous n'utilisons guère les fruits du sureau, mais surtout parce que cette plante vigoureuse, vorace même, qui ne demande qu'à pousser, quelles que soient les mutilations qu'on lui fasse subir, a bien vite réparé ses pertes ; tandis que pour le pommier, la trace des ravages exercés par le puceron persiste longtemps, la réparation se fait péniblement, en un mot, l'arbre a pâti. Nous allons bientôt voir de quelle façon.

Le Puceron Lanigère.

C'est le plus connu et le plus redouté à cause des dommages qu'il cause aux pommiers.

On le connaissait en Angleterre à la fin du siècle dernier. Ce n'est qu'en 1812 qu'il fit son apparition en France; aujourd'hui, partout où il y a des pommiers, il commet de grands ravages.

Comme tous les pucerons, il se présente sous différentes formes; la plus fréquente, que l'on observe presque toute l'année, est la forme aptère ou asexuée. On lui a donné le nom de lanigère parce qu'il se recouvre d'un duvet blanc légèrement bleuâtre, qui lui donne un aspect cotonneux. Ce duvet est un produit de sécrétion fourni par des glandes qui se trouvent au nombre de quatre sur chacun des anneaux du corps (trois thoraciques, neuf abdominaux); ces glandes forment ainsi quatre lignes longitudinales, deux dorsales et deux latérales. La teinte du puceron privé de son duvet est d'un brun plus ou moins foncé.

Nous avons dit que les pucerons portaient vers l'extrémité de l'abdomen deux tuyaux appelés cornicules ; ces appendices font défaut chez le puceron lanigère ; à leur place, vers le sixième anneau, on voit deux petits tubercules ou mamelons, munis d'un orifice d'où s'échappent des gouttelettes d'un liquide sécrété par des glandes d'une nature particulière ; en outre, ils rejettent par l'anus, comme les autres pucerons, un liquide sucré appelé miellat.

De nouvelles études, entreprises par le docteur Zeller, de Zurich, semblent établir que les œufs pondus à l'automne, et que l'on appelait œufs d'hiver, parce que l'on croyait qu'ils hivernaient, éclosent à l'automne même, que les larves qui en sortent passent la saison froide dans les fentes de l'écorce, et qu'au mois de mai elles donnent naissance à de nouvelles larves qui envahissent les jeunes pousses de l'année.

Aussi conseille-t-on, pour combattre ces insectes, de choisir les mois de mars, avril, car, à cette époque, les jeunes ne sont pas encore éclos et les adultes peuvent être aisément atteints dans leurs retraites.

Voyons de quelle façon se traduit sur les pommiers l'action des pucerons lanigères.

Rassemblés en groupes compacts, ils s'attaquent à l'écorce et à l'aubier des jeunes rameaux ; les plus jeunes couches de bois, irritées par les nombreuses piqûres qu'elles ont reçues, se développent exagérément, s'hypertrophient, dit-on en langage scientifique ; de là ces déformations maladives, ces boursouflures en forme de loupe qu'on observe fréquemment. L'écorce primitive, devenue insuffisante pour recouvrir ces productions nouvelles, et dont la croissance a été si rapide, se fend et forme un bourrelet tout autour des surfaces dénudées.

La lésion, parvenue à ce degré, offre l'aspect d'un chancre assez semblable à celui que produit également sur le pommier un champignon que nous étudierons plus loin : le *Nectria ditissima*.

Ces chancres grandissent avec les années. Les branches envahies sur une grande étendue, surtout dans le sens de la circonférence, dépérissent promptement et deviennent incapables de produire des fruits.

Non contents de provoquer la formation de ces chancres,

plaies et fissures de l'écorce dans lesquels de nombreux insectes trouveront un abri, les pucerons contribuent aussi dans une large mesure à épuiser l'arbre en lui enlevant, à l'aide de leur rostre, pour se nourrir, une quantité considérable de sève.

Ces petits animaux sont d'excellents dégustateurs qui ne trouvent pas à leur goût la sève de tous les pommiers ; ils affectionnent ceux qui produisent des fruits doux, sucrés, tels sont le rambour d'hiver, le calville rouge, certaines reinettes ; les arbres qui portent des fruits acides, âpres, amers, sont tenus au contraire en souverain mépris et n'ont jamais à redouter leur visite. On doit admettre que la qualité du fruit dépend de la qualité de la sève.

Destruction. — Passons en revue les différents remèdes proposés pour éloigner ou faire périr ces hôtes désobligeants.

Les poudres insecticides n'ont jamais donné de bons résultats lorsqu'il s'est agi du puceron lanigère. Cela tient sans doute à ce que le duvet cotonneux qui revêt l'insecte empêche les fines particules dont se composent ces poudres d'entrer en contact avec lui et par suite d'obtenir l'effet désiré.

Il faut donc avoir recours aux solutions.

A l'École nationale d'horticulture, on fait usage d'un insecticide ainsi composé :

Savon noir. . . 1 kilog.

Pétrole . . . . 1 litre.

Eau . . . . . 10 litres.

qu'on applique à l'aide d'un pinceau.

On verse goutte à goutte le litre de pétrole sur le savon noir en remuant constamment avec une spatule ; on ajoute l'eau ensuite, on agite encore jusqu'à ce qu'on obtienne un tout parfaitement homogène.

La *Revue horticole* conseille l'emploi de la naphtaline dissoute à froid dans l'essence de pétrole et appliquée au pinceau.

Les frictions avec une brosse de chiendent imprégnée

d'un mélange d'huile et de savon noir sont très efficaces.

Le jus de tabac, en solution faible, est aussi très employé ; un jus qui marque 15 degrés sera étendu de vingt fois son volume d'eau.

On peut aussi, comme pour l'anthonome, gratter toutes les écorces fendillées ou peu adhérentes, ramasser tous les débris et les brûler, puis badigeonner toute la surface de l'arbre avec un lait de chaux, sans craindre d'en répandre sur le sol tout autour du tronc.

Laissant de côté les nombreuses espèces de pucerons qui vivent sur tant de plantes différentes, nous dirons, pour terminer, quelques mots sur le

Puceron du rosier,

qui fait le désespoir des amateurs de cette belle plante.

Ce puceron, appelé encore puceron vert, envahit les feuilles tendres, les jeunes pousses et les boutons des fleurs du rosier dont il épuise la sève et crispe les feuilles. Il se multiplie d'une manière prodigieuse.

Entre tous les moyens de destruction, les frères Ketten (de Luxembourg), rosiéristes bien connus, préfèrent l'aspersion avec une dissolution de 250 grammes de savon mou noir, délayé dans un arrosoir d'eau chaude (soit 25 grammes par litre) ; on asperge les rosiers de cette eau au moyen d'une seringue à main.

Pour rendre le remède encore plus efficace, on peut ajouter à la solution précitée 10 litres de suie délayée dans 30 litres d'eau. Dans des cas d'invasion peu importante, ou quand il s'agit de plantes très tendres, on peut remplacer la seringue par un rafraîchisseur ou par une brosse à badigeon dont on frappe le manche pour produire une pluie fine. En serre, et en général dans un endroit clos, on peut employer avec avantage la fumigation de tabac à bas prix. A défaut de fumigateur, on emploie à cet effet un pot quelconque dans lequel on met de la braise allumée et par dessus du tabac légèrement humide ; afin d'éviter que la fumée chaude ne rende l'air trop sec, on peut arroser au préalable les rosiers.

Ajoutons une remarque que chacun a pu faire, c'est que, parmi les rosiers cultivés dans les jardins, certaines variétés sont couvertes de pucerons, tandis que d'autres n'en présentent jamais. Pourquoi ces derniers sont-ils dédaignés ?...

CHAPITRE XV

Diptères

TIPULE. — ANTHOMYES. — PÉGOMYE DE L'OSEILLE. —
PSYLOMYE. — LASIOPTÈRE. — MOUCHE DES CERISES. —
MOUCHE DES OLIVES. — CÉCYDOMYE NOIRE. — CAPRI-
FICATION. — SYRPHES.

On désigne ordinairement la plupart de ces insectes
sous le nom de mouches. Ils n'ont que deux ailes, les ailes
postérieures sont remplacées par des balanciers, petits
filets mobiles, minces, terminés par une espèce de bouton
arrondi. On discute encore pour savoir à quoi servent ces
petits appendices. Un fait certain, c'est qu'en volant,
l'insecte les agite avec beaucoup de vitesse.

Leurs larves, très agiles, ont l'aspect de petits vers-
asticots ; elles se déplacent en rampant.

Si certains diptères, à l'état d'insectes parfaits, en
veulent à notre peau, comme les cousins, d'autres, sous
forme larvaire, mangent nos légumes et nos fruits. Nous
ferons connaître ceux qui doivent nous intéresser.

La Tipule des Potagers.

La tipule est un insecte analogue au cousin pour les
formes générales, mais inoffensif à cause de la disposition
toute différente de sa bouche. Chez le cousin, l'armature
buccale est résistante, elle est nulle au contraire chez la
tipule, qui, de la sorte, incapable de piquer la peau de
l'homme ou des animaux, se contente de sucer les matières

fluides des végétaux et substances en décomposition.

La tipule des prés ou tipule potagère a 20 millimètres de longueur; le corps brun cendré, avec les ailes transparentes, bordées de brun, et les pattes très longues. Les larves sont grises, avec une tête noire ; elles creusent des galeries dans le sol en rongeant les racines de nos légumes; leur peau est très coriace, aussi les Anglais les appellent vers à jaquette de cuir.

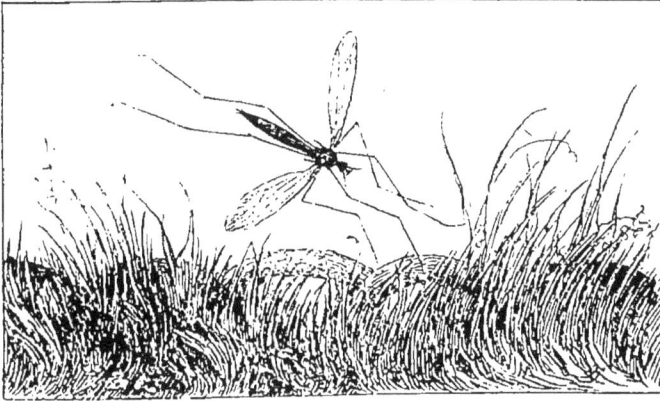

Tipule.

Les Anthomyes.

Les oignons, les navets et autres racines sont parfois attaqués par de petits vers qui sont des larves de mouches.

Celle qui ravage les oignons est appelée par les maraîchers ver des oignons. La mouche qui la produit est plus petite que notre mouche commune. Au mois de mai, la femelle dépose ses œufs sur les feuilles des oignons, poireaux ; à peine nées, les larves gagnent la base des feuilles et pénètrent dans le bulbe qu'elles détruisent rapidement.

Les plantes atteintes se reconnaissent aisément : la végétation languit d'abord, puis les feuilles jaunissent et meurent; si on ouvre le bulbe, on trouve les petits vers blanchâtres, plus ou moins nombreux, qui ont causé tout le mal, ils ressemblent à de petits asticots.

Les navets, raves, etc., sont visités par la larve d'un autre anthomye, dit des choux ; cette mouche, plus petite que la mouche domestique, a les yeux rouges et le corps gris foncé ; les larves naissent à l'automne, elles creusent leurs galeries tortueuses dans les racines comestibles. Lorsqu'elles ont acquis tout leur développement, elles se transforment en nymphes dans les galeries mêmes qu'elles ont pratiquées, pour en sortir à l'état d'insectes parfaits au mois de mai suivant.

La Pégomye de l'Oseille.

Les taches blanchâtres que l'on observe sur l'oseille et qui tranchent sur le vert foncé des feuilles sont produites par la larve d'un diptère qui vit entre les lames de l'épiderme, se nourrissant des tissus sous-jacents qu'elle fait ainsi disparaître progressivement. Les feuilles finissent par se faner et se décomposer.

La mouche de l'oseille se montre au mois de mai. Elle a 6 millimètres de long ; la tête blanche, avec une bande noire ; le corselet gris, et l'abdomen couleur rouille. La larve, qui est très commune, apparaît sur l'oseille dès le mois de juin et y vit jusqu'à la fin de l'automne ; si elle occasionnait des pertes trop considérables, il faudrait, pour arrêter la multiplication, brûler toutes les feuilles tachées.

La Psylomie des Carottes.

On trouve aussi fréquemment dans les carottes, un peu au-dessous du collet, des galeries creusées par la larve d'une autre mouche. Les plantes atteintes sont, le plus souvent, impropres à la consommation, ou du moins, perdent de leur valeur sur le marché ; leurs feuilles jaunissent, et les parties malades prennent un aspect rouillé ;

c'est pour cela que les jardiniers disent que leurs carottes ont la rouille.

La mouche est légèrement velue, d'un noir luisant, la tête et les pattes jaunâtres, les ailes avec des nervures jaunes ; sa longueur ne dépasse guère 5 millimètres.

La Lasioptère du Framboisier.

On a pu voir sur les framboisiers des excroissances assez régulières de forme et siégeant à diverses hauteurs sur la tige. Ces sortes de galles sont dues à l'irritation causée dans les tissus végétaux, par la présence d'un petit ver rougeâtre qui est la larve d'une toute petite mouche, la lasioptère rembrunie. Ces excroissances ne pouvant que nuire au développement des plants, il faut, pendant l'hiver, les enlever et les brûler. Comme elles renferment l'insecte à l'état de chrysalide, on arrivera, de la sorte, à diminuer le nombre de ces diptères pour la saison suivante.

La Mouche des Cerises.

Quel est celui d'entre vous qui ne connaît pas ce ver ou asticot que l'on rencontre trop souvent dans les bigarreaux et autres cerises douces? Les cerises aigres n'en renferment jamais. C'est à une mouche, l'*ortalis cerasi*, que nous devons ce triste cadeau. Combien de personnes se privent du plaisir de manger des cerises sucrées, de peur d'avaler des vers en même temps, de faire gras, sans s'en douter, suivant l'expression de quelques farceurs.

Cette mouche, de la grandeur de celle qui habite dans nos maisons, a la tête jaune, le corps noir et quelques bandes noirâtres transversales sur les ailes.

Au mois de mai elle dépose ses œufs sur les cerises dont la chair doit plaire aux jeunes larves à venir. Celles-ci pénètrent dans la pulpe du fruit et se régalent tout à leur aise, d'autant mieux que le plus souvent elles ont chacune un fruit entier à leur disposition et ne sont troublées par la présence d'aucune rivale.

Quand les cerises tombent, la larve bien repue et prévoyant que les vivres vont lui manquer, s'engage dans le sol pour y opérer ses métamorphoses. Au printemps suivant, on la reverra transformée en mouche.

La Mouche des Olives.

C'est le plus grand ennemi de l'olivier. Elle est grise, avec des points noirs et des bandes jaunes sur l'abdomen. Au mois d'août, elle pond ses œufs sur les olives, dont la pulpe sert à nourrir les larves qui en sortent ; ces larves forment leur cocon dans l'olive même. L'insecte parfait en sort quand le fruit, complètement mûr, tombe sur le sol. On détruirait tous ces insectes si la récolte était faite avant la maturité complète des fruits. On perdrait un peu sur la quantité d'huile, mais on gagnerait sur la qualité, parce que, plus on attend, plus les larves grossissent et plus les fruits renferment de leurs excréments accumulés.

Nous avons à citer en dernier lieu :

La Cécydomie noire,

qui est une petite mouche de 1 millimètre et demi de long, dont la tête et le thorax sont noirs, l'abdomen jaune.

La cécydomie s'attaque à la fois au blé et aux fruits.

Dès le mois d'avril les femelles enfoncent leurs œufs dans les boutons à fleurs à l'aide d'un dard dont l'abdomen est pourvu. Les larves, qui sortent de ces œufs, pénètrent dans les jeunes fruits par bandes de 5 ou 6. Ces fruits grossissent tout à coup démesurément, les jardiniers les appellent calebasses (la calebasse est le nom vulgaire donné au fruit d'une espèce de courge avec lequel on fait les gourdes). Cet accroissement prend fin quand la sève n'arrive plus en assez grande quantité, les fruits ne tardent pas, du reste, à tomber. Les larves pénètrent alors dans le sol pour y passer leur période de transformation, jusqu'au printemps suivant qui ramènera les adultes.

Ce développement exagéré, que prennent les fruits piqués par les insectes, n'avait pas échappé à l'attention des anciens qui le mirent à profit pour hâter la maturation

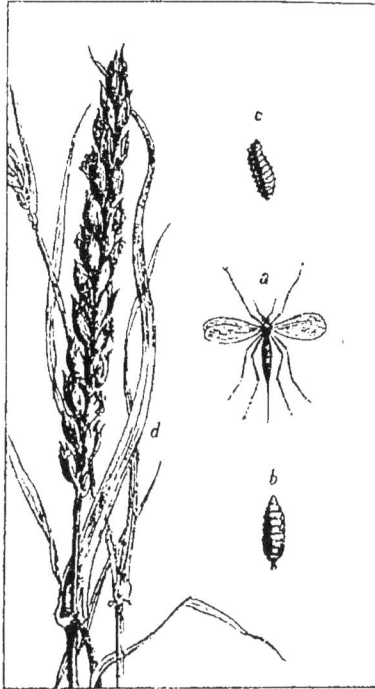

a. Cécydomie. — b. et c. Larve et nymphe. — d. Blé attaqué.

des figues et accroître leur grosseur, d'où le procédé connu sous le nom de caprification (de *caprifiguier*, synonyme de figuier sauvage). Cette pratique a paru aux modernes si bizarre et si peu propre à remplir le but indiqué, qu'ils n'ont pas hésité à traiter le tout de fable ridicule, jusqu'à ce que des voyageurs, dignes de foi, leur eussent appris que cette opération se pratiquait encore de nos jours et dans les mêmes lieux, où, il y a deux mille ans, elle était déjà en usage. Voici comment les choses se passent :

Les habitants des îles de l'Archipel font leur principale nourriture de figues séchées au four, qu'ils mangent avec un peu de pain d'orge; aussi ont-ils grand intérêt à augmenter la fructification des figuiers. Ils en cultivent deux espèces : le figuier domestique et le figuier sauvage ou caprifiguier. Le premier ne porte de fruits qu'une fois l'année, mais ces fruits naissent en si grande abondance qu'ils se nuiraient les uns aux autres et n'arriveraient pas à maturité si on n'avait recours à l'art. Le figuier sauvage donne pendant l'année trois récoltes de fruits qui ne sont pas bons à manger, mais qui sont nécessaires pour faire mûrir ceux des figuiers domestiques. Pour cela, on récolte en juin-juillet, les figues des figuiers sauvages qui sont, à cette époque, remplies de larves de moucherons toutes prêtes à subir la métamorphose et à se changer en insectes parfaits. Les paysans portent ces fruits, enfilés dans des brochettes, sur les figuiers domestiques qui sont alors en floraison. Les moucherons, qui sortent des figues sauvages ainsi transportées, entrent dans les figues domestiques pour y déposer leurs œufs, et causent, par leur présence et celle des œufs qu'ils y introduisent, une sorte d'irritation qui appelle les sucs dans le fruit et occasionne un grossissement en quelque sorte maladif.

On peut s'étonner de voir les Grecs prendre ainsi tant de peine pour ne recueillir que des figues qui, après tout, sont d'une qualité inférieure aux nôtres; mais il faut remarquer que les figues formant une partie principale dans leur nourriture, ils doivent songer à la quantité plus qu'à la qualité. Or leurs figuiers portent jusqu'à 280 livres de figues : au lieu qu'en cultivant nos espèces de France et d'Italie, ils ne pourraient guère en tirer plus de 25 livres.

Les diptères fournissent-ils des espèces utiles? On ne trouve guère que :

Les Syrphes,

qui vivent de pucerons et contribuent ainsi à diminuer les

ravages de ces petits insectes si funestes aux plantes. Les plus communs sont :

Le Syrphe du groseillier,

qui est un peu plus petit que la mouche à viande. Son corselet est vert bronzé, l'abdomen noir avec quatre bandes jaunes.

Le Syrphe du poirier,

un peu plus grand que le précédent; d'un noir bleuâtre, avec des traînées blanches sur l'abdomen.

Le Syrphe ceinturé

dont la larve, d'une teinte vert pâle, fait une chasse active aux pucerons du rosier et les suce avec une rapidité étonnante.

Bien souvent ces différents syrphes ont été pris à tort pour des variétés de guêpes.

Les larves des syrphes n'ont pas une couleur constante, même dans la même espèce. Elles sont très allongées, effilées du côté de la tête, et sans pattes, ressemblant à de très petites sangsues. Pour chercher leur proie, elles tournent leur tête à droite et à gauche; dès qu'elles l'ont saisie, elles la tiennent en l'air pour la sucer à l'aide d'un petit dard qu'elles lui enfoncent dans le corps. Quand le moment de se transformer en nymphe est arrivé, elles grimpent sur une feuille, généralement vers le soir, s'y fixent et se changent en peu de temps en une petite masse ayant l'aspect d'une toupie minuscule ou d'une larme.

16

CHAPITRE XVI

Myriapodes

Myriapodes (le grec *murios* signifie très nombreux). Le vulgaire les appelle mille-pieds ou mille-pattes. On ne veut pas dire que ces petits animaux ont un nombre de pattes exactement égal à mille, mais seulement signifier qu'ils ont des pattes en grand nombre et tellement rapprochées les unes des autres qu'il est souvent difficile de les compter. Ils sont composés d'anneaux articulés de consistance cornée, portant presque toujours chacun une ou même deux paires de pattes.

Les uns ont le corps aplati et ne possèdent à chaque anneau qu'une paire de pattes. Tel est

Le Géophile,

ce grand mille-pattes jaunâtre qui est si commun dans les jardins, dévorant tantôt l'intérieur des fruits mûrs, tantôt les racines de divers légumes. On le reconnaît à la longueur de sa taille, 7 à 8 centimètres, et au nombre de ses pattes, 60 paires environ. Ses antennes, longues et fines, qu'il agite constamment en marchant, paraissent lui être d'une grande utilité pour apprécier la nature des corps qui se trouvent sur sa route.

Si parfois nos carottes sont fortement endommagées par le géophile, les dégâts qu'il cause sont loin cependant d'égaler ceux que produit une espèce de myriapode beaucoup plus petite qui fait partie des espèces à corps cylindrique et dont chaque anneau porte deux paires de pattes:

Le Iule.

Ses pattes et ses antennes sont si courtes qu'elles passent pour ainsi dire inaperçues, surtout lorsque le corps est roulé en spirale ainsi qu'un ressort de montre, attitude familière à ces petits êtres. C'est pourquoi il ne

Le iule terrestre.

faut pas s'étonner que beaucoup de personnes les appellent des petits vers.

C'est, après la limace, l'ennemi le plus redoutable des jardins. Il est même plus à redouter que le ver blanc, à notre avis, du moins. Car, s'il est désagréable de voir une larve de hanneton faire dépérir un beau pied de fraisier dont les fruits, déjà gros, commençaient à rougir, on éprouve une surprise encore plus pénible en constatant, après plusieurs semaines d'attente, que dans un carré planté de haricots, aucun pied ne lève : on creuse un peu la terre pour voir dans quel état sont les graines qu'on y a placées ; on découvre alors que des colonies entières de petits myriapodes les ont envahies et sont en train de les dévorer ; on va à d'autres pieds, le tableau est toujours le même. On n'a qu'une ressource : retourner la terre de la planche et recommencer son semis avec l'espoir que cette nouvelle besogne donnera de meilleurs résultats que la première, surtout si on est favorisé par un temps chaud et sec. Car nous avons remarqué que ces myriapodes pullulaient surtout dans les terrains humides, les terres fraîches, comme on dit vulgairement. Dans ce cas-là, en effet, et si le temps reste un peu froid, le haricot ramolli par l'humidité du sol dans lequel il séjourne trop long-temps, sans pouvoir germer, faute de chaleur, finit par être envahi par ces prétendus petits vers qui, pourvus d'une nourriture de premier choix, se trouvent dans les meilleures conditions pour se multiplier et prospérer au détriment de la récolte qu'attendait le jardinier.

Le plus triste, c'est que ce myriapode échappe à tous les moyens de destruction, tandis que, en face du ver blanc, on n'est pas complètement désarmé. Dès qu'on aperçoit, dans une planche de salades ou de fraisiers, un pied qui commence à se flétrir, on l'arrache, et, neuf fois sur dix, on découvre l'ennemi auquel on fait payer cher sa voracité. D'ailleurs, dans un jardin bien entretenu, les dégâts que peuvent causer les vers blancs doivent toujours être très limités, comme nous l'avons fait voir à propos du hanneton.

Le myriapode dont nous venons de dire tant de mal est le iulus gustatus des naturalistes, appelé aussi blaniule moucheté par certains auteurs.

Il est d'une ténuité extrême et mesure à peine 2 centi-mètres ; sa teinte tire vers le brun pâle ; de chaque côté du corps il porte une série de taches d'un rouge presque sanguin.

Il se montre souvent en masses considérables, aussi bien dans les champs que dans les jardins. Tantôt il dévore les semences en train de germer et les jeunes plants de betteraves, tantôt il s'attaque aux racines charnues de nos légumes, jusqu'à nos fraises dont il recherche la chair savoureuse, continuant à habiter le fruit, même quand il est cueilli et servi dans nos assiettes, se moquant bien des malédictions dont, plus d'une fois, on l'a chargé.

D'autres espèces d'iules, l'iule des sables, l'iule terrestre, de taille un peu plus grande, habitent aussi nos jardins ; ils se nourrissent comme le précédent, de racines et de fruits, mais se montrent rarement réunis en grand nombre sur un même point, et cela est fort heureux, car, avec leur grande agilité et le robuste appétit dont ils sont doués, ils jetteraient partout la désolation.

Parmi les myriapodes à corps aplati et qu'on nomme chilopodes, on remarquera et on protègera plusieurs espèces carnassières qui se nourrissent de larves, chenilles et cloportes. Ce sont :

La Scutigère coléoptrée,

remarquable par la longueur extraordinaire de ses antennes et de ses pattes, qui sont de plus en plus longues à mesure qu'on se rapproche de l'extrémité. Ces longues pattes minces se détachent très facilement. Le corps est long de deux centimètres et demi et porte sur le dos deux lignes longitudinales d'un noir bleuâtre.

La Lithobie à tenailles.

Elle se reconnait aux quinze anneaux de son corps qui sont semblables entre eux sur la face ventrale, et qui, sur la face dorsale, paraissent n'en former que neuf, les six autres ayant diminué tellement de largeur qu'ils passeraient volontiers inaperçus.

Elle a deux centimètres et demi de longueur. — Quinze paires de pattes, les antennes en chapelet sont formées d'un grand nombre d'articles et revêtues de cils courts. Sa teinte générale est jaune brunâtre.

Ce myriapode fuit la lumière. Quand on l'inquiète dans sa retraite, il prend la fuite en se contournant comme un reptile. Si on le touche, il se sauve à reculons avec une grande agilité en se servant de ses quatre pattes postérieures qui, en temps ordinaire, traînent inertes derrière lui.

Et enfin,

Les Cryptops,

espèce voisine des scolopendres, qui diffèrent des précédentes par le nombre plus grand des anneaux de leur corps, leurs pattes très peu visibles, les deux dernières plus grêles et leurs antennes plus grenues.

Crustacés.

Vous pourriez croire, en voyant ce mot crustacé, qu'il va être question de homard ou d'écrevisse ? Détrompez-vous : nous avons simplement à vous parler du vulgaire

Cloporte,

que tout le monde connaît et que les naturalistes ont rangé dans les arthropodes aquatiques en compagnie de ces excellentes langoustes qui font si belle figure sur nos tables.

Ces crustacés sont appelés vulgairement clous à porte et, par abréviation, cloportes, petits cochons de St-Antoine. Ils fuient généralement la lumière du jour ; on les trouve le plus souvent dans les lieux humides, retirés et sombres ; sous les pierres, dans les fentes des murailles, dans les caves. Ils marchent assez lentement, à moins qu'ils ne soient exposés à quelque danger, alors ils courent avec une certaine vitesse. Ils se nourrissent de matières végétales ou animales en décomposition ; ils attaquent aussi les fruits tombés et mangent même les feuilles des plantes.

Les femelles portent leurs œufs dans une espèce de sac placé en dessous de leur corps, et elles les pondent, pour ainsi dire, au moment de l'éclosion. A leur naissance, les petits sont d'un blanc jaunâtre.

C'est surtout dans les serres que cet animal peut devenir nuisible, s'il se multiplie outre mesure, en dévorant les feuilles et les radicelles des plantes empotées.

CHAPITRE XVII

Arachnides

ACARIENS *(Cloque du poirier. — Erinose. — Grise du pêcher).* — ARAIGNÉES, *(Théridion).*

Les arachnides, que les naturalistes ont séparés depuis longtemps des insectes proprement dits, comprennent, non seulement les araignées de toutes sortes mais aussi d'autres animaux de très petite taille qui vivent dans les conditions les plus diverses. Tout le monde connait le sarcopte de la gale chez l'homme, le tiquet du chien et un petit parasite qui vit sur les oiseaux de basse-cour, dans la cavité des plumes, et qu'on rencontre quelquefois chez les ouvriers des fermes. On a donné à ces divers parasites le nom d'acariens, d'un mot grec qui signifie très petit.

D'autres espèces s'attaquent aux végétaux. On en voit une (le trombidium), d'un rouge écarlate, courir au printemps sur la terre humide. Quelques semaines plus tard, l'animal parvenu à l'état adulte pond ses œufs dans la mousse; il en sort des larves de très petite taille, d'un rouge vif (rougets), prises autrefois pour des insectes.

Plusieurs enfin sont très préjudiciables aux arbres fruitiers et bien connues des horticulteurs sous le nom de mites. Nous nous occuperons spécialement de ces dernières.

Le genre phytoptus est le plus intéressant. Il cause sur le poirier la maladie que les jardiniers désignent sous le nom de

La Cloque du poirier.

Ce sont les feuilles qui sont principalement atteintes ; elles présentent alors des pustules, comme des espèces d'ampoules, le plus souvent arrondies ou allongées et plus ou moins rapprochées les unes des autres. Sur les jeunes feuilles la teinte de ces pustules est jaune ou rouge carmin, elle passe au brun foncé noirâtre sur les feuilles plus âgées.

Sur la face supérieure de la feuille, la pustule est presque toujours plus bombée que la face inférieure. Le nom de cloque, donné à la maladie, tire son origine de l'aspect que présente la feuille qui est ainsi couverte d'ampoules ou cloques suivant l'expression vulgaire.

A l'aide du microscope, on reconnaît que l'intérieur de la pustule renferme de petits corps ovoïdes qui sont des œufs du phytoptus. Ces œufs éclosent dans le courant de l'été. Lorsque la larve est arrivée à l'état adulte, l'acarien sort de la pustule par un petit orifice préexistant qui fait communiquer l'intérieur de la cavité avec l'air extérieur et envahit la face inférieure des feuilles.

Ce petit animal dont la longueur n'atteint même pas un dixième de millimètre a pu cependant, grâce au microscope, être étudié dans ses détails. La tête et le thorax sont constitués par une seule pièce, qu'on nomme un céphalothorax ; il se termine en avant par un rostre, sorte de bouche prolongée en forme de bec, lequel est muni de deux stylets qui lui servent à piquer le tissu des feuilles. Tandis que la plupart des acariens possèdent quatre paires de pattes, lui n'en a que deux paires. C'est là un caractère distinctif important.

A l'entrée de l'hiver, il se niche entre les écailles des bourgeons ; ses piqûres sur les jeunes feuilles encore incluses et sur le point de s'épanouir produisent les altérations spéciales que nous avons décrites sous le nom de pustules, et dans lesquelles les femelles pénètrent pour y déposer leurs œufs.

D'autres espèces de phytoptus se rencontrent sur différents arbres fruitiers : on en compte trois, par exemple, sur le prunier, dont l'une produit sur les feuilles de petites galles ayant l'aspect de vésicules. Les autres se tiennent sur les rameaux qu'elles couvrent également de petites galles rouges de deux millimètres de diamètre.

Sur le noyer aussi, on a souvent à constater la présence du phytoptus : tantôt ce sont des pustules sur les feuilles, comme dans la cloque du poirier, que l'acarien détermine; tantôt il produit sur les feuilles, par le fait de ses piqûres multiples, la formation d'une sorte de feutrage semblable à celui que nous étudierons bientôt dans la maladie dési-gnée sous le nom d'*Erinose du poirier*.

Le néflier n'est pas épargné par le phytoptus, qui produit sur cet arbre la maladie dite *Erinose du néflier*.

Il n'est pas rare, en effet, d'observer à la face inférieure des feuilles un feutrage formé par des filaments jaune rougeâtre. Ces filaments ne sont autre chose que des cellules épidermiques qui se sont allongées sous l'influence de l'irritation causée par le liquide caustique déversé par l'acarien. C'est au milieu de ces poils épidermiques que vivent et se cachent les larves du phytoptus.

L'Erinose de la vigne.

On appelait autrefois érinose des déformations de la feuille que l'on croyait causées par un cryptogame. Des études plus approfondies ont fait voir que l'érinose était constituée par les galles d'un très petit acarien : le phytoptus vitis ou phytocoptes.

Ces galles ou productions érinéiformes sont déterminées par la piqûre de la femelle qui, avant de pondre, entame l'épiderme de la feuille.

Les œufs donnent naissance à des larves à quatre pieds, qui elles-mêmes se transforment plus tard en larves à six pieds dont le développement est très rapide, et qui deviennent bientôt des adultes à huit pieds.

La face supérieure des feuilles atteintes présente des proéminences ou boursouflures. Les creux correspondant à la face inférieure, remplis de petits poils serrés, ont l'apparence de plaques d'un blanc brillant nacré (plutôt que laiteux comme dans le mildiou). De plus, elles se détachent difficilement, tandis que dans le mildiou elles s'enlèvent aisément sous l'ongle. Ce n'est qu'au début, d'ailleurs, que l'érinose risque d'être confondue avec le mildiou, dont nous nous occuperons dans la suite.

Lorsque la maladie prend de l'extension, l'aoûtement des sarments se fait d'une façon imparfaite, c'est-à-dire que le bois de l'année ne se fortifie pas et n'acquiert pas la maturité voulue.

En général, le développement de ce parasite est peu redoutable, d'autant plus qu'on arrive assez facilement à le restreindre à l'aide de soufrages répétés.

Sur les poiriers et les pommiers, on trouve un autre acarien, très voisin du phytoptus, le phyllocapte, dont le genre de vie est différent.

Il ne produit ni galles, ni pustules, ni feutrage ; il vit librement sur la surface des feuilles ; les petites taches d'un blanc pâle qu'occasionnent ses piqûres décèlent seules sa présence.

L'Érinose des poiriers et pommiers.

Cette maladie est causée par un petit acarien, l'érinéum, qu'il ne faut pas confondre avec le phytoptus.

Remarquons que la maladie nommée érinose, et signalée précédemment comme frappant la vigne et le néflier, est causée par le phytoptus, tandis que l'érinose des poiriers et des pommiers, que nous allons décrire, est produite par un autre acarien, l'érineum. Il eût été préférable de réserver le nom d'érinose aux maladies causées par l'érineum seulement, risque à trouver une autre dénomination pour la maladie dite érinose de la vigne et du néflier. On aurait de la sorte évité de jeter la confusion dans les esprits.

L'érineum, vu au microscope, est ovoïde plutôt qu'allongé ; il ressemble beaucoup à une araignée, avec ses quatre paires de pattes velues, mais l'abdomen et le céphalothorax, au lieu d'être distincts comme dans l'araignée, paraissent être soudés.

La bouche de ce parasite, qui est puissamment armée, entame l'épiderme de la face inférieure des feuilles ; en même temps, un suc glandulaire particulier, très irritant, est sécrété par des glandes placées à la base des mandibules.

Les cellules épidermiques, sous l'influence de l'irritation causée par le liquide déversé par l'acarien, subissent des modifications remarquables : elles s'allongent de plus en plus, au point de constituer de véritables poils qui s'entortillent et s'enchevêtrent dans tous les sens ; ces poils forment bientôt un feutrage serré, d'abord jaunâtre, puis brunâtre, à mesure qu'il devient plus épais.

Les larves qui naissent des œufs pondus dans le voisinage pénètrent et s'installent dans ce feutrage, où elles trouvent un abri sûr contre les attaques de leurs ennemis. Elles ne possèdent que deux paires de pattes pendant cette première phase de leur existence. L'automne venu, elles s'enkystent, soit sous l'écorce de l'arbre, soit dans les écailles des bourgeons et passent ainsi l'hiver. Au printemps, les nouvelles larves qui sortent de ces enveloppes sont munies de trois paires de pattes ; elles croissent rapidement ; une nouvelle paire de pattes se développe, et l'état adulte est ainsi constitué.

Dans l'érinose du poirier, l'épiderme supérieur reste toujours indemne, et la feuille n'offre pas les bosselures qui caractérisent si nettement l'érinose de la vigne. Cette maladie est peu commune.

On comprend aisément que le préjudice causé par la cloque ou l'érinose soit plus ou moins grand, suivant l'extension qu'a prise la maladie.

Si quelques feuilles seulement sont envahies, l'arbre ne souffrira pas. Mais si la plupart des feuilles sont atteintes, si, de plus, sur chacune d'elles, le nombre des taches ou des ampoules est devenu si grand que la surface de la feuille arrive à être totalement couverte, la récolte à venir sera bien compromise, à cause du dépérissement que l'arbre va subir.

On sait, en effet, le rôle important joué par la feuille dans la vie des plantes : c'est par la feuille que la plante transpire, c'est-à-dire abandonne de l'eau à l'air extérieur ; c'est par la feuille que s'accomplissent les échanges gazeux dont le résultat final est d'enrichir la plante en carbone. Dès que la feuille est altérée dans sa structure, elle ne peut plus élaborer les principes nutritifs qu'elle a mission de fournir à la sève ; et comme c'est la sève qui doit nourrir l'arbre et concourir à son entretien, si cette sève est ralentie dans sa marche par suppression de la transpiration, si elle ne fournit plus qu'un liquide appauvri et insuffisamment réparateur, l'arbre devient malade par ralentissement de la nutrition et ne produit que de misérables fruits.

Quels remèdes employer pour combattre ces parasites ? Ils sont de si petite taille et savent si bien se cacher que les insecticides ne peuvent guère les atteindre.

On conseille les soufrages répétés ; mais il faut pratiquer cette opération à la première apparition du mal et encore ne pas trop compter sur l'efficacité du traitement.

Pour l'érinose on utilisera l'insecticide Balbiani dont la composition est la suivante :

Huile lourde de houille. . .	1 kilog.
Naphtaline brute	3 —
Chaux vive.	6 —
Eau	20 litres.

On badigeonne le tronc et les branches, en ayant soin d'enlever l'écorce partout où elle a subi quelque altération.

Ce qu'il convient de faire soigneusement, c'est d'enlever, dès le commencement du printemps, les feuilles inférieures des pousses, car elles renferment dans leur intérieur les œufs encore non éclos et des acariens adultes qui ont pris leurs quartiers d'hiver dans les bourgeons.

Si plus tard d'autres feuilles présentaient les signes de la maladie, il ne faudrait pas négliger de les brûler.

Comme on le voit, le remède est peu pratique, pour un verger de quelque étendue. S'il se trouvait un arbre fortement atteint de la cloque, il faudrait résolument suivre l'exemple de ces horticulteurs qui n'hésitent pas à abattre un tel arbre, à brûler les feuilles et les petites branches, et de la sorte sauvent la vie des poiriers voisins.

La Grise du pêcher.

C'est encore un autre acarien qui cause cette maladie. Par le nom de grise, les jardiniers veulent désigner l'aspect que présentent les plantes quand elles sont atteintes de maladies diverses qu'occasionnent des insectes d'espèces différentes, mais qui, leur faisant prendre une teinte d'un gris jaunâtre, produisent des maladies, en apparence, semblables.

Les insectes qui les causent sont souvent confondus et ne sont pas connus sous leur nom scientifique. Ainsi la grise du pêcher est improprement nommée tigre, à Montreuil bien qu'elle soit causée par l'*acarius telarius* et non par le tigre, nom vulgaire qu'on donne à une sorte de punaise, le *tingris piri*, dont nous avons parlé plus haut.

La grise du pêcher apparaît bien plus tôt que le tigre du poirier. C'est une multiplicité d'insectes, presque imperceptibles, qui se tiennent également sur la partie inférieure des feuilles. Ils en absorbent la sève, dans certaines années, au point de les faire tomber toutes, laissant les fruits sur l'arbre entièrement dépouillé.

Quand cette maladie arrive à un tel point d'intensité, non seulement la récolte de l'année est entièrement perdue, mais les arbres souffrent tellement que celle de l'année suivante est des plus compromises.

Heureusement que ces conditions désastreuses se présentent rarement; mais comme on ne peut prévoir à quel degré le mal doit s'arrêter, il est toujours utile de le combattre dès qu'il est signalé.

Ces parasites ne se montrent que tous les deux ans. Dès que quelques-unes des premières feuilles paraissent grises, on verra, en examinant à la loupe la face inférieure des feuilles, les insectes circuler rapidement au milieu d'un réseau de fils ténus et nombreux. Nous croyons que, jusqu'à présent, le meilleur palliatif est encore la fleur de soufre. On en saupoudre les feuilles après les avoir bassinées. (L'*Agriculture moderne*, mai 1896.)

Les jardiniers nomment aussi grise l'acarien qui attaque les haricots. Quelques-uns prétendent que cet insecte ne s'en prend qu'aux plantes en voie de dépérissement. S'il en était ainsi, il suffirait d'arroser les planches de haricots avec des engrais liquides constitués par des sels de chaux et de potasse plutôt que par des composés ammoniacaux.

Araignées.

Les araignées proprement dites ne comptent qu'un petit nombre d'espèces nuisibles; elles appartiennent au genre théridion.

La plus répandue est cette petite araignée noire, errante, qui dévore nos semis de carottes ou d'oignons et dont les méfaits sont connus de tous ceux qui s'occupent un peu de jardinage.

On parviendra peut être à l'éloigner et à l'empêcher de s'attaquer aux folioles naissantes de ces végétaux, en tenant les planches de carottes constamment humides à l'aide de fréquents bassinages et en usant de poudre insecticide jusqu'à ce que le plan ait acquis une certaine force.

Une autre espèce fait également grand tort aux jeunes pousses de melons sous les châssis.

Tous les théridions ne sont pas aussi malfaisants. Il y en a un particulier qui, à l'automne, protège de sa toile,

excessivement fine, les grappes de raisin de nos treilles,
et réussit ainsi à éloigner les guêpes qui, flairant un piège,
s'en vont chercher fortune ailleurs.

Cette araignée, qui n'est pas plus grosse qu'une fourmi,
a le corps roux avec une tache noire sur les dos. Ses
pattes sont de longueur inégale, les première et quatrième
paires plus longues que les autres.

D'une façon générale, l'araignée est plus utile que nuisible. De combien de mouches, en effet, et d'insectes ailés
divers, dont elle fait sa proie, ne nous débarrasse-t-elle
pas ? L'industrie patiente qu'elle déploie pour acheter cette
proie, mériterait d'être respectée.

« Aucun être cependant, plus que celui-ci, n'est le jouet
du sort. Comme tout bon travailleur, elle lui fournit double prise, et son œuvre, et sa personne. Une infinité d'insectes, le meurtrier carabe, la demoiselle élégante et
magnifique assassine, n'ont que leurs corps et leurs armes,
et passent joyeusement leur vie à tuer. D'autres ont des
asiles sûrs, faciles à défendre, où ils craignent peu de dangers. L'araignée des champs n'a ni l'un ni l'autre avantage. Elle est dans la position de l'industriel établi, qui, par
sa petite fortune mal garantie, attire et tente la cupidité
ou l'insulte. Le lézard d'en bas, l'écureuil d'en haut donnent
la chasse au faible chasseur. L'inerte crapaud, lui, darde
sa langue visqueuse qui le colle ou l'immobilise. C'est le
bonheur de l'hirondelle, dans son cercle gracieux, d'enlever
sans se déranger, l'araignée et la toile, et tous les oiseaux
la considèrent comme une grande friandise ou une excellente médecine. Il n'est pas jusqu'au rossignol, fidèle
comme les grands chasseurs à une certaine hygiène, qui,
de temps en temps, ne s'ordonne pour purgatif une araignée. » (MICHELET.)

L'Araignée mygale.

Parmi les insectes utiles, nous devons citer l'*araignée
mygale*. Cette espèce est très-remarquable par la manière

Araignée mygale et son nid.

ingénieuse dont elle fabrique son nid. C'est une chasse-resse redoutable pour tous les insectes.

Les araignées mygales que nous trouvons dans le midi de la France sont de petite taille. Au Brésil et dans l'Amérique du Sud, ces insectes sont si grands qu'on les a surnommés les géants des araignées.

CHAPITRE XVIII

Vers de terre

A quoi servent les vers de terre ? Beaucoup d'entre nous se sont posé cette question, et ont cherché, mais en vain, une réponse dans les ouvrages élémentaires d'histoire naturelle qui étaient à leur disposition.

Nous voudrions avoir ici la place de présenter un résumé du livre si instructif du grand naturaliste anglais, Darwin, sur le rôle des vers de terre dans la formation de la terre végétale. Nous devons nous contenter, à notre grand regret, de fournir seulement quelques extraits tirés de la traduction française de Lévêque.

Dès 1837, Darwin montra que de petits fragments de marne calcinée, des cendres étendues en grande quantité à la surface de plusieurs prairies, se retrouvèrent quelques années plus tard à une épaisseur de plusieurs pouces (le pouce vaut 25 millimètres environ) au-dessous du gazon, mais constituant encore une couche continue. Cet enfouissement apparent de corps situés d'abord à la surface du sol, est dû à la quantité considérable de terre fine que les vers reportent continuellement à la surface sous forme de résidus du canal alimentaire. Ces éjections sont tôt ou tard éparpillées et recouvrent tout objet laissé à la surface. C'est ainsi qu'il fut amené à conclure que la terre végétale, sur toute l'étendue d'un pays, a passé bien des fois par le canal intestinal des vers et y passera bien des fois encore. Par suite, le terme de *terre animale* serait, à certains égards, plus juste que celui communément usité de *terre végétale*.

Les vers ont joué, dans l'histoire du globe, un rôle plus

important que ne le supposeraient, au premier abord, la plupart des personnes. Dans presque toutes les contrées humides, ils sont extraordinairement nombreux et possèdent une grande puissance musculaire pour leur taille. Dans beaucoup de parties de l'Angleterre, on a établi, à l'aide d'expériences, que plus de 10 tonnes (10,516 kilog.)

Ver de terre

de terre sèche passent chaque année par leur corps et sont apportées à la surface, sur chaque acre de superficie (l'acre vaut quarante ares environ).

Les vers préparent le sol d'une façon excellente pour la nourriture des plantes. Ils exposent périodiquement à l'air la terre végétale et la tamisent, de manière à n'y pas laisser de pierres plus grosses que les particules qu'ils peuvent avaler. Ils mêlent le tout ensemble, comme un jardinier qui prépare un sol choisi pour ses meilleures plantes. Dans cet état, ce sol est capable de conserver l'humidité, d'absorber toutes les substances solubles et aussi de donner lieu à la formation de salpêtre. Les os d'animaux morts, les coquilles de mollusques terrestres, des feuilles, des rameaux, etc., sont en peu de temps enterrés sous les déjections accumulées par les vers, et mis ainsi dans un état plus ou moins avancé de décomposition, à portée des racines des plantes.

A côté de cela, il convient de remarquer que beaucoup de graines doivent leur germination à ce qu'elles ont été recouvertes par les déjections.

Dans les nombreuses galeries que les vers construisent, ils entrainent un nombre infini de plantes ou de parties de plantes, soit pour en boucher l'ouverture, soit pour s'en servir comme de nourriture.

Les vers se nourrissent également de terre. Ils en avalent, en effet, une énorme quantité, et savent en extraire toutes les matières nutritives qui y sont contenues.

On s'explique ainsi que des vers puissent vivre et abonder dans des endroits où ils ne sauraient jamais se procurer de feuilles mortes ou vivantes (sous le pavé de cours bien balayées, par exemple).

Après avoir été trainées dans les galeries, les feuilles qui servent de nourriture sont déchirées en tout petits lambeaux, digérées en partie et saturées des sécrétions intestinales et urinaires, pour être ensuite mêlées à une grande quantité de terre. Cette terre forme l'humus riche, de couleur foncée, qui recouvre presque partout d'une assise bien définie la surface du sol.

Les galeries des vers, qui s'enfoncent dans le sol presque perpendiculairement jusqu'à une profondeur de cinq à six pieds, permettent à l'air de pénétrer profondément : elles facilitent aussi beaucoup la descente des racines de taille modérée.

Les vers sont pauvrement doués au point de vue des organes des sens, car on ne peut pas dire d'eux qu'ils voient, bien qu'ils puissent tout juste distinguer la lumière de l'obscurité. Ils sont complètement sourds, leur odorat est faible et le sens du toucher est seul bien développé. Ils ne peuvent donc pas apprendre grand'chose au sujet du monde extérieur, et il est surprenant qu'ils montrent quelque habileté à garnir de leurs déjections et de feuilles l'intérieur de leurs galeries. Il est encore bien plus surprenant qu'ils montrent en apparence un certain degré d'intelligence dans la manière dont ils bouchent l'ouverture de leurs galeries : généralement ils saisissent les feuilles par leur extrémité en pointe pour les introduire plus aisément. Ils n'agissent pas cependant de la même manière, invariable dans tous les cas, comme le font la plupart des animaux inférieurs; par exemple, ils n'introduisent pas les feuilles par leur pétiole, à moins que la partie basilaire du limbe ne soit aussi étroite que le sommet ou plus étroite que lui.

Quand nous voyons une surface étendue de gazon, nous devrions nous rappeler que, si elle est unie (et sa beauté dépend avant tout de cela), c'est surtout grâce à ce que les inégalités ont été lentement nivelées par les vers. Il est merveilleux de songer que la terre végétale de toute surface a passé par le corps des vers et y repassera encore chaque fois au bout du même petit nombre d'années. La charrue est une des inventions les plus anciennes et les plus précieuses de l'homme, mais longtemps avant qu'elle existât, le sol était de fait labouré régulièrement par les vers de terre et il ne cessera jamais de l'être encore. Il est permis de douter qu'il y ait beaucoup d'autres animaux qui aient joué dans l'histoire du globe un rôle aussi important que ces créatures d'une organisation si inférieure. D'autres animaux, d'une organisation encore plus imparfaite, les coraux, ont construit d'innombrables récifs et des îles dans les grands océans ; mais ces ouvrages qui frappent davantage la vue sont presque exclusivement confinés dans les régions tropicales.

MALADIES CAUSÉES PAR LES CRYPTOGAMES

ROUILLES. — TAVELURE. — BLANC. — CLOQUE DU
PÊCHER. — FUMAGINE. — CHANCRE. — POURRIDIÉ OU
BLANC DES RACINES. — OÏDIUM DES FRUITS. — LÈPRE
DU PRUNIER. — MALADIES DE LA VIGNE.

Faites visiter votre jardin par un ami. Après les compli-
ments d'usage, portant sur la bonne tenue de l'ensemble,
vous devez infailliblement vous attendre à subir la série
des réflexions suivantes : Quels beaux cordons de vignes !
C'est fâcheux que vous ayez l'oïdium. — Quelle belle collection de rosiers ! C'est dommage qu'ils aient le blanc. — Tous
vos pommiers ont le chancre, c'est sans doute le terrain
qui ne leur convient pas. — Tiens ! voilà un poirier qui a tous
ses fruits fendillés, c'est une vraie perte, ils tomberont
tous avant d'être mûrs ; en voici un autre qui a la rouille,
etc. C'est, qu'en effet, toutes ces maladies et plusieurs
autres sont très fréquentes.

Avant de décrire ces diverses maladies, nous dirons
quelques mots sur l'organisation des champignons, pour
définir certains termes employés dans la suite.

La plupart des végétaux inférieurs sont constitués par
des séries linéaires de cellules, dépourvues de chloro-

phylle, formant par leur accolement le thalle ou corps
végétatif du champignon.

Ceux qui ont récolté des champignons, ont pu remarquer qu'ils se composaient de deux parties : l'une plus ou
moins compacte, que nous utilisons en cuisine, l'autre
plus lâche, filamenteuse, appelée mycelium, destinée à
puiser les matériaux nutritifs, soit dans le sol, soit dans la
matière organique vivante ou en décomposition.

La multiplication des champignons peut être réalisée :

1° Par le marcottage. — C'est ce qui a lieu quand on
emploie les fragments de mycelium vendus sous le nom de
graines ou blanc de champignon à ceux qui se livrent à la
culture du champignon de couche dans les carrières des
environs de Paris.

2' Par la reproduction proprement dite. — En général
elle s'effectue par les spores (qu'on appelle aussi improprement graines).

Une spore est une cellule riche en substance albumi-
noïde et en réserve nutritive. Déposée sur une feuille, par
exemple, elle s'y allonge en un filament (dit mycelien) qui,
passant par un stomate, pénètre dans les lacunes de la
feuille, c'est-à-dire dans les espaces intercellulaires ; le
filament, se nourrissant à l'aide de suçoirs aux dépens des
cellules du parenchyme, émet de nombreuses ramifications qui envahissent tout le tissu.

Le groupe de plantes désignées sous le nom de cryptogames renferme, outre les champignons, les mousses, les
fougères et les lycopodes.

Nous devons nous borner à donner quelques détails sur
les divers champignons qui causent sur les végétaux les
maladies les plus connues et à indiquer les remèdes proposés pour les combattre.

Rouille des feuilles du Poirier.

Cette maladie est causée par un champignon microsco-
pique (gymnosporangium sabinæ) qui appartient à la classe

des urédinées (*uredo*, rouille) dont les nombreuses espèces, presque toutes parasites sur les feuilles des végétaux, occasionnent, surtout sur les céréales, les maladies redoutables connues sous le nom de « rouille » (à cause de la couleur des taches que forment les spores sur les feuilles et les tiges dont elles ont déchiré l'épiderme pour se disséminer).

Plusieurs de ces champignons sont hétéroïques, c'est-à-dire que, pour accomplir le cycle complet de leur développement, ils sont obligés de passer successivement sur deux hôtes, de vivre en parasites sur deux plantes ordinairement fort différentes.

Les feuilles de poirier ou de pommier atteintes par la rouille présentent sur la face supérieure des taches de couleur jaune orangée, au milieu desquelles on découvre, avec un peu d'attention, un semis de points noirâtres ou d'un rouge orangé. A la face inférieure, ces taches sont proéminentes, on dirait des sortes de galles ou de tubercules plus ou moins coniques et dont la hauteur peut atteindre plusieurs millimètres.

Quand on examine au microscope une coupe transversale passant par l'une de ces taches, on constate que les petits points noirs que l'on distingue à l'œil nu correspondent aux ouvertures de petites cavités dont le fond est tapissé de filaments mycéliens d'où partent, en s'irradiant dans tous les sens, de courts rameaux qui s'insinuent et se ramifient entre les cellules de la feuille. C'est à l'aide de ces fins rameaux, véritables organes d'absorption ou suçoirs, que le parasite puise les principes nutritifs nécessaires à son développement. C'est de l'intérieur de ces cavités que s'échappent les graines qui, emportées par le vent ou les insectes, propagent la maladie, soit sur d'autres feuilles du même arbre, soit sur des poiriers voisins.

Un fait curieux signalé par le curé de Beaurain en Normandie, appela de nouveau l'attention sur ce champignon. Cet observateur remarqua, en effet, que dans le voisinage des poiriers atteints de rouille, il existait toujours des genévriers atteints d'une maladie qu'on désignait alors sous le nom de posidoma. Œrstedt reconnut plus tard l'exactitude de ce fait et démontra que les spores produites à l'automne (ces dernières spores se forment à la face inférieure des feuilles sur les taches) ne peuvent pas se développer sur le poirier ; il leur faut un nouveau milieu qui est le genévrier. Sur les rameaux de ce nouvel hôte, la spore germe dès que l'humidité est suffisante ; son filament pénètre dans la plante et forme un mycelium. Ce mycelium passe ainsi l'hiver, endormi pour ainsi dire ; mais dès les premiers jours du printemps, il entre en végétation : ses organes de fructification se développent bientôt au point de faire éclater l'écorce, les rameaux s'hypertrophient, présentent des masses mucilagineuses d'un brun jaunâtre, généralement de forme cylindro-conique. Ces masses que l'on rencontre assez fréquemment se gonflent par les temps humides et se ratatinent au contraire par les temps secs. De ces masses sortiront plus tard de petites sporidies ou spores de seconde génération qui, à leur tour, ne pourront se développer sur le genévrier ; il faut qu'elles soient portées sur les feuilles de poirier ou de pommier. Là, elles germent, émettent un filament qui perfore l'épiderme de la feuille et déterminent, en quelques jours, la production des taches de rouille.

Le parasite a ainsi accompli son cycle complet.

Comment combattre la rouille ? Il ne faut pas songer à employer de substances caustiques, elles n'auraient aucune prise sur les spores du champignon qui sont protégées par une membrane d'enveloppe très puissante.

Le meilleur moyen serait de faire disparaître du voisinage les genévriers (puisque le champignon ne peut venir attaquer les poiriers qu'après avoir passé l'hiver et formé ses spores sur le genévrier). C'est la mesure que certains préfets ont prise à l'égard de l'épine-vinette pour préserver les céréales de la rouille.

En tous cas, on ne manquera pas d'enlever en été et de brûler les feuilles de poirier attaquées.

La rouille des pommiers est également causée par diverses variétés de gymnosporangium.

Rouille du groseillier.

Le groseillier est, lui aussi, sujet à la rouille. Le champignon qui la cause est le cronartium ribicolum ; il passe une partie de son existence sur différents pins, où il provoque une maladie que l'on croyait déterminée par un parasite spécial, mais qui, en réalité, n'est qu'une des formes qu'affecte le cronartium.

Rouille du prunier.

La rouille du prunier est produite par le puccinia pruni spinosæ. Ce puccinia au lieu d'être hétéroïque comme le puccinia graminis est autoïque ou homoïque ; il habite toute l'année sur une seule plante hospitalière.

Les taches produites sur la face inférieure des feuilles sont petites, arrondies, brunâtres, généralement nombreuses, serrées, souvent même confluentes.

Le mycelium de ce puccinia étend ses nombreux filaments entre les cellules du parenchyme et se ramifie abondamment en certains points sous l'épiderme, qui bientôt se déchire sous la pression exercée par suite de la croissance rapide des amas de spores.

Ce champignon parasitaire est assez nombreux en France ; on le rencontre aussi sur les pêchers, les cerisiers et les groseilliers.

On arrive difficilement à le faire disparaître.

On peut employer au printemps, à l'aide d'un pulvérisateur, une solution de bouillie bordelaise dans le but de tuer les germes issus des spores ; car les spores elles-mêmes sont protégées par une épaisse membrane qui les met à l'abri des substances corrosives.

Rouille du rosier.

La rouille des rosiers est produite par un champignon de la même famille : le phragmidium rosarum, espèce autoïque, c'est-à-dire vivant et se multipliant uniquement sur le rosier.

Tavelure des Poires et des Pommes.

Le champignon qui provoque cette maladie est le fusicladium; il attaque les feuilles, les jeunes rameaux et même les jeunes fruits qu'il empêche souvent de nouer. Les poires atteintes continuent de se développer imparfaitement; elles sont contournées, difformes; à leur surface il se produit des déchirures, des fentes plus ou moins profondes qui les déprécient considérablement.

Sur les feuilles, aussi bien que sur les fruits, le fusicladium produit des taches noires, arrondies, d'un centimètre de diamètre environ, isolées ou rapprochées, paraissant couvertes d'une poussière brune qui leur donne un aspect velouté; plus tard ces taches prennent de plus en plus d'extension, et, perdant de leur régularité, s'entourent d'une étroite bordure blanche, en dehors de laquelle existe une deuxième bordure de teinte noirâtre.

Au microscope, on reconnaît que la partie centrale des taches est constituée par un lacis de filaments mycéliens; ceux-ci s'étendent peu en profondeur dans le fruit, ils envahissent plutôt la surface épidermique et le parenchyme sous-jacent.

Lorsque les fruits sont cueillis et rentré à la maison, le champignon continue à se développer, souvent il en détermine la pourriture, en tous cas il nuit à leur aspect et diminue plus ou moins leur valeur suivant que les taches sont plus ou moins confluentes.

Les espèces de poires les plus sujettes à êtres atteintes de la tavelure sont : la louise-bonne, le bon-chrétien d'été et le doyenné d'hiver. Aussi, comme on sait que l'humidité paraît favoriser le développement et la propagation du cryptogame, il faudra planter ces arbres en espalier et, autant que possible, exposés au levant ou au midi.

Ce champignon, qui s'étale surtout à la surface, est plus accessible que ceux qui causent la rouille. Aussi réussiton assez bien à le faire disparaître en employant la bouillie bordelaise ou une solution de sulfate de cuivre.

Bouillie bordelaise. — Voici généralement comment on procède :

On prépare deux solutions :

1° L'une, formée de 3 litres d'eau dans lesquels on fait dissoudre 2 kilogr. de sulfate de cuivre.

2° L'autre, composée de 5 litres d'eau, contenant en dissolution de 1 à 3 kilogr. de carbonate de soude.

On mélange ensuite ces deux solutions en ayant bien soin de verser la seconde dans la première et de ne pas faire l'inverse ; on ajoute ensuite de l'eau en quantité suffisante pour avoir 100 litres de liquide.

Dans la solution n° 2, on peut remplacer les 3 kilogr. de carbonate de soude par 1 kilogr. de chaux grasse en pierre. Ce lait de chaux, bien préparé et rendu homogène, sera versé dans la solution de sulfate de cuivre.

On peut n'employer que de simples solutions de sulfate de cuivre; dans ce cas, voici de quelle façon on procède avant l'apparition de la maladie :

On emploie d'abord une solution à 2 grammes de sulfate de cuivre par litre d'eau, se servir d'eau de pluie de préférence.

Quinze jours après, on prend une solution à 4 grammes par litre et enfin, quinze jours plus tard, une autre solution à 6 grammes par litre. Après cette troisième opération, il est bien rare de voir la moindre trace de champignon.

On se sert de pulvérisateurs pour projeter ces diverses solutions sous forme de fin nuage ou de brouillard, de façon qu'elles puissent pénétrer partout et arriver au contact des plantes.

Tous ces appareils, généralement en cuivre, sont construits de façon à pouvoir être portés sur le dos, l'ouvrier, qui a ses deux mains libres, dispose de la droite pour diriger le jet à sa convenance et de la gauche pour actionner l'appareil à compression.

Lorsque les arbres sont élevés, on adapte à la machine une lance à coulisse de 1 ou 2 mètres.

On doit chercher à couvrir toutes les feuilles et les rameaux d'une mince couche de la substance employée ; de plus, il faut choisir, pour pratiquer l'opération, un temps frais et couvert et s'abstenir, au contraire, lorsque l'on a à craindre de grandes pluies qui entraîneraient trop rapidement la solution ou un grand soleil qui provoquerait une évaporation trop rapide.

C'est aussi un fusicladium qui cause la tavelure des pommes; on l'a surnommé dendriticum (de *dendron*, arbre), parce que, sur les feuilles, il détermine des taches qui, par leurs ramifications, simulent des arbres en miniature.

Tout ce que nous avons dit à propos de cette maladie sur le poirier, s'applique également au pommier.

Le cerisier n'est pas épargné par le fusicladium.

Les feuilles et les fruits atteints prennent une teinte brune plus ou moins accentuée, les filaments mycéliens s'étendent surtout à la surface, pénétrant peu profondément dans les tissus sous-jacents.

On appliquera les remèdes indiqués plus haut.

Blanc ou Meunier.

Cette maladie est ainsi désignée à cause de l'aspect des feuilles attaquées qui, en général, semblent couvertes de farine.

Les parasites qui la causent appartiennent à la famille des érysiphées.

Le pommier est principalement atteint.

Le mycelium blanc du parasite *(erysiphe mali)* végète à la surface de la feuille qu'il recouvre comme d'une fine toile d'araignée. De cette façon, il la prive d'air et de lumière; de plus, à l'aide de suçoirs qui pénètrent dans les cellules épidermiques, il enlève à la feuille les sucs qui doivent servir à son développement; bientôt se produisent des chapelets de spores qui se détachent, et, devenues libres, tombent sur les feuilles du même arbre ou sont emportées sur d'autres pommiers où elles germent de nouveau et propagent ainsi rapidement la maladie.

Sur le poirier, dans le midi de la France, on rencontre un parasite de la même famille qui se comporte de la même façon.

D'autres érysiphées végètent sur les feuilles d'un grand nombre d'autres arbres, tels que pêcher, coudrier, charme, chêne, bouleau, etc., et aussi sur le rosier.

Sur les pêchers et les rosiers le mycelium du crypto-game recouvre d'un feutrage blanc l'extrémité des rameaux. ainsi que les feuilles et les fruits; le parasite est absolument superficiel et puise sa nourriture dans les cellules épidermiques à l'aide des organes d'absorption connus sous le nom de suçoirs.

Comme remède on emploie avec succès des soufrages. Le soufre, d'après les travaux de M. H. Marès, agirait, non seulement par son contact, mais aussi par les vapeurs émises par la poussière soufrée; l'existence de ces vapeurs serait démontrée par la forte odeur de soufre que l'on perçoit lorsqu'on se promène, par exemple, dans une vigne nouvellement soufrée. Ces vapeurs ne seraient-elles pas simplement de l'acide sulfureux produit par l'oxydation du soufre?

Une température élevée (25° au moins) favorise singu-lièrement l'action du soufre sur le mycelium et les fila-ments fructifères; dans ces conditions, on les voit bientôt se rider, puis se flétrir.

On doit commencer à soufrer dès qu'on aperçoit les

premières traces du parasite; le faire avant cette époque serait peine perdue.

On peut obtenir le soufre en poudre de plusieurs manières. Suivant le procédé employé on a : 1° le soufre sublimé ou fleur de soufre; 2° le soufre précipité; 3° le soufre trituré; tous agissent également sur le parasite, ainsi que sur tous les myceliums superficiels comme ceux des érysiphées.

Le soufre sublimé, à cause de la grande finesse qu'il présente, devrait être choisi de préférence aux autres, mais il a l'inconvénient de se mettre en mottes, aussi emploie-t-on presque exclusivement le soufre en canons qui est meilleur marché du reste et que l'on arrive à rendre très fin par une série de triturations et de blutages.

Pour soufrer on peut se servir de divers instruments.

Le plus simple consiste en une boîte cylindrique en fer blanc dont le fond est percé d'une grande quantité de trous comme le serait une passoire ; cet appareil a le défaut de rendre la dissémination du soufre trop irrégulière.

Quelquefois, pour rendre la diffusion du soufre plus parfaite, on dispose entre les trous de l'appareil précédent des houppes formées de mèches en laine entre lesquelles le soufre glisse et se divise. Il faut éviter que ces houppes soient mouillées par la rosée ou la pluie.

L'instrument le plus commode est le soufflet. Bien des modèles ont été proposés. Chaque inventeur préconise le sien, et chaque jour apporte de nouveaux perfectionnements. Nous indiquerons le soufflet de la Vergne qui paraît établi dans de bonnes conditions.

Quel que soit le système choisi, on opèrera le matin, lorsque les feuilles sont encore un peu humides de rosée, car les parcelles de soufre seront retenues et fixées par les fines gouttelettes d'eau et présenteront, après l'évaporation, une adhérence beaucoup plus grande avec les filaments parasitaires ou avec les cellules épidermiques de la feuille.

On s'abstiendra de soufrer lorsque le vent souffle avec

un peu de violence, l'épandage se ferait d'une façon trop irrégulière.

Enfin, il est nécessaire, si l'on veut obtenir des résultats certains, de répéter l'opération deux ou trois fois, en laissant un intervalle de 15 jours entre chaque soufrage.

Cloque du Pêcher.

Nous avons vu précédemment que la maladie si commune, désignée sous le nom de cloque du poirier, était causée par un acarien et caractérisée par l'existence de boursouflures sur la face des feuilles.

De semblables pustules peuvent être observées sur les feuilles du pêcher ; seulement, au lieu d'être provoquées par un petit animal, elles sont produites par un champignon découvert en 1886 par Tulasne et qu'on nomme généralement *exoascus deformans*.

Une autre variété d'exoascus (E. bullatus) attaque, quoique rarement, la feuille du poirier, et produit, là encore des sortes de vésicules ou boursouflures qui ont fait donner de nouveau à la maladie le nom de cloque.

Il y a donc deux cloques du poirier, l'une, commune, causée par un très petit animal ; l'autre, rare, déterminée par un cryptogame.

Ce dernier cryptogame se rencontre beaucoup plus fréquemment sur l'aubépine.

Revenons à la cloque du pêcher. Les feuilles sont déformées à un haut degré et parfois aussi les rameaux ; à la face supérieure des feuilles on voit proéminer des sortes de bulles, des cloques, suivant le langage vulgaire ; souvent aussi la face inférieure présente le même aspect. En même temps que ce boursouflement on constate l'épaississement des feuilles cloquées et leur décoloration ; ces modifications sont causées par l'action perturbatrice du parasite dont les filaments mycéliens s'étendent dans les tissus mêmes des feuilles, entre les cellules du parenchyme.

18

Ce petit champignon, très commun aux environs de Paris et qu'on rencontre aussi sur les feuilles de l'amandier, apparaît dès que les feuilles nouvelles du pêcher se montrent; puis la maladie va en se propageant depuis le printemps jusqu'au milieu de l'été.

Pour arrêter la marche envahissante de ce parasite, il faut enlever des arbres avec soin et le plus tôt possible, les feuilles atteintes et les brûler afin de détruire les appareils reproducteurs du champignon. Ce moyen ne suffit pas toujours, car on a remarqué que parfois de jeunes rameaux sont aussi envahis.

L'humidité favorise le développement de la maladie; on a remarqué, au contraire, qu'elle paraissait s'arrêter brusquement par un temps chaud et sec.

La cloque des pêchers serait également produite par la présence d'une cochenille. On sait que ces insectes sécrètent un liquide sucré, le miellat, qui attire beaucoup les fourmis; de leur côté les fourmis sécrètent à leur tour un liquide acide, l'acide formique, qui brûle les feuilles et produit sur elles des cloques, comme le ferait du feu.

Pour empêcher les fourmis de gagner les feuilles de l'arbre, il suffit d'entourer le tronc d'une bande d'ouate; les fourmis ne traversent jamais cette substance dont les fins filaments gênent beaucoup les mouvements de leurs pattes.

Si on veut détruire les cochenilles, on pulvérise sur les pêchers du jus de tabac — la solution doit marquer 1° 1/2 à l'aréomètre Baumé. On recommence huit jours après pour détruire les jeunes cochenilles écloses depuis la première opération qui n'avait eu aucune action sur les œufs. Si le pêcher est en espalier, on fait des fumigations de tabac, c'est-à-dire qu'on fait brûler 200 gr. environ de déchets de tabac (les manufactures en livrent à 1 fr. le kilogr.), on emprisonne pendant une demi-heure la fumée entre le mur et une bâche placée devant l'arbre. Pour que le tabac brûle rapidement, on le trempe au préalable dans une solution concentrée de salpêtre. — On recommence l'opération huit jours après.

Il convient aussi de rendre à l'arbre les principes nutritifs que l'insecte lui a soustraits. Il faut employer un engrais très soluble pour qu'il soit promptement assimilé, et que les feuilles reprennent vite de la force.

Le meilleur engrais sera le suivant :

Eau . . . .   10 litres.
Sulfate d'ammoniaque . .   300 gr.
Nitrate de soude. . . . . .   500 gr.

On bêche légèrement autour du pêcher sur une étendue proportionnelle au développement des branches et on arrose, en une seule fois, avec les 10 litres qu'on a préparés.

Sous l'influence de ce liquide nutritif les feuilles reprennent de la vigueur et se mettent ainsi à l'abri de l'invasion des pucerons qui, comme on le sait, choisissent de préférence les arbres malades et languissants.

Fumagine.

Cette maladie, qui peut se propager sur la plupart des arbres, tant fruitiers que forestiers, se reconnait aisément à l'enduit noir qui recouvre les feuilles et s'en détache facilement.

La plupart de ces enduits sont constitués par le mycelium de champignons appartenant au genre fumago (du latin *fumus*, fumée).

Ce parasite qui, à proprement parler, n'en est pas un, est absolument superficiel et ne pénètre aucunement dans les cellules de la feuille.

On a remarqué que la fumagine se développait surtout sur les feuilles visitées par les pucerons ou d'autres insectes du genre kermès. Le fait s'explique aisément : on sait, en effet, que les petits hémiptères ont la propriété de sécréter par l'anus de fines gouttelettes d'un liquide sucré, comme mielleux, qui, s'étalant sur les feuilles, constitue un terrain éminemment favorable au développement du champignon, car cette sorte de miellat permet au mycelium de rester adhérent sur la feuille et lui fournit en même temps les matériaux nécessaires à sa nutrition. Tout d'abord, les feuilles intéressées ne diffèrent guère des feuilles indemnes ; on n'aperçoit qu'une mince couche d'une poussière blanchâtre, plus tard cette couche s'épaissit, prend une coloration de plus en plus foncée et se transforme finalement en une croûte noire.

Cette affection, qui sévit souvent avec une grande intensité sur les oliviers, a été spécialement étudiée par M. Prillieux, inspecteur de l'enseignement agricole.

Il a bien montré, d'une part, que le kermès de l'olivier est l'agent qui favorise la propagation de la fumagine, et, d'autre part, que les kermès, comme d'autres insectes et parasites, s'attaquent surtout aux plantes peu vigoureuses et languissantes.

Un tel arbre, épuisé par les piqûres du kermès, privé de respiration puisque ses feuilles sont couvertes, soit de la matière visqueuse sécrétée par les insectes, soit de l'enduit noirâtre formé par le champignon, un tel arbre, disons-nous, ne fleurit pas ou fleurit à peine ; les jeunes pousses sèchent ou restent chétives ; les fleurs se flétrissent ; si quelques fruits parviennent à se former, ils ne tardent pas à tomber, ou, du moins, n'atteignent jamais leur grosseur habituelle.

La maladie est surtout redoutable à cause de la rapidité du développement qu'elle peut prendre ; un arbre peut être complètement noirci en un jour ou deux.

Les causes qui favorisent la production de la fumagine sont la privation d'air et l'humidité. On plantera donc les arbres dans un endroit exposé aux vents et non dans des lieux encaissés, humides, où la ventilation se fait mal et on diminuera le nombre des branches pour donner de l'air à l'intérieur des touffes.

Contre le kermès on emploiera les aspersions avec le lait de chaux, ainsi que les badigeonnages. — La naphtaline et l'huile lourde du gaz ont été aussi conseillées.

L'année dernière, M. Gelly, à la Nouvelle-Hollande, a indiqué, dans le même but, une solution de soude, à raison de 1ᵏ,150 par hectolitre d'eau. On asperge les arbres atteints avec une pompe ou un pulvérisateur.

Chancre des Poiriers et Pommiers.

Cette maladie est causée par un champignon, le *nectria ditissima* ; elle siège sur les branches de tout âge.

Elle se manifeste tout d'abord par de simples taches ovalaires sur l'écorce qui se dessèche et présente une légère dépression ; autour de ces taches on ne tarde pas à voir apparaître des lignes courbes concentriques qui deviennent bientôt de véritables fissures. L'écorce qui recouvrait la tache tombe et donne naissance à une ulcération, dont les bords sont épaissis et déchiquetés et à laquelle on a donné le nom de chancre. Il n'occupe d'abord qu'une faible étendue sur la partie latérale de la branche, mais au bout d'un temps plus ou moins long (quelques mois sur les jeunes rameaux), il s'étend insensiblement sur toute la circonférence, de façon à constituer un anneau complet. Dans ce cas, la partie de la branche, située au-dessus, dépérit rapidement.

On se demande comment le tissu si compact des branches du poirier peut être détruit par un végétal si petit et si fragile ! Le fait paraîtra moins étrange lorsqu'on saura que ce parasite est capable de sécréter une de ces substances nommées diastases et dont le rôle dans la nature est si important.

On appelle diastase une matière blanche, azotée, qui se rencontre, en particulier, dans les graines des céréales qui ont éprouvé un commencement de germination. C'est sous l'influence de la diastase, agissant comme une sorte de ferment, que l'amidon des graines est converti en sucre. C'est sur cette propriété de la diastase qu'est fondé l'emploi de l'orge germée pour la fabrication de la bière.

Dans la fabrication des fromages de Roquefort, si renom-
més, on utilise la propriété que possède un champignon
(*penicillium glaucum*) de sécréter diverses diastases. Ce
champignon est une moisissure gris-verdâtre, répandue
à profusion sur toutes les matières organiques en décom-

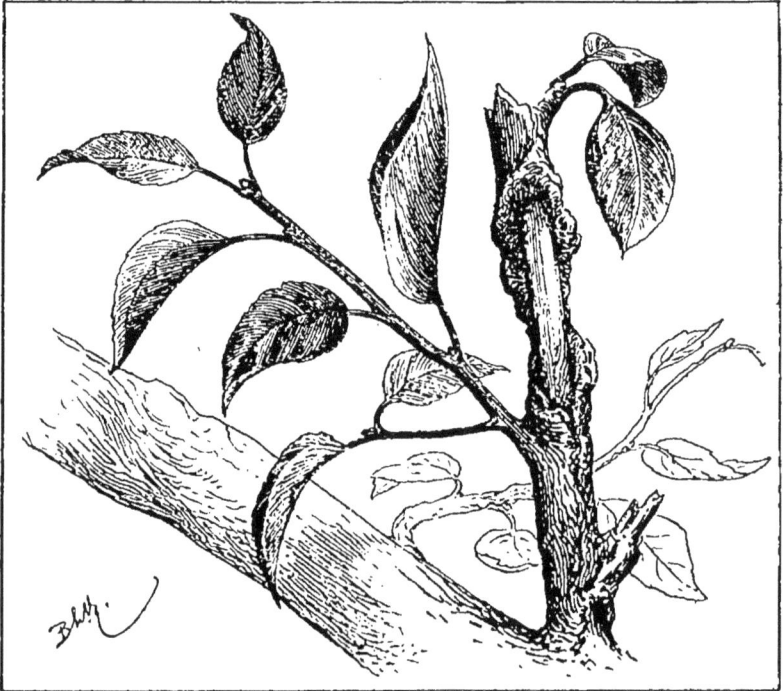

Chancre du pommier.

position; à Roquefort on se sert de pain moisi pour
l'ensemencer.

Le champignon qui cause le chancre des pommiers, et
dont le mycelium pénètre dans les cellules du parenchyme
ligneux, peut donc, à l'aide des diastases qu'il produit,
dissoudre certains principes contenus dans la plante afin
de se les rendre assimilables. Mais cette soustraction, ce
dédoublement, comme on dirait en chimie, ne saurait
s'effectuer impunément. La désorganisation d'abord, puis

la mort des cellules à laquelle on assiste n'ont pas d'autre cause.

Ce champignon se reproduit par spores et conidies.

Les conidies apparaissent sous la forme d'un fin gazon sur de petits tubercules qui se développent sur les parties malades, principalement dans les années pluvieuses. Les spores se forment plus tard.

Pour que la maladie se propage, il faut que les graines pénètrent dans l'écorce et, de plus, qu'elles germent. La germination des corps reproducteurs est favorisée par l'humidité de l'air et de l'écorce. Si, en outre, cette dernière présente des solutions de continuité, plaies ou fissures, l'autre condition sera remplie et l'infection se produira à coup sûr.

Le fait suivant montrera combien la moindre plaie de l'écorce facilite la formation des chancres sur les arbres fruitiers.

Un de nos amis, jardinier, désolé de voir ses pommiers ravagés par le chancre, se mit à chercher quelle pouvait être la cause de la maladie. Après plusieurs années d'observation il crut avoir découvert l'auteur du mal : c'était un petit ver qui, logé sous l'épiderme de l'écorce, détruisait insensiblement les tissus sous-jacents ; l'écorce se desséchait, puis tombait, laissant à nu un petit chancre qui prenait plus ou moins d'extension. Nous avons eu sous les yeux plusieurs jeunes rameaux sur lesquels on découvrait, en effet, sous une lamelle d'écorce amincie et rougeâtre (généralement au-dessous d'un œil) de petites larves longues de quelques millimètres. Eh bien ! d'après notre observateur, tous les points attaqués de la sorte devaient fournir autant de chancres. Il disait vrai, assurément. Seulement nous lui fîmes remarquer que les naturalistes savaient parfaitement que le chancre du pommier était causé par un champignon bien connu et que la petite plaie produite par l'insecte incriminé (1) n'était que la porte

(1) Le scolytes rugulosus ou petit rongeur du pommier.

d'entrée qui avait permis au champignon de pénétrer dans l'écorce. D'ailleurs, ajoutions-nous, pourquoi le chancre continue-t-il à croître pendant plusieurs années successives au lieu de rester limité à la partie détruite par la larve dans le cours de son existence ?

Quels soins donner aux arbres atteints du chancre ? Pour les jeunes rameaux qu'on peut sacrifier sans dommage, on détruira ceux qui sont malades en ayant soin de recouvrir les surfaces de section de mastic à greffer. De la sorte, on empêchera le tube germinatif des spores de pénétrer dans les tissus qui auront été mis à nu.

Pour la tige et les grosses branches, on procédera autrement : on grattera énergiquement toutes les parties suspectes, on ne craindra même pas de dépasser les limites du mal ; toutes les parcelles enlevées seront recueillies et brûlées.

On appliquera en outre sur les points dénudés le mélange suivant :

Sulfate de fer.	5 kilogr.
Acide sulfurique à 52° B. .	1/10 de litre.
Eau.	10 litres.

Pour préparer cette solution il faut se rappeler que quand on mêle de l'eau et de l'acide sulfurique il se produit une élévation de température qui peut dépasser 100°. On versera donc lentement l'acide dans l'eau en agitant constamment ; si on faisait le contraire, c'est-à-dire si on versait l'eau dans l'acide, les premières quantités d'eau introduites dans l'acide pourraient se vaporiser subitement par suite de l'élévation de la température du mélange et déterminer de véritables explosions.

L'acide du commerce marque généralement 66 degrés à l'aéromètre Baumé, nous conseillons d'employer un acide qui ne marque que 52 ou 53 degrés, sa manipulation offre moins de danger.

Après avoir mêlé l'eau et l'acide, on ajoutera le sulfate de fer qu'on fera dissoudre en agitant le tout.

Pour badigeonner les arbres on se sert d'un gros pin-

ceau ou d'un tampon fait de chiffons fixés au bout d'un
bâton court. On ne sera pas étonné de voir noircir les
surfaces badigeonnées.

L'opération se fera en hiver, avant le premier éveil de
la végétation.

On pourra aussi employer avec succès la bouillie
bordelaise.

Ajoutons, pour terminer, que les chancres que l'on
rencontre sur beaucoup d'autres arbres, chêne, frêne,
tilleul, noisetier, etc., sont produits par le même champignon, le *nectria ditissima*.

Pourridié ou Blanc des racines.

Le blanc que l'on observe sur la racine de la plupart des
arbres fruitiers et aussi sur la vigne est dû à diverses
espèces de champignons : les plus importants sont le
dematophora necatrix (du latin *necare*, faire périr, tuer)
et l'*agaricus melleus* (à cause de la teinte jaune-miel qu'il
présente quand il est jeune).

On a aussi accusé un autre champignon, le *vibrissea
hypogœa,* mais le rôle de ce parasite est assez restreint ;
les diverses expériences qui ont été faites semblent indiquer qu'il agit le plus souvent comme saprophyte (c'est-à-
dire vivant sur des racines déjà altérées) et rarement
comme parasite sur des végétaux sains.

On confond fréquemment le pourridié avec le mycelium
d'un champignon inoffensif *(fibrillaria)* qui vit sur des racines déjà malades ou sur des racines saines dont les
écorces sont exfoliées ou en voie de décomposition. Il ne
pénètre jamais dans des tissus sains, s'insinue dans les fissures de l'écorce et reste le plus souvent à la surface. Le
champignon qu'il produit a un chapeau qui n'a que
2 ou 3 centimètres de diamètre, tandis que son pied peut
atteindre une hauteur de 6 à 10 centimètres.

Parlons d'abord du dematophora necatrix.

Ce champignon est facile à distinguer par son mycelium et aucune confusion n'est possible avec l'agaricus
melleus. Sur les racines des arbres atteints, on trouve
extérieurement une couche épaisse de filaments qui forment des flocons d'un blanc de neige, ayant l'aspect de
laine fine. Les plus gros de ces filaments présentent au
microscope des renflements caractéristiques en forme de
poire.

L'agaricus possède des cordons en forme de racines
(nommés rhizomorphes) qui rampent dans le sol et propagent le champignon; il ne se développe jamais en filaments floconneux blancs ou bruns.

Ce sont ces petits filaments mycéliens qui envahissent
les jeunes racines dans les tissus desquelles ils se multiplient rapidement, en formant des masses plus ou moins
compactes ou étendues. Ils y puisent les principes nutritifs
nécessaires au développement du parasite.

Les masses floconneuses, blanches d'abord, prennent,
dans la suite, des teintes qui varient du gris clair au brun
foncé. C'est à ce moment qu'on voit partir du mycelium
des sortes de cordonnets blancs, atteignant à peine deux
millimètres de diamètre et ressemblant beaucoup aux
rhizomorphes de l'agaricus, avec lesquels ils ont été certainement confondus par quelques auteurs. Ils en diffèrent
cependant par leur constitution anatomique : ils ne présentent pas d'écorce brune et sont toujours emprisonnés
à l'extérieur dans un flocon, en général assez mince, de
filaments bruns possédant les renflements caractéristiques.

Les fructifications du champignon ne se forment que sur
les souches mortes. Quand le fait se produit, on peut
distinguer à l'œil nu de petites élévations noirâtres, allongées, formées d'un tissu assez dur, sur lesquelles s'élève
en panache une petite houppe blanche qui supporte une
quantité considérable de spores. C'est par suite de cette
disposition de l'appareil fructifère que R. Hartig (savant
allemand qui a publié des travaux importants sur le pour-

ridié) a dénommé ce champignon dematophora, qui veut dire porteur de houppe.

La dissémination de ces spores se fait par les courants d'air quand ces spores arrivent à se produire au niveau du sol, mais le plus souvent c'est par le cheminement des insectes souterrains qui les entraînent ou par les labours, puisque ces graines naissent le plus souvent dans l'intérieur de la terre.

L'action destructive de ce parasite est en général assez lente. La décomposition des racines n'a lieu le plus souvent qu'au bout de plusieurs années. Le dépérissement de l'arbre, insensible d'abord, devient de plus en plus marqué à mesure que l'envahissement du champignon devient de plus en plus étendu.

L'agaricus melleus exerce surtout ses ravages dans les forêts de résineux, mais beaucoup d'autres arbres forestiers ou fruitiers sont également sujets à ses atteintes.

Sa présence se manifeste par un mycelium blanc qui se développe sous l'écorce des racines et de la partie inférieure du tronc. Les rhizomorphes, sortes de racines qui partent de ce mycelium, sont des cordons bruns noirâtres, ayant souvent 3 millimètres de diamètre. Ils ont la plus grande tendance à s'allonger en rampant dans le sol. S'ils rencontrent une racine, ils s'insinuent sous l'écorce, s'aplatissent et s'étalent en nappe ou en éventail. De cette masse feutrée, dont l'épaisseur peut atteindre 2 à 3 millimètres chez certains arbres (marronniers), partent des rameaux courts qui traversent le liber, pénètrent dans l'intérieur du bois, envahissent les cellules et les vaisseaux et déterminent, à bref délai, la décomposition de ces divers tissus.

Ajoutons que le mycelium de l'agaricus est phosphorescent, c'est-à-dire que si on le place dans un lieu obscur on constate qu'il émet de la lumière, comme le ver luisant dans les soirées d'été.

Les réceptacles fructifères ressemblent à ceux des agarics communs. Ils apparaissent à la fin de l'automne, parfois en très grande abondance, sur la souche des arbres morts ou malades. Le pied du champignon atteint facilement un décimètre de hauteur, il est blanc et épais. Au début, le chapeau et le pied sont réunis par une membrane mince qu'on nomme le voile ; ce voile, ne pouvant suivre le développement rapide du champignon, se déchire bientôt et les fragments qui adhèrent au pied forment une sorte de collerette à bords irréguliers.

Le chapeau est conique, étalé, ayant de 10 à 15 centimètres de diamètre ; il est charnu et comestible (on ne le mange guère que dans quelques régions du midi) ; de jaune-miel il devient brunâtre en vieillissant. La face inférieure porte les lamelles fructifères qui sont blanches et tachetées de rouge sale. Les spores qu'elles produisent sont ovoïdes et incolores.

Une de ces spores, germant sur une grosse racine ou sur le tronc d'un arbre, produit un mycelium qui, en peu de temps, prend une grande extension et envahit la totalité des racines.

Les dégâts sont moindres, ou tout au moins plus lents à se manifester, lorsque la maladie, au lieu de se développer de la sorte, par la germination d'une spore, est produite par l'attaque d'un de ces cordons mycéliens (rhizomorphes) qui, venu du voisinage en rampant dans la terre, rencontre une racine assez éloignée du collet. Dans ce dernier cas, en effet, il peut s'écouler plusieurs années avant que le parasite, en cheminant entre l'écorce et le bois, ait pu gagner la base de la racine et enfin le tronc de l'arbre. C'est seulement à partir de ce moment que l'arbre est complètement perdu.

Le pourridié se développe surtout dans les lieux humides, dans les terres argileuses ou marneuses, sur la surface desquelles on voit l'eau séjourner, et aussi dans les terrains calcaires qui reposent sur des couches imperméables. Il faudra donc toujours drainer fortement les terres.

Pour combattre le pourridié, qu'il soit causé par le dematophora ou l'agaricus, il ne faut pas songer à employer de substance toxique ; elle n'arriverait pas au contact du mycelium qui végète plus ou moins profondément dans les tissus ; on risquerait en outre de détruire les organes qu'il envahit. Le seul moyen à employer consiste à faire disparaître tout arbre dont les racines présenteront les symptômes de cette maladie. On ramassera avec soin et on brûlera toutes les racines dans le trou même qu'on aura été obligé de creuser pour les extraire, car les moindres fragments de racines contaminées qu'on laisserait dans le sol deviendraient des foyers d'infection.

Il faut se rappeler, en outre, que plusieurs plantes telles que les haricots, les pommes de terre, etc., peuvent, sur leurs racines, donner asile, sans en souffrir du reste, au mycelium du dematophora. Dès lors, sur un sol suspect, il vaudrait mieux s'abstenir de toute culture pendant plusieurs années.

Oïdium fructigenum.

Sur les poires et les pommes, mais principalement sur les prunes, cerises et abricots, au moment de la maturité, on voit se développer des taches d'un blanc jaunâtre qui peuvent s'étendre au point de recouvrir tout le fruit, c'est ainsi que des prunes arrivent à être entièrement blanches.

Ces taches sont causées par un parasite dont le thalle végète à l'intérieur des tissus et envoie à travers l'épiderme des touffes de filaments dressés et compacts.

Au microscope, on constate que ces filaments sont constitués par des rangées de cellules simples, placées à la suite les unes des autres et comme formant un chapelet dont les grains se toucheraient.

Ces cellules détachées peuvent reproduire le thalle dès qu'elles rencontrent un milieu favorable.

Ce cryptogame est peu nuisible aux fruits, ils sont cependant moins propres à l'alimentation et se vendent dans de moins bonnes conditions que les fruits sains. Ils ont pourtant un léger avantage sur ces derniers, c'est

qu'ils sont moins facilement atteints par la pourriture.
Cela provient de ce que l'oïdium, en modifiant la nature
chimique du milieu sur lequel il s'est formé, l'a rendu
impropre au développement du champignon des moisissures.

Lèpre du Prunier.

Ceux qui habitent la Bourgogne ou le centre de la
France ont pu rencontrer sur des pruniers des fruits de
forme singulière dont l'aspect bizarre les aura certainement frappés. Dès le mois de mai, après la floraison, au
lieu du petit fruit que l'on s'attend à voir grossir insensiblement, c'est une poche verdâtre qui apparaît, sorte de
gousse pouvant atteindre 6 ou 7 centimètres de longueur.
La couleur, dans la suite, devient jaune-rougeâtre avec des
taches brunes. Enfin, des moisissures se forment et la
poche tombe. Si l'on rompt une de ces poches, on trouve
l'intérieur rempli d'air.

Cette déformation du fruit serait due, d'après de Bary, à
la présence du mycelium d'un champignon (exoascus
pruni) dont les filaments se ramifient dans les tissus du
fruit attaqué.

On peut voir, pendant plusieurs années de suite, ces
poches se produire sur le même arbre, ce qui prouverait
que le mycelium passe l'hiver sur les jeunes rameaux. Il
ne suffit donc pas, pour faire disparaître cette maladie, de
détruire les poches, il faut aussi brûler tout le jeune bois
qui les porte. De plus, comme les pruniers sauvages
peuvent être atteints de la même façon, il faut visiter ceux
du voisinage pour détruire les parties suspectes, de peur
qu'ils ne fournissent des spores qui, emportées par le vent
ou les insectes, iraient au loin propager la maladie.

D'autres champignons, quoique moins répandus et
moins nuisibles, méritent cependant d'être signalés briè-
vement, tels sont :

Le polystigma rubrum qui produit sur les feuilles du prunier des taches rouges, brillantes, à bords arrondis.

Le coryneum qui végète sur les feuilles et les fruits du cerisier, de l'abricotier et du prunier et détermine un dessèchement limité aux parties atteintes.

Ce parasite serait en outre la cause de ces productions gommeuses qui se montrent sur les cerisiers et pêchers, c'est du moins l'opinion de quelques savants. Sans nier l'influence que ce champignon peut exercer dans certaines circonstances sur la formation de ces masses solides jaunes ou brunes et plus ou moins visqueuses, on doit admettre que bien d'autres causes favorisent la production de la gomme : par exemple, la nature du sol ; que l'on plante ces arbres, qui aiment un sol meuble et riche, dans une terre forte, argileuse ou trop fraîche, on est certain de les voir devenir gommeux. Ou encore, les mutilations qu'on leur fait subir, soit en les greffant d'une façon défectueuse, soit en les transplantant, soit en détruisant l'écorce sur une étendue considérable.

Le microsphera du groseillier dont le mycelium blanc-grisâtre recouvre comme d'une fine toile d'araignée les feuilles du groseillier à maquereau.

Enfin, différents polypores qui vivent à la base des troncs de la plupart des arbres fruitiers et sur les vieilles souches de groseillier et de rosier. Ces champignons, qui sont de la même espèce que ceux qui fournissent l'amadou, peuvent acquérir de grandes dimensions, quelquefois 30 à 40 centimètres de largeur. La teinte varie suivant leur âge, en général elle est d'un brun plus ou moins jaunâtre.

Il faut, non seulement détruire ce champignon quand on le rencontre, mais aussi sa base d'implantation, sans craindre d'entamer les tissus sains, de façon à prévenir toute récidive. On lavera ensuite la plaie avec une solution contenant, par 100 gr. d'eau, 50 gr. de sulfate de fer et 1 gr. d'acide sulfurique, puis on la recouvrira de mastic à greffer ou simplement d'onguent dit de Saint-Fiacre formé d'un mélange de terre argileuse et de bouse de vache.

Nous engageons le lecteur, désireux de connaître plus en détail les cryptogames parasites des arbres fruitiers, à se procurer l'ouvrage de M. E. Sirodot sur les maladies des arbres fruitiers (Doin, éditeur). Dans ce petit livre, qui nous a été d'une grande utilité pour la rédaction de ces notes, l'auteur, s'inspirant des travaux les plus récents, passe successivement en revue nos arbres fruitiers et décrit les maladies dont chacun d'eux peut être atteint en particulier. Des figures explicatives, dessinées avec une grande netteté, faciliteront singulièrement l'étude, et les tableaux placés à la fin du volume seront toujours consultés avec grand profit pour la détermination de la maladie que l'on aura à combattre.

Maladies de la Vigne.

Nous connaissons déjà quelques ennemis de la vigne : le phylloxera, le phytoptus (acarien qui produit l'érinose) et les champignons qui causent le pourridié ou blanc des racines. Il nous reste à parler de l'oïdium, du mildiou, de l'anthracnose et enfin du black-rot.

Oïdium tuckeri.

Tucker l'observe pour la première fois en 1845, dans des serres à vigne, en Angleterre. Deux ans après on le voit apparaître, à Suresnes, dans les serres de M. de Rotschild. En 1851 tout le vignoble français est envahi, et en 1854 la récolte du vin en France tombe à 10 millions d'hectolitres, alors que la production moyenne était de 50 millions d'hectolitres. Même dans les années où le phylloxera sévit avec le plus d'intensité, en 1887, par exemple, la récolte n'est pas descendue au-dessous de 25 millions d'hectolitres.

Heureusement que, par le soufrage des vignes, le mal fut vite enrayé.

L'oïdium que l'on appelait simplement la maladie de la vigne, avant l'apparition du mildiou et du phylloxera, frappe les rameaux, les feuilles et les fruits ; il se manifeste par une efflorescence d'un blanc grisâtre, terne, ayant une odeur de moisi caractéristique.

Sur les rameaux ce sont d'abord des taches isolées et disséminées, puis de grandes plaques présentant une teinte grisâtre et recouvertes d'une poussière grasse au toucher et peu adhérente.

Les feuilles se recouvrent de la même poussière que l'on compare volontiers à celle des routes ; elles brunissent et deviennent coriaces et cassantes.

Les grains de raisin ne sont pas épargnés : salis par cette poussière blanche, qui devient gris-noirâtre, ils se rident et se dessèchent ; quand ils ne tombent pas ils restent petits et deviennent durs, à cause de l'épaisseur qu'acquiert leur pellicule ; souvent ils se fendent.

Dans de telles conditions le vin que l'on récolte se trouvera non seulement en petite quantité mais encore de mauvais goût ; de plus, si la maladie sévit sur une grande échelle, elle détermine le dépérissement des pieds de vigne qui deviennent languissants et rabougris.

Le système végétal (ou *mycelium*) de ce champignon est toujours extérieur, il rampe à la surface de toutes les parties vertes du végétal sans jamais pénétrer dans l'intérieur des tissus. C'est dans les couches superficielles qu'il va puiser sa nourriture. La poussière, dont nous avons parlé, n'est autre chose qu'un lacis de filaments mycéliens.

La multiplication de ce champignon s'effectue, pendant toute la période de végétation de la vigne, par la production de spores ou conidies. Elle est favorisée plutôt par l'élévation de la température que par l'humidité.

Nous avons déjà dit qu'à l'aide du soufrage, on peut préserver sûrement les vignes des atteintes de l'oïdium.

On se rappellera que pour pratiquer cette opération il faut choisir un temps sec et calme, le matin de préférence, quand les parties vertes sont encore couvertes de rosée.

On conseille généralement de souffler la fleur de soufre (ou du soufre brut très finement trituré) aux trois époques suivantes : 1º comme traitement préventif lorsque les pousses ont acquis une longueur de 8 à 10 centimètres ; 2º au moment de la floraison ; 3º lorsque les grains ont atteint le tiers de leur grosseur ou, si l'on veut, quelques jours avant la véraison. Par le terme véraison, qu'on rencontre à chaque page dans les ouvrages de viticulture, on désigne l'état des raisins qui commencent à prendre la couleur qu'ils ont quand ils sont mûrs.

Mildiou ou Peronospora.

Ce champignon, signalé depuis longtemps en Amérique, a été reconnu en France, en 1878, par M. Planchon. En 1881 la plupart des vignes françaises en étaient infestées.

C'est surtout sur les feuilles que la maladie est facilement reconnaissable. A la face inférieure on distingue des taches d'un blanc de lait qui ressemblent à des concrétions salines ou à de petits amas de sucre en poudre. Elles sont légèrement saillantes. Sur la face supérieure existent des taches jaunes correspondant aux efflorescences de la face inférieure. On dirait des taches de brûlure; bientôt toute la feuille brunit, sèche et tombe en se désarticulant.

Si les grappes vertes sont atteintes elles se dessèchent et tombent; la récolte alors est à peu près complètement perdue. Elle l'est encore lorsque les ceps sont dépouillés prématurément de leurs feuilles, car alors les fruits sont desséchés et grillés par le soleil.

Ce champignon n'est pas superficiel comme l'oïdium ; son appareil végétatif ou mycelium rampe entre les cellules dans lesquelles il puise, à l'aide de suçoirs, la matière nutritive nécessaire à son développement. Il apparaît au dehors, par les stomates de la feuille, sous forme de petites touffes filamenteuses, plus ou moins confluentes, qui constituent les taches cristallines de la face inférieure. Ces filaments sont les organes fructifères ou reproducteurs du champignon ; on les rencontre très rarement sur la face supérieure des feuilles ; ils portent à leur sommet les spores d'été ou conidies qui propagent le parasite pendant toute la belle saison. A l'automne, il se forme, à l'intérieur des tissus, de nouveaux organes de reproduction, spores d'hiver ou œufs, qui sont capables de résister à toutes les intempéries et qui perpétueront la maladie au printemps suivant. On a trouvé jusqu'à deux cents de ces spores d'hiver sur une parcelle de feuille ayant 1 millimètre carré de surface.

Les spores d'été, par suite de leur extrème légèreté, sont facilement entraînées par les vents et transportent au loin la maladie. Une chaleur humide favorise singulièrement leur germination.

Pour combattre le mildiou, on n'a rien trouvé de mieux jusqu'ici que les solutions de sulfate de cuivre additionnées de chaux grasse ou de carbonate de soude, dont nous avons indiqué la préparation à l'article Tavelure des poires. Quand on emploie la chaux, c'est l'ancienne bouillie bordelaise ; dans la bouillie bourguignonne on a substitué le carbonate de soude à la chaux.

Ces solutions sont appliquées, à l'aide de pulvérisateurs, à trois reprises différentes : une première fois, lorsque les jeunes rameaux ont atteint 6 ou 8 centimètres de long, plus tard au moment de la floraison, et enfin lorsque les grains de raisin ont acquis plus de la moitié de leur grosseur normale.

Anthracnose ou *Charbon de la vigne.*

C'est une maladie qui paraît exister depuis très longtemps en Europe. Depuis une vingtaine d'années, l'attention a été de nouveau fixée sur elle, mais elle avait fait de grands ravages en 1839 et 1848.

On distingue plusieurs variétés d'anthracnose : l'anthracnose maculée, l'anthracnose ponctuée et l'anthracnose déformante ou chiffonnée.

C'est l'anthracnose maculée que l'on rencontre le plus fréquemment et qui cause les plus grands dégâts, que l'on ne saurait comparer pourtant à ceux que produit l'oïdium ou le mildiou.

Elle se développe surtout sur les sarments. Elle apparaît d'abord sous forme de petits points noirs, qui grandissent rapidement si le temps est chaud et humide. Plus tard, ce sont des taches roussâtres dont le centre se désorganise et se creuse peu à peu. La lésion s'étend ; finalement, les sarments, tout noirs, paraissent de loin comme brûlés ; ils sont courts, ratatinés, rabougris ; rongés par les chancres, ils cassent et tombent au moindre coup de vent. Les feuilles plus petites qu'à l'état normal jaunissent et tombent. Les raisins grossissent peu et se dessèchent plus ou moins.

Les vignes frappées par l'anthracnose ponctuée présentent à peu près le même aspect ; elles aussi paraissent brûlées.

Dans l'anthracnose déformante, les rameaux distordus ne s'allongent pas et ne portent que de chétives ramifications.

Nous ne croyons pas utile d'entrer dans plus de détails au sujet de ces maladies sur lesquelles la science n'a pas dit son dernier mot. Le champignon parasite qui les cause n'est pas encore entièrement connu dans son évolution : son mycelium qui vit dans l'intérieur des tissus émet des spores d'été, de mai à septembre, puis des spores d'hiver destinées à perpétuer l'espèce.

On recommande, comme traitement de l'anthracnose, de bien aérer les souches, d'assurer un bon drainage du sol, s'il est trop humide, et de badigeonner les ceps malades avec une solution tiède de sulfate de fer acide.

Black-Rot.

C'est une maladie nouvellement acclimatée en France qui fait beaucoup parler d'elle depuis six mois. Le champignon qui la produit a reçu le nom de *Phoma uvicola*. En décembre dernier, un congrès se tint à Bordeaux, où furent convoqués tous les viticulteurs qui s'étaient occupés du black-rot. Un article de M. G. Couanon, paru au mois de mai dernier, dans le journal *l'Agriculture moderne*, suffira pour nous mettre au courant de la question. Ce n'est pas, dit-il, un vulgaire fléau que ce black-rot qui, au dire de M. Viala, est considéré aux Etats-Unis comme la maladie parasitaire la plus grave attaquant la vigne, et dont les désastres étaient tellement redoutés là-bas que les plantations en avaient été arrêtées !

Un bien vilain cadeau, accompagné d'autres, que nous a encore fait l'Amérique. L'an dernier, j'ai parcouru, en Armagnac, nombre de contrées où il n'existait pas une grappe qui ne fut black-rotée en entier, où il n'y avait pas un grain de raisin qui fût bon à vendanger.

On avait cependant traité un peu partout, imparfaitement, il faut le croire, avec la méthode cuprique. Il semblerait, du reste, que le black-rot eût la vie plus tenace que tous les champignons jusqu'alors connus.

Voici les caractères du parasite, d'après MM. Lavergne et Marre : c'est par les feuilles que commence l'infection. Ces organes sont généralement envahis un mois ou trois semaines avant que le black-rot se montre sur les raisins. L'altération se révèle sous forme de taches plus ou moins arrondies, présentant une couleur de feuille morte avec liseré sombre, et au-dessus desquelles émergent des pustules noires, visibles à l'œil nu, comparables à des grains de poudre, et dont la présence caractérise nettement la maladie.

Le black-rot suivant son cours, les raisins sont pris à leur tour ; le grain présente d'abord une coloration rouge-brun livide. Au bout de deux à trois jours, il se dessèche pour former une sorte de petit pruneau ridé à la surface duquel se présentent également les pustules noires qui ne sont autre chose que des boîtes à germe de contamination.

De ce que nous avons vu, mes compagnons et moi, dans nos visites de vignobles l'an dernier, il paraîtrait résulter qu'il n'y aurait pas lieu de désespérer de l'efficacité des composés cupriques qui donnent en même temps protection contre le mildiou.

Avec quatre traitements aux liquides cupriques et deux traitements complémentaires aux poudres sulfatées, on doit avoir raison et du black-rot et du mildiou.

CPAPITRE II

Les Mousses

Il n'y a peut-être pas d'arbre qui, tôt ou tard, ne soit envahi par la mousse. Ce n'est pas un parasite proprement dit, puisque les cellules de la tige et des feuilles sont riches en chlorophylle et peuvent, par conséquent, fabriquer les hydrates de carbone nécessaires au développement du cryptogame; néanmoins il cause un dommage réel à l'arbre et cela de plusieurs façons : tout d'abord, il n'est pas prouvé qu'il n'emprunte pas à l'arbre des liquides nutritifs, grâce à ce chevelu ramifié, qu'on prendrait pour une vraie racine, à ces crampons qui font parfois office de poils absorbants. De plus, ces fines tiges de mousse, réunies en touffes serrées, constituent une sorte de croûte qui recouvre les lenticelles et supprime ainsi la respiration de l'écorce. On sait, en effet, que les lenticelles jouent le rôle de véritables stomates secondaires et assurent la continuité de l'air extérieur avec l'atmosphère interne de la plante. Enfin, c'est dans la mousse que se réfugient nombre d'insectes, soit pour se mettre à l'abri contre les rigueurs de l'hiver, soit pour échapper à leurs ennemis de toute nature.

La destruction des mousses est donc une opération hygiénique, car l'hygiène est l'art de conserver en santé les êtres vivants, végétaux ou animaux.

On a dit que les mousses implantées sur les arbres conservent une humidité nécessaire à la végétation, qu'elles les préservent des froids rigoureux, et que, par une sage prévoyance de la nature, c'est justement du côté tourné vers le nord qu'elles se montrent en abondance.

On peut répondre à cela que là où l'humidité serait nécessaire pendant l'été pour contrebalancer l'ardeur du soleil,
sur les parties de l'arbre exposées au midi, précisément
la mousse est plus rare que partout ailleurs. Quant à la
protection qu'elle peut offrir aux plantes contre les gelées,
elle est bien problématique ; on se demande, en effet, à
quoi peuvent servir, quand il gèle à 15 ou 20 degrés au-
dessous de zéro, quelques placards de mousse plus ou
moins étendus ? Pour que la mousse soit réellement utile,
elle devrait remplir deux conditions : recouvrir la totalité
de la surface de l'arbre et, de plus, avoir acquis partout
une notable épaisseur. Si la chose se réalisait, un tel arbre
pourrait bien résister à la gelée, mais ne tarderait pas à
périr d'une autre façon, étouffé pour ainsi dire dans son
manchon protecteur.

Débarrassons donc nos arbres de cette mousse qui est
aux arbres ce que la gale est aux animaux, pour employer
l'expression de Ligen, ancien écrivain agricole.

Le moyen le plus généralement employé consiste à faire
disparaître ce parasite en raclant avec un instrument en
fer appelé racloir, soit avec le dos d'une serpette ou
d'un couteau, le tronc et les branches qui en sont chargés. On arrache en même temps toutes les écorces
desséchées qui nuisent à l'accroissement du végétal et
servent de refuge à des milliers d'insectes qui, plus tard,
attaqueront les fruits. Il est bon de se servir, quand
l'écorce présente des fentes profondes, de l'émoussoir à
dents mobiles qui atteint jusque dans les moindres recoins.
Le gant Sabatier à mailles d'acier est d'un excellent usage
pour émousser rapidement les fortes branches.

Toute la mousse enlevée et les morceaux d'écorce seront
brûlés immédiatement pour détruire les œufs et larves
qu'ils pourraient contenir.

La mousse ne tarderait pas à reparaître si on ne prenait
soin de badigeonner toutes les branches avec un lait de
chaux ; afin de rendre le chaulage adhérent, on mélange
un litre d'argile à deux litres de chaux, on délaye le tout

et on le pétrit, ajoutant de l'eau petit à petit jusqu'à ce que le mélange prenne une consistance crémeuse, qui ne soit ni trop épaisse ni trop liquide ; on l'applique ensuite avec une brosse ou un pinceau sur toutes les parties de l'arbre. On ajoute au mélange de la suie de cheminée ou du noir animal pour lui donner une teinte grisâtre moins visible et moins désagréable que le blanc cru. On recommande aussi un lait de chaux très épais à 20 ou 25 % de chaux auquel on ajoute un litre d'huile de lin par hectolitre pour rendre la matière plus adhérente. Cette bouillie est appliquée sur la tige et les rameaux au moyen d'un pinceau un peu dur.

C'est ordinairement au printemps, au moment de la taille, que les jardiniers enlèvent les mousses. Nous conseillons d'effectuer cette opération plus tôt, dès la fin de l'automne. Si on attend, en effet, que la chaleur du printemps mette en éveil la végétation, l'application du lait de chaux, qui a pour but de brûler en quelque sorte les racines des parasites, n'aura pas alors assez d'activité pour les détruire complètement. Si, au contraire, on pratique le chaulage avant l'hiver, après la récolte des fruits et la chute des feuilles, le lait de chaux agira pendant le sommeil hibernal des mousses, qui dure plusieurs mois et le printemps ne verra pas renaître les plantes contre lesquelles on l'aura employé.

Depuis quelques années on tend à substituer au lait de chaux les solutions concentrées de sulfate de fer qui détruisent plus radicalement la mousse et pénètrent mieux dans les interstices de l'écorce ; les solutions les plus faibles sont de 10 kilogr. de sulfate de fer pour 100 litres d'eau ; les plus fortes contiennent 20 kilogr. de sel de fer auquel on peut ajouter 3 ou 4 kilogr. de chaux, mais cela n'est pas indispensable. Pour les grosses branches, on prend un pinceau un peu dur ou une brosse, pour les petites branches couvertes de bourgeons à fruits, on emploie le pulvérisateur ou l'éponge.

Ce sont les vieux arbres surtout qui exigent qu'on s'occupe d'eux, car les parasites de toutes sortes y pul-

lulent bien davantage que sur les jeunes sujets. Tous
les jours on voit des vergers où pommiers et poiriers
sont couverts de mousses, de lichens, de gros champignons, de gui ; la végétation est languissante et l'immense
majorité des propriétaires contemplent cet état de choses
sans songer à y porter remède, et cependant des soins
spéciaux aux arbres sont plus que jamais indispensables,
car, depuis quelques années, des fléaux, autrefois incon-
nus, s'abattent sur les arbres fruitiers, tel est l'anthonome,
pour n'en citer qu'un, coléoptère dont nous avons décrit
les mœurs ; on diminuera beaucoup leur chance de propagation en détruisant pendant l'hiver les nids et repaires
de ces insectes et en leur rendant l'arbre aussi peu habi-
table que possible.

Cette toilette que l'on fait subir aux vieux arbres paraît
leur être très salutaire, car nous en avons vu reprendre
une vigueur nouvelle et se charger de fleurs et de fruits
contre toute attente. Elle est évidemment plus longue et
plus compliquée que celle des jeunes sujets; mais on sera
souvent bien payé pour la peine qu'on aura prise.

Pour débarrasser les pommiers et autres arbres des
lichens on devra user des mêmes procédés que pour les
mousses. Tous les résidus qui se détacheront seront
ramassés avec soin et brûlés aussitôt.

L'opération se fera autant que possible par un temps
humide, les mousses et les lichens se laissant enlever plus
aisément.

CHAPITRE III

Le Gui

Après avoir fait connaître les cryptogames qui causent plus ou moins de tort aux arbres ou arbustes que nous cultivons, nous devons consacrer quelques lignes à un parasite très répandu, qui fait partie des plantes phanérogames, le gui.

Tous les enfants ont lu dans les premières pages de leur histoire de France que le gui était vénéré chez les Gaulois. Suivant Pline, « les Druides (du grec *drus*, chêne) n'avaient rien de plus sacré que le gui et l'arbre qui le porte, si cet arbre est un chêne : en effet, au milieu de grandes cérémonies religieuses, après avoir immolé deux taureaux blancs, un druide, vêtu d'une robe blanche, montait sur l'arbre, coupait, avec une serpe d'or, le gui, qui était reçu sur un linge blanc, afin qu'il ne touchât pas la terre. Pendant tout ce temps, ils adressaient au dieu des prières pour se le rendre favorable. »

Le gui croit principalement sur les pommiers, on en voit aussi sur les peupliers, les frênes, les saules. Quant au gui du chêne, vénéré chez les anciens, il est excessivement rare.

La plante se reconnaît aisément à son port ; la tige est rameuse, à feuilles lancéolées sans nervures ; à l'automne elle porte des fruits globuleux, blancs, ressemblant assez à de petites groseilles blanches bien mûres.

Elle a deux espèces de fleurs, peu apparentes du reste : les unes, mâles, d'un vert jaunâtre, ont un peu l'odeur du buis; les autres, femelles, à calice verdàtre, ont une corolle formée de quatre pétales jaunes.

Le fruit est une baie qui renferme deux ou trois graines et de laquelle on retire une matière visqueuse que les oiseleurs emploient comme glu.

Ces baies qui n'arrivent à maturité qu'à l'entrée de l'hiver sont alors recherchées par certains oiseaux, tels que les merles et les grives. Les graines contenues dans ces baies ne sont pas altérées en traversant le tube digestif de ces oiseaux, leur faculté germinatrice n'est pas détruite, de sorte que, expulsées avec les excréments et déposées sur des branches de pommiers, elles germent et se développent si toutefois les insectes ou les petits oiseaux granivores les ont respectées.

Fort heureusement que beaucoup de ces graines sont dévorées ou, par le fait des circonstances, ne sont pas placées dans un milieu favorable à leur développement, sans quoi ce parasite se multiplierait d'une façon inquiétante. On a calculé, en effet, qu'une touffe de gui de moyenne dimension, produisait chaque année quatre ou cinq cents graines ; d'autre part, on a établi par des expériences que, sur cent graines placées en hiver sur des branches, une dizaine seulement subsistait encore au printemps, le reste avait disparu.

D'ailleurs, l'accroissement de ces végétaux est très lent sur de jeunes arbres bien portants, ils atteignent à peine un centimètre de hauteur au bout de deux ans d'implantation, ce n'est qu'après trois ou quatre ans que les touffes se forment et enfin la floraison ne se produit pour la première fois que la sixième ou septième année. Sur les vieux arbres à écorce rugueuse le parasite met encore plus de temps à se développer quand il réussit, ce qui est rare, à s'implanter.

Quand le fait a lieu, voici ce qui se passe. La graine germe, la radicule s'applique sur une branche de la plante hospitalière, traverse l'écorce et arrive au cambium ; là, elle émet des cordons ramifiés qui enveloppent le bois; de

Le Gui.

ces cordons partent des racines qui pénètrent dans les tissus ligneux ; ces racines sont de véritables suçoirs à l'aide desquels le gui absorbe la sève de l'arbre.

Cette plante, pourvue de chlorophylle, pourrait à la rigueur se suffire à elle-même et emprunter à l'air ambiant les matériaux nécessaires à son entretien et à sa croissance ; c'est ce qui fait que les botanistes ne la considèrent pas comme un parasite vrai, dans le sens strict du mot; ce qui ne l'empêche pas de causer un vrai préjudice aux pommiers en les affaiblissant et en favorisant, par suite, l'action de beaucoup d'autres parasites, toutes choses qui entraînent la diminution des récoltes et la mort prématurée des arbres.

Le gui ressemble à ces faux pauvres, vraie plaie de la société, qui, pourvus de tous leurs membres et ne manquant pas de moyens d'existence, préfèrent vivre aux dépens de la charité publique.

Pour arriver à la destruction du gui, on opère de la façon suivante : 1° lorsqu'il est abondant sur une branche de peu d'importance, on la coupe radicalement ; 2° lorsqu'il est implanté sur une grosse branche ou sur une branche mère, il est nécessaire de faire une plaie avec un instrument tranchant pour enlever complètement les traces du parasite.

Il ne faut pas négliger également de visiter les arbres, autres que les pommiers, susceptibles de porter du gui ; en l'enlevant partout où on peut le rencontrer, on empêchera sa propagation.

Il constitue, du reste, un fourrage utilisé en Normandie pour les vaches, qui s'en accommodent très bien, surtout lorsqu'il est recueilli avant que l'on aperçoive ses baies blanches qui amoindrissent ses qualités. D'ailleurs il est convenable d'alterner ce mode d'alimentation avec d'autres. On conseille aussi de le faire cuire avant de le servir aux animaux, car on aurait constaté parfois chez eux des symptômes d'empoisonnement lorsqu'il avait été employé à l'état cru.

On pourra d'ailleurs en tirer profit d'une autre façon, en le livrant aux commissionnaires qui, chaque année, pour les fêtes de Noël, font d'importantes livraisons en Angleterre. Plus de 150,000 kilogr. de gui sortent de France par les seuls ports de Granville et de Cherbourg.

On sait que nos voisins considèrent l'envoi d'une branche de gui quand ils célèbrent leur *Christmas* (veillée de Noël) comme un véritable porte-bonheur. Ils en ornent leurs maisons, en mettent dans toutes leurs chambres, les suspendent aux lustres de leurs salles de bal. Cette coutume, nous revenant d'outre-Manche, est adoptée en France depuis quelques années avec l'enthousiasme que nous mettons à accueillir ce qui vient de l'étranger, oubliant que nos pères, au début de la nouvelle année, partaient joyeux à la cueillette du gui, en s'écriant : Au gui ! l'an neuf ! et ils le rapportaient en triomphe dans leurs demeures où ils le gardaient comme un précieux talisman.

QUELQUES CONSEILS

Il est d'autres ennemis que ceux dont nous venons de faire l'énumération, et ceux-ci, pour être invisibles, n'en sont pas moins funestes à la bonne prospérité d'un jardin : a routine et la négligence.

Maintenant que l'instruction a répandu partout ses bienfaits et que les lumières de la science ont éclairé bien des faits restés jusqu'alors inexpliqués, on serait doublement coupable de ne pas adopter les méthodes nouvelles et de vouloir continuer à faire ce qui s'est toujours fait, même quand on a démontré les avantages qu'on pouvait retirer d'un procédé nouveau.

La négligence est aussi à combattre; il faut être toujours en éveil et s'occuper d'arrêter dès le début les dégâts causés par l'un des nombreux ennemis que nous avons signalés; lorsqu'ils commencent à s'attaquer à une plante, il est parfois facile de les éloigner ou de les détruire; quand ils sont légion et que la plante s'étiole, il n'est plus temps. Une mauvaise herbe est bien vite arrachée quand elle est toute jeune; si on lui laisse prendre de l'accroissement, il faut faire un effort pour l'extirper et souvent on laisse dans le sol des racines, qui, pour plusieurs espèces de plantes, suffisent à produire un nouveau sujet. Tout cela, ce sont des vérités de M. de la Palisse, me direz-vous. J'en conviens; mais il faut croire qu'il y a encore bien des gens qui n'en sont pas pénétrés, ou qui, s'ils en

20

admettent l'évidence, ne les font pas malheureusement passer dans la pratique.

On a aussi à compter avec les intempéries et à cela nous ne pouvons pas grand'chose. Pourtant, il est des malheurs qu'on peut éviter avec un peu de prévoyance et d'attention. Nos pères, qui vivaient davantage au dehors, et dont la vie plus calme leur laissait le loisir d'observer la nature, avaient fait plusieurs remarques sur les probabilités du temps à venir et nous ont transmis sous forme de proverbes le résultat de leurs observations ; elles sont souvent justes et on en peut faire son profit.

Soyons comme l'hirondelle :

Celle-ci prévoyait jusqu'aux moindres orages,

dit notre grand fabuliste.

Quand le temps menace, des abris étendus à temps préservent les jeunes semis des atteintes de la grêle ou de pluies trop abondantes qui entraîneraient sur leur passage les plantes trop faibles pour résister.

Y a-t-il le matin de la gelée blanche ?

En se levant de bonne heure et en arrosant les plantes qui pourraient en souffrir, on empêche les feuilles d'être grillées par les rayons du soleil levant, qui ne tarde pas à se montrer ; car c'est seulement par les temps clairs que se produit la gelée blanche, lorsque le thermomètre marque de zéro à $+ 3°$. Or, c'est le passage subit du refroidissement causé par cette rosée glacée, à la chaleur du soleil qui produit des dégâts : l'arrosage, en dissolvant ces gouttelettes figées et en les faisant tomber des feuilles et des fleurs, empêche le phénomène de se produire et sauve la plantation.

Quelques brins de paille ou de foin, des feuilles sèches, répandus sur les plants hâtifs de haricots ou de pommes de terre, par exemple, tant que les gelées sont à craindre, sont un suffisant préservatif qui ne donne pas beaucoup de peine à employer.

Il n'est pas jusqu'au soleil, cet astre généreux qui

vivifie les animaux et les plantes, dont on ne doive préserver les jeunes plants (semis ou repiquages). Des toiles tendues sur des cadres improvisés, des branches d'arbres coupées aux endroits trop touffus du jardin d'agrément et fichées en terre de distance en distance, favorisent la levée des semis délicats, empêchent le sol mouillé par les arrosages de faire croûte par suite d'une évaporation trop brusque et permettent aux plants trop faibles d'atteindre un développement suffisant pour supporter les chaudes caresses de l'astre béni.

Quand un grand frère s'approche en courant d'une petite sœur encore au berceau pour l'embrasser, la mère redoute pour la jeune créature ces manifestations un peu brusques d'une tendresse trop vive et tend les bras entre ses deux enfants pour donner à cette belle ardeur le temps de se calmer et de se faire plus douce. Soyons pour nos jeunes plantations comme une mère attentive, étendons au-dessus d'elles des abris protecteurs, gardons-les des rayons trop brûlants pour leurs frêles tissus.

Sachons aussi ne pas ménager à nos plantes, tant aux jeunes qu'à celles qui ont tout leur développement, l'eau nécessaire à leur entretien, surtout pendant les périodes de sécheresse, et rappelons-nous que c'est une dépense bien entendue, quand on se mêle de jardinage, que de faire le nécessaire pour rendre les arrosements faciles et demandant le moins de main-d'œuvre possible.

D'ailleurs, un travail fréquent de la terre par des binages souvent répétés supplée aux arrosages. C'est le moyen d'arroser sans eau et aussi de fumer sans fumier, car en retournant le sol autour des plantes on y entretient l'humidité d'abord, et, de plus, en mettant en contact avec l'oxygène de l'air les parties de la terre qui étaient enfouies, on active la vie des ferments nitriques qui habitent les couches superficielles du sol, car ils ne peuvent travailler que dans un milieu oxygéné. Ces infiniment petits, dont l'existence a été démontrée par Pasteur, ces ferments sont les véritables cuisiniers du sol, chargés de préparer aux plantes leurs aliments en formant des nitrates, qu'on a appelés justement le pain des végétaux. C'est l'ensemble de ces phénomènes qui a reçu le nom de nitrification.

Les anciens savaient par expérience, sans l'expliquer scientifiquement, l'importance des façons de culture et des binages, et leurs proverbes nous sont un garant de leur opinion à ce sujet : Un bon labour vaut une fumure. Qui bine, arrose. Tant vaut l'homme, tant vaut la terre.

Le laboureur de la fable était pénétré de ces vérités quand, à son heure dernière, il disait à ses enfants :

> Travaillez, prenez de la peine,
> C'est le fond qui manque le moins.

Et, pour les engager à remuer le sol du champ qu'il leur laissait en héritage, il fait luire à leurs yeux l'espoir d'y trouver un trésor :

> Creusez, fouillez, béchez ; ne laissez nulle place,
> Où la main ne passe et repasse,

leur dit-il.

Et ce sol si travaillé ne leur donne pour fortune, qu'une ample moisson qui paya toutes leurs peines et dut leur persuader que

> .... le père fut sage
> De leur montrer avant sa mort,
> Que le travail est un trésor.

Il est donc bien entendu que nous ne négligerons rien des soins à donner à notre jardin, et, quant au reste, lorsqu'on a déployé toute son énergie et qu'on ne peut se reprocher d'avoir manqué de vigilance, il n'y a plus qu'à s'en remettre à Celui dont Racine chante la magnificence :

> Il donne aux fleurs leur aimable peinture ;
> Il fait naitre et mûrir les fruits ;
> Il leur dispense avec mesure
> Et la chaleur des jours et la fraicheur des nuits.

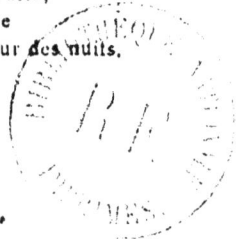

___

TABLE DES MATIÈRES

Pages

INTRODUCTION 5

PREMIÈRE PARTIE

Mammifères.

Le Loir 10
Le Mulot 13
Le Campagnol. 15
Les Rats. 18
La Souris 24
La Musaraigne 25
Le Lièvre et le Lapin. 32
La Taupe 40
Le Hérisson 47
La Chauve-Souris 50

DEUXIÈME PARTIE

Oiseaux.

Le Moineau 54
Le Pigeon 57
La Linote 58
Le Bruant 59
Le Chardonneret. 60
Le Bouvreuil 61
L'Hirondelle 62
La Cigogne. 63

TROISIÈME PARTIE

Reptiles.

Le Crapaud 65
Le Lézard 68

QUATRIÈME PARTIE

Mollusques.

La Limace 69
L'Escargot 72

CINQUIÈME PARTIE

Insectes.

CHAPITRE PREMIER. — COLÉOPTÈRES 77
    L'Altise 77
    La Cantharide 82
    Casside verte de l'artichaut 84
    La Cétoine dorée 86

CHAPITRE II. — COLÉOPTÈRES (suite) 88
    Les Bruches 88
    Les Charançons du chou 90
    Les Charançons des arbres fruitiers 93
    Les Rhynchites 95
    Les Phyllobies 97
    L'Anthonome du pommier 97
    Les Otiorhynques 99

CHAPITRE III. — COLÉOPTÈRES (suite) 101
    La Chrysomèle de l'oseille 101
    Les Criocères 102
    L'Eumolpe 105

CHAPITRE IV. — COLÉOPTÈRES (suite) 108
    Le Hanneton 108

CHAPITRE V. — COLÉOPTÈRES (suite). 120
   Le Taupin 120
   La Trichie française. 120
   Le Scolyte destructeur 121

CHAPITRE VI. — COLÉOPTÈRES UTILES 125

CHAPITRE VII. — ORTHOPTÈRES 132
   La Courtillière 132
   Les Sauterelles 136
   La Forficule ou Perce-Oreille 140

CHAPITRE VIII. — NÉVROPTÈRES 143
   Les Agrions 143
   Les Hémérobes 144
   Les Libellules. 144

CHAPITRE IX. — HYMÉNOPTÈRES 146
   Les Guêpes 146
   Les Fourmis 151

CHAPITRE X. — HYMÉNOPTÈRES (suite) 166
   Les Tenthrèdes 166
   Les Cynips. 171

CHAPITRE XI. — HYMÉNOPTÈRES UTILES 173

CHAPITRE XII. — LÉPIDOPTÈRES 181
   Papillons diurnes. 185
   Vanesse, grande Tortue 187
   Papillons nocturnes. 190
   Microlépidoptères (Tordeuses-pyrales) 201
   Carpocapses 206
   Les Teignes 207

CHAPITRE XIII. — HÉMIPTÈRES 210
   Les Punaises 210
   Le Tigre du poirier ou Tingis 214
   Coccides ou Cochenilles 215

CHAPITRE XIV. — HÉMIPTÈRES (suite) 219
   Le Phylloxera. 219
   Les Pucerons. 226

CHAPITRE XV. — DIPTÈRES 234
   La Tipule 234
   Les Anthomies 235

La Pégomye de l'oseille   236
La Psylomie des carottes   236
La Lasioptère du framboisier   237
La Mouche des cerises   237
La Mouche des olives   238
La Cécydomie noire   238
Les Syrphes   240

CHAPITRE XVI. — MYRIAPODES et CRUSTACÉS   242
Le Géophile   242
Le Iule   243
Le Cloporte   246

CHAPITRE XVII. — ARACHNIDES   248
Les Acariens   248
Les Araignées   255

CHAPITRE XVIII. — VERS DE TERRE   259

SIXIÈME PARTIE

Maladies causées par les Cryptogames.

CHAPITRE PREMIER. — CHAMPIGNONS   263
Rouille   264
Tavelure   268
Blanc ou Meunier   270
Cloque du pêcher   273
Fumagine   275
Chancre   277
Pourridié ou Blanc des racines   281
Oïdium des fruits   285
Lèpre du prunier   286
Maladie de la vignes   288

CHAPITRE II. — LES MOUSSES   295

CHAPITRE III. — LE GUI   299

ÉPILOGUE

Quelques conseils   305

INDEX ALPHABÉTIQUE

~~~~~~~~

A

Pages.

Acariens...................... 248
Agrions 143
Altise....................... 77
Ammophile................. 179
Anomale de la vigne......... 119
Anthomies................... 235

Anthonome 97
Anthracnose 292
Apodère du coudrier......... 93
Araignées................. 255
Aspidiote............. 215
Attelabe du coudrier........ 93

B

Balanin 91
Bête à bon Dieu 129
Black-Rot 293
Blanc ou Meunier........... 270
Blanc des racines 281

Bombyx..................... 190
Bouillie bordelaise.......... 269
Bouvreuil 61
Bruant...................... 59
Bruches.................... 88

C

Calandre du blé............. 92
Calosome........ 130
Cantharide 82
Carabe doré 125
Carpocapse.................. 206
Carrelet..................... 28
Casside verte de l'artichaut... 84
Cécydomie noire............. 238
Céroplaste du figuier 217
Cétoine dorée...... 86
Ceuthorynque 92
Champagnol....... 15
Champignons.............. 263
Chancre des pommiers....... 277
Charançons.................. 88

Charançon du chou 90
Charançon des noisettes...... 93
Charbon de la vigne.......... 292
Chardonneret 60
Chauve-souris 50
Chrysomèle.................. 101
Cicindèle.................... 128
Cigogne. 63
Cloporte 246
Cloque des poiriers....... ... 248
Cloque du pêcher........... 273
Coccidés 215
Coccinelle.................. 129
Cochenille............. 215
Coléoptères................. 77

Colias.................. 188
Courtilière 132
Crapaud..................... 65
Criquet..................... 136
Criocère de l'asperge......... 102

Criocère du lis............... 104
Crustacés..................... 246
Cryptogames................. 263
Cryptops..................... 246
Cynips....................... 171

D

Diaspis.................. 216
Diptères..................... 234

Drile flavescent............. 130

E

Erinose de la vigne........... 251
Erinose des poiriers.......... 252
Escargot..................... 72

Eumène pomiforme........... 149
Eumolpe de la vigne......... 105

F

Forficule 140
Fourmis.................... 151

Frelons..................... 148
Fumagine.................... 275

G

Galles..................... 171
Gallinsectes............... 155
Geophile.................... 242

Grise du pêcher............. 255
Guêpes..................... 146
Gui......................... 299

H

Hanneton.................. 108
Hémérobe.................. 144
Hemiptères................. 210
Hérisson 47

Hirondelle 62
Hylotome du rosier.......... 167
Hyménoptères.............. 146
Hyponomeute.............. 207

I

Ichneumon 170

Iule........................ 243

J

Jardinière 126

K

Kermès..................... 216

L

Lampyre commun	130	Lézard	68
Lapin	33	Lièvre	32
Lasioptères du Framboisier	237	Libellule	144
Lecanium	218	Limace	69
Lepidoptères	181	Linotte	58
Lèpre du prunier	287	Lithobie	245
Lérot	11	Loir	10

M

Machaon	185	Mouche des oliviers	238
Maladies de la vigne	288	Mousses	295
Maladies des arbres fruitiers	263	Mulot	13
Meunier	270	Musaraigne	25
Microlépidoptères	201	Muscardin	12
Mildiou	291	Musette	26
Mollusques	69	Mylabre de la chicorée	84
Moineau	54	Myriapodes	242
Mouche des cerises	237		

N

Névroptères	143	Noctuelles	194

O

Odynère	149	Orgya	192
Oïdium de la vigne	289	Orthoptères	133
Oïdium des fruits	285	Otiorhynques	99
Oiseaux	53	Oxipores	129

P

Papillon du chou	185	Polydrose brillant	95
Pégomye de l'oseille	236	Pou blanc des serres	217
Pentatome	211	Pou des rosiers	215
Peronospora	291	Pourridié	281
Perce-Oreille	140	Procuste	128
Phalènes	198	Psylle	214
Philante	174	Psylomie des carottes	236
Phyllobies	97	Pucerons	154-226
Phylloxera	219	Puceron lanigère	229
Piérides	185	Punaises	210
Pigeon	57	Pyrale de la vigne	203
Poliste française	148	Pyrales	204

R

Rat	18	Rhynchites	95
Rat d'eau	17	Rouille	265
Reptiles	65		

S

Sauterelles	136	Souris	24
Scolyte destructeur	121	Sphinx	193
Scutigère coléoptrée	245	Staphylin	129
Sésie	193	Surmulot	20
Silphe	131	Syrphes	240

T

Tachine	174	Teignes	207
Taupe	40	Tenthrèdes	166
Taupe-Grillon	132	Tigre du poirier	214
Taupin	120	Tipule des potagers	234
Tavelure des poires	268	Tordeuses	201
Teigne de la grappe	204	Trichie française	120

V

Vanesses	187	Ver luisant	130
Verdier	59	Vers de terre	259

Z

Zeuzère	192

TABLE DES GRAVURES

~~~~~~~~

Mammifères.

Pages.

Le Mulot   14
Les Rats . . . . ,   21
Taupe prise au piége   41
Le Hérisson   47

Oiseaux.

Le Moineau   55
L'Hirondelle   62

Reptiles.

Le Crapaud et le Lézard   67

Mollusques

Limace et Escargot   73

Insectes.

Cantharides   83
CHARANÇONS : Rhynchite. — Ceuthorynque du chou. — Charançon
    du blé. — Charançon des noisettes. — Charançon du pommier.   91
Les Crioceres et leurs larves   103
Le Hanneton et ses différentes transformations. - Ver blanc. —
    Chrysalide   113
Scolyte destructeur et sa larve. — Scolyte et sa larve. Galeries des
    larves dans une pièce de bois.   123
Le Carabe   127
La Sauterelle.   137
Libellule   145
Les Fourmis. — Coupe d'une fourmillière   153
Les Pucerons et les Fourmis. — Fourmi trayant un puceron . . .   159
La Tenthrède et ses larves   167

Ichneumon   176
Les papillons de France   183
Sphinx tête de mort.   193
Noctuelle du chou   197
Punaises   211
Phylloxéra ailé   221
Tipule   235
Cécydomie. — Larve et nymphe. — Blé attaqué   239
Le iule terrestre   243
Araignée mygale et son nid   257
Ver de terre   259

Maladies causées par les criptogames.

Chancre du pommier   278
Le Gui.   301

Abbeville, C. Paillart, imprimeur-éditeur.

www.ingramcontent.com/pod-product-compliance
Lightning Source LLC
Chambersburg PA
CBHW060417200326
41518CB00009B/1384